**OPEN** 是一種人本的寬厚。
**OPEN** 是一種自由的開闊。
**OPEN** 是一種平等的容納。

OPEN 2/51

# 馬來群島科學考察記
# The Maylay Archipelago

作者◆華萊士 Alfred Russel Wallace
譯者◆呂金錄
發行人◆王學哲
總編輯◆方鵬程
主編◆李俊男
責任編輯◆賴秉薇
美術設計◆吳郁婷
校對◆呂佳真

出版發行：臺灣商務印書館股份有限公司
台北市重慶南路一段三十七號
電話：(02)2371-3712
讀者服務專線：0800056196
郵撥：0000165-1
網路書店：www.cptw.com.tw
E-mail：ecptw@cptw.com.tw
網址：www.cptw.com.tw

局版北市業字第 993 號
初版一刷：1977 年 11 月
二版一刷：2010 年 11 月
定價：新台幣 680 元

ISBN 957-05-2552-6

OPEN 2/51

# 馬來群島科學考察記

## The Malay Archipelago

華萊士 Alfred Russel Wallace／著
呂金錄／譯

臺灣商務印書館 發行

# 初版序

讀者不免疑我著成此書為何在回國以後要延遲到六年，所以我覺得對這一點須給他們以滿意的答覆。

我在一八六二年春天回到英格蘭的時候，在我周圍的是一間藏滿採集箱的房子，箱內盛有我從前陸續寄歸以備個人私用的採集品。這些採集品含有三千左右鳥皮，約一千種；並且至少有二萬甲蟲同蝴蝶，約七千種；此外還有若干四足獸同陸上介殼。其中一大部分和我好多年不曾相見；而我當時的身體又很孱弱，所以拆卸、分類、並佈置這一大宗標本就費去一段長時間。

我當即決定：須等到我已經把採集品中主要各類做過一部分定名同說明的工作，並且把有趣的變異同分佈諸問題澈究過若干以後，——這些問題我在採集時已約略的研究過——我方才好從事著述。原來我也不難立將節略同日記先行出版，把一切博物學上各種問題的引證暫時丟在一邊；但是我覺得這種辦法，對自己固然不滿意，對諸友又不免失望，而對公眾更少益處。

從我回國時起到一八六八年止，我曾經在林尼安動物學社（Linnæan Zoological and Entomological Society）的《紀事錄》（*Transactions or Proceedings*）上發表過十八篇文章，說明或編次採集品的各部分；又在各種科學定期刊物上發表過十二篇，論述與採集品相關的一般問題。

就我的採集品而論，所有經過各國著名博物學家說明的只有二千左右鞘翅類以及好幾百蝶類，而其餘未經說明的卻佔多數。在從事這種勞役以造福於科學界的人當中，我特別要稱述倫敦昆蟲學會（Entomological Society of London）會長帕斯哥先生（Mr. E. P. Pascoe）；因為他把我的長鬚甲蟲類大宗採集品（目下在他手中）分類說明，快要奏了全功。這些甲蟲計有一千多種，內中至少有九百種是一向未經說明的，並且是歐洲各陳列所所沒有的。

其餘各目昆蟲約有二千多種，現在都歸散得茲先生（Mr. William Wilson Saunders）收藏，內中有一大部分已經由他延請昆蟲學名家說明。單就膜翅類而論就有九百多種，內中有二百八十種螞蟻，有二百種螞蟻是新種。

這六年的延擱使我能夠撰成一本我所期望的有趣有益的書籍，把自己研究採集品所達到的主要結果羅列出來。因為我所述的各地，遊歷過的或著述過的人還是不多，而且各地社會上同地理上的狀況又不致有迅速的變動，所以我期望讀者雖然不能在六年前披閱本書，而且延到現在不免把本書放在腦後，但是他們現在的所得大概足以補償所失而有餘。

我必須在此稍述本書的計劃。

我往各島的旅行按著節季同輸運工具來排列。有若干島我相間的往遊二三次，甚且有時做同樣的航行至於四次。所以編年式的排列法不免使讀者模糊不清。一則他們決計記不清書中所說的是什麼地點；再則我在書中所時常提及的群島（groups of islands）也不容易使他們通曉，因為這些群島是按照各島上動物同居民的特點而劃分的。因此我現在採用一種地理學的、動物學的，兼人種學的排列法，由一島敘到他島，用我所認為最自然的貫串形式，而同時我違犯自己往遊各島的順序又小到可能的限度。

我將馬來群島分為下列五組：

I. 印度馬來群島：包含馬來半島、新加坡（Singapore）、婆羅洲（Borneo）、爪哇

（Java）、同蘇門答臘（Sumatra）。

II.帝汶群島（The Timor Group）：包含帝汶（Timor）、弗洛勒斯（Flores）、松巴哇（Sumbawa）、龍目（Lombock）諸島，同若干更小的島。

III.蘇拉威西島（Celebes）：並包含薩拉群島（Sula Islands）同部頓島（Bouton）。

IV.摩鹿加群島（The Moluccan Group）：包含布魯（Bourn）、西蘭（Ceram）、巴羌（Batchian）、濟羅羅（Gilolo）同摩底（Morty），以及更小的島德那第（Ternate）、提多列（Tidore）、馬姜（Makian）、開奧（Kaiôa）、帝汶（Amboyna）、班達（Banda）、哥蘭（Goram）、同馬他貝羅（Matabello）。

V.巴布亞群島（The Papuan Group）：包含新幾內亞大島（New Guinea）、同阿魯群島（Aru Islands）、密索爾（Mysol）、薩爾瓦底（Salwatty）、威濟烏（Waigiou），及其他若干島。克厄群島（Ké Islands）雖然在動物學上同地理學上應該屬於摩鹿加群島，而為人種學上的關係，也在本組一併敘述。

所有敘述每一組的各章後面，都有一章論述那地方的自然界，因此本書可以分為五部分，每一部分敘述馬來群島自然區分的一組。

第一章①是導言，論述全地域的地文地理；最後一章②論述本群島同四周各地的人種。在本書開端既然有這一段解釋，書中又附有地圖可以參考，我可以擔保讀者始終明瞭書中所述的地

①②原著第一章在譯本內已改作第一編，最後一章改作第七編。——譯者。

點及遊歷者進行的方向。

我明知本書篇幅太少，不足以闡發我所涉論的各項問題。書中所涉述的僅是一個大概，但是處處都極力求它正確。一切敘述的同描寫的部分差不多都在當地撰成，除文字上的潤飾以外，很少別種更改的地方。論述自然界的各章，以及其他各處的許多段，在求讀者對於物種原始同物種分佈所牽涉的各問題發生一種興趣。其中有幾處，我把自己的見解詳細解釋出來，但在其他各處，由於問題更為複雜的緣故，我僅僅敘述該問題所有比較有趣的各項事實，把該問題的解決方法讓給讀者在達爾文先生著作裡面各項原理上去搜羅。書中附圖頗多，可使本書增加多量的興趣同價值。這些附圖或由我自己的描畫製成，或由攝影或標本製成；所選的材料都以實際上可以指證書中的敘述或描寫為主。

我感謝窩爾忒（Walter）同武德巴立（Henry Woodbury）兩先生，——我在爪哇同他們認識很是欣幸——因為他們貢獻我一大宗風景同土人的攝影，對我極有用處。散得茲先生替我描畫若干奇異的有角蒼蠅，帕斯哥先生借我兩種很稀奇的長鬚甲蟲描畫在婆羅洲甲蟲的附圖上，我都十分感激。至於其他一切描畫著的標本都是從我自己的採集品製出來的。

我遊歷馬來群島的主要目的，在於採集博物學的標本以備自己個人的收藏，並供給副本於各博物館同鑑賞家，所以我應當把自己所採集的標本數目概括的敘述一番；這一切標本運到家中，是件件完好的。我必須首先聲明的是：我通常僱用一二個或三個馬來人相助，並有一位英國少年阿倫先生（Mr. Charles Allen）為我效勞三年。我離開英格蘭從頭到尾剛有八年，不過當我在馬來群島內地旅行一萬四千哩左右，航行六十次或七十次的時候，——每次航行各有預備上及航程上時間的損失——總計實際從事採集的期間大概不能超過六年。

我的東方採集品計有：

| | |
|---|---|
| 哺乳類標本 | 310 |
| 爬蟲—— | 100 |
| 鳥　—— | 8,050 |
| 介殼—— | 7,500 |
| 鱗翅—— | 13,100 |
| 鞘翅—— | 83,200 |
| 其他昆蟲— | 13,400 |
| 博物學標本 | 125,660 |

我還該感謝一切以助力或意見貢獻我的諸友。我特別要感謝的是皇家地理學會（Royal Geographical Society）的評議會（Council），承他們有價值的推薦，我由本國政府同荷蘭政府獲得重要的補助；其次是散得茲先生，承他好意贊助我的初期旅行，我獲得很多的益處。我又要特別感謝斯提汾茲先生（Mr. Samuel Stevens），因為他做我的經理人，既然承他照料我的採集品，並且承他始終殷勤的供給我以有用的消息同一切必需的物品。

我可以自信的是：以上諸友並其他對於我的遊歷曾經發生興味的一切友人，由於披閱本書，可以對於我當時在書中描述著的種種景物中間所享受的快樂，發生一種微弱的反映。

# 第十版序

自從本書在二十一年前初次出版以來，有若干博物學家曾經遊歷了馬來群島。為供給讀者以他們研究所得的最近結果起見，我已加上若干附註，把近來各種發現對於我的事實或結論有所修正的地方一一說明出來。我將本文也更正了幾處文字上細小的錯誤或晦澀。不過這些更正及附加並不很多，所以本書在實質上仍舊和以前各版相同。再則我的鳥類同蝶類採集品現在全部存於不列顛博物館。

於帕克斯吞，多塞特
一八九〇年，十月

# 目次

## 上冊

下冊

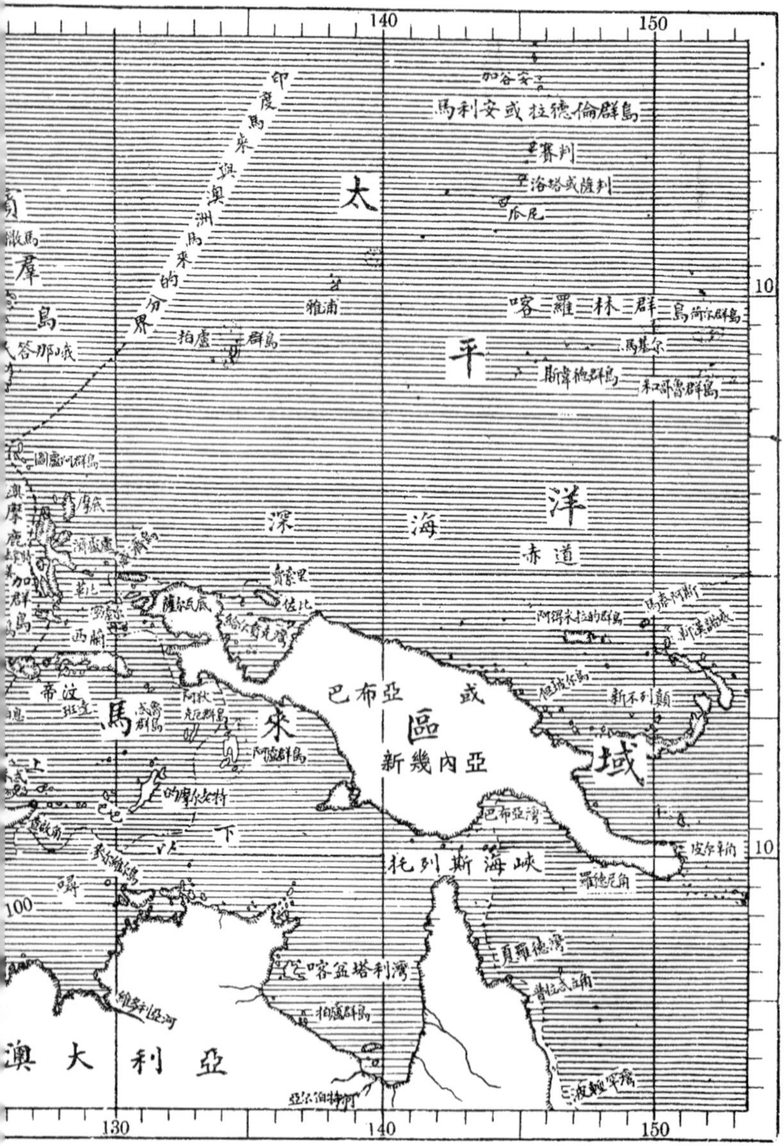
140
150
130
10
馬利安武拉德倫群島
印度馬來與澳洲馬來的分界
太
平
洋
深
海
赤道
喀羅林群島
雅浦
巴布亞
新幾內亞
馬
來
區
域
下
巴布亞灣
托列斯海峽
新不列顛
喀盆塔利灣
澳大利亞

火山帶

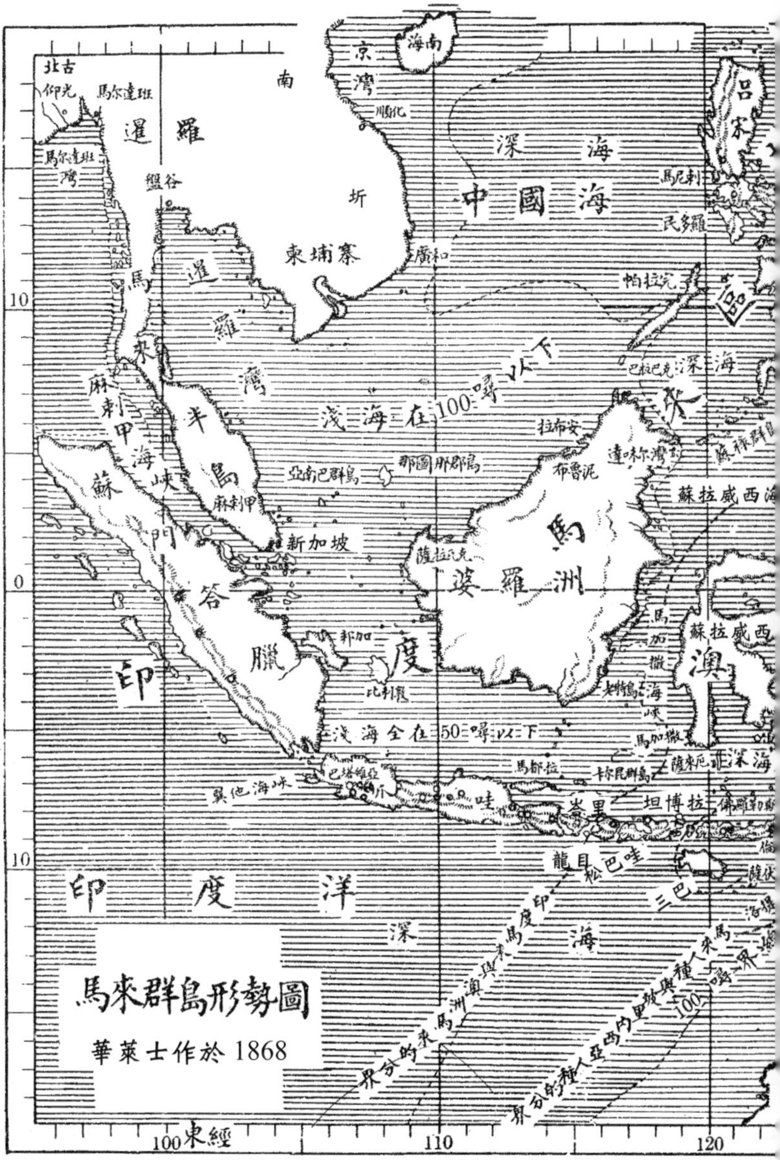

馬來群島形勢圖

華萊士作於1868

淺海用虛線表示　　活火山

## 第一編

# 馬來群島的地文地理

我們倘若去看看東半球的地球儀或地圖，就可以看出亞細亞同澳大利亞中間有一批大小不等的島嶼組成相連的一群，和兩大陸顯然分離，而且關係很少。這一片地域位在赤道上，浴於熱帶諸大洋的暖水中，所享受的氣候比較地球上別的部分都一致的更為濕熱，而且所鬱積的天然產物又是每每為他處所未有。最豐肥的水果同最珍貴的香料都是此地的土產。有「寄生花」（Rafflesia）的巨花，綠翅「馬來巨蝶」（Ornithoptera，蝶類的王），類人的猩猩（Orangutan），同華麗的風鳥（Birds of paradise）。住有一種稀奇有趣的民族——即馬來人，在這多島區域的範圍以外無處可找，而這個區域也因此取名馬來群島。

這個區域大約是一般英國人最生疏的部分。我們在此的屬地不多，而且狹小；來此考察的旅行家真是寥寥無幾；並且有許多地圖都把它看得很輕，每每分割於亞洲同太平洋群島（Pacific Islands）①兩處。因此明瞭這件事情的人極其稀少，就是：以全部而論，這一個區域很可以和地球的基本區分互相比擬，並且有若干島比法蘭西或奧地利都要大些。不過旅行家一到此地，立刻就會獲得新鮮的觀念。他沿著一個大島航行幾天，或至於幾星期，看見這個島確然很大，而且島上的居民竟把它看作一個廣漠的大洲。他發覺這件事情在這些島嶼中間的航程普通要用星期數同月數來計算，並且各島的居民往往彼此絕少認識，彷彿是北美洲的土人和南美洲的土人

①自從不列顛北婆羅洲公司（British Nothr Borneo Company）成立以後，大家對於這個區域已經比較的明瞭許多，不過荷屬殖民地仍舊不大有人遊歷。

一般。他因此立刻把本區域看作世界上單獨分離的區域，有它自己的民族，它自己的自然現象；有它自己的觀念、感情、風俗、語言，以及完全獨異的氣候，植物，和動物。

就許多方面看來，這些島嶼簡直構成地理上一個團結的整體，並且一向都被旅行家同科學家這樣看待；但就各方面加以一番更審慎更精細的研究，卻顯出一種意外的事實，就是：這許多島嶼可以劃分為範圍約略相等的兩部分，這兩部分在天然產物上截然不同，並且實際上構成地球基本區分的兩部分。我可以依據自己在本群島各部分博物學上種種的觀察來詳細證明這個見解。因為我在描寫自身遊歷諸島的文字內時時要回顧這個見解，並且要援引事實來指證它，所以我以為不如在此先將馬來區域的要點簡括的敘述一番，以便此後所提出的各項事實更為有趣，並且各事實對這個問題的關係也格外容易明瞭。因此我在下文綜述本群島的疆域同範圍，指出地質上地理上同動植物上比較顯著的特點。

定義及疆界——為著各種由動物分佈狀況而成立的理由，我以為馬來群島應該包括馬來半島遠至他念他翁（Tenasserim），西至尼科巴群島（Nicobar Islands），北至菲律賓群島，東至新幾內亞以外的所羅門群島。包括在這個疆界以內的一切大島都被無數小島連成一氣，所以內中並沒有一個島和其餘各島顯然分離。除開極少數的例外，其餘一切都享受著一致的而且相似的氣候，都掩蓋著茂盛的森林植物。無論我們在地圖上研究它們的形狀同分佈，或實際上在各島間旅行，我們所獲得的第一個印象總是：它們構成一個相連的整體，這個整體的一切部分都互相關聯得十分密切。

全區域及諸島的廣袤——馬來群島由東到西的長度在四千哩以上，由北到南的長度約為一千三百哩。它的幅員可以和歐洲全部由極西到中亞內地相等，可以覆被南美洲的最寬部分而且遠伸於太平洋同大西洋以內。其中有三個島比大不列顛大些；而婆羅洲一島就可以包覆不列顛群島，並有四周餘下的部分以森林代替海洋。新幾內亞的地形雖然略微散漫，而比婆羅洲大約要大些。蘇門答臘的幅員大約和大不列顛相等，爪哇、呂宋、同蘇拉威西，各和愛爾蘭約略相等。還有十八個島，平均計算起來，都和牙買加（Jamaica）一樣大；又有一百多個島和懷特島（Island of Wight）一樣大；其他面積較小的島嶼真是不可勝數。

全區域陸地的絕對面積和西歐由匈牙利到西班牙的面積大略相等；但是各處產物的紛歧卻由陸地破裂分散的狀況而生，那紛歧的程度剛好和諸島所佔的表面成正比例，而不是和陸地的面積成正比例。

地質上的差別——地球上一條主要的火山帶穿過這馬來群島；因此在火山帶諸島同非火山帶諸島的風景上就產生一種顯著的差別。為幾十活火山同幾百死火山所標出的一條曲線，橫穿蘇門答臘同爪哇兩島的全部，並由此沿著峇里（Bali）、龍目、松巴哇、弗洛勒斯、薩爾瓦底群島（Serwatty Islands）、班達、帝汶、巴羌、馬姜、提多列、德那第、同濟羅羅、直至摩底島。這曲線至此生出顯明的小破裂，或變動，直至往西約二百哩的地方又再開始於蘇拉威西北部，沿息澳（Sian）同桑結爾（Sanguir）以達於菲律賓群島，並沿菲律賓群島的東邊連續下去，成一曲線，直達北部的極端。由這條火山帶在班達境內極東的彎曲處向東而往，有一千哩非火山性的地域，一直到了新幾內亞的東北岸才有丹皮爾（Dampier）於一六九九年所觀察到的火山，我們又可在此標出另外一條火山帶橫穿新不列顛、新愛爾蘭，同所羅門群島，以達於全區域的東隅。

在這種大火山帶所佔據的全地域內，並火山帶的兩旁，地震是連續發現的；每隔幾星期或幾個月總有小震，每一年在本地域的一部或他部，總有覆滅全村，損害生命財產的大震。在本地域的許多島上，土著的居民都用大震的年歲當作編年式的紀元，以便記憶孩兒們的年齡，並決斷許多大事件的日期。

我只能約略述及本地域所曾發生多次可驚的爆發。書籍上有所記載的幾次爆發固然可驚，而其他歷次的爆發，在生命財產的損失額上，在能力的偉大上，也大概是一樣的可驚。就記載上所有的而說：如一七七二年爪哇境內的帕判達央爆發（Eruption of Papandayang），全山被屢次的噴射所毀，而成為一口大湖，並掃滅了四十個村莊。在一八一五年松巴哇境內的坦博拉火山（Tamboro）大爆發，死亡的人數計有一萬二千，灰燼飛揚，天空變黑，灰燼下降以後，厚覆於地上海上，有三百哩的周圍。就是近來從我離開馬來群島以後，尚且有一座已經安靜二百多年的高山忽然破動起來。摩鹿加群島當中有一個馬羌島，曾經在一六四六年為一次猛烈的爆發所坼裂，留有一條巨縫在島上的一側而伸長到高山的中心。但是我在一八六〇年往遊的時候，這座山連山頂上都已經掩蓋著植物，並且有十二個人口稠密的馬來村莊。不料到了一八六二年十二月二十九日，經過二百一十五年的完全安靜以後，這座山忽然又爆發起來，改變了全山的外形，毀滅居民的大部分，衝出這樣多的灰燼，連德那第四十哩遠的天空都變成黑暗，把德那第同四周諸島所有的禾稼都毀滅一空。②

爪哇這一個島所有死活火山的數目，比較世界上其他面積相等的任何已知地域都要多些。

全島的火山大約有四十五處，有許多處還顯現著最美麗的大規模火山性圓錐體，或孤聳，或成對，各有整個的或殘削的山頂，平均有一萬呎高。

這是現在很可以斷定的事實：就是一切的火山幾乎都由本火山所噴射的物質——泥、灰、同熔岩——逐漸建築而成。不過裂口或噴火口的位置卻時常要變遷；因此有一種地域雖然有一帶參差不齊的丘陵成為鏈狀或墩狀，並且中間只有疏散的幾處方才聳為崔巍的圓錐體，但是這全片地域或者就是由真正的火山行動而產生。例如爪哇的大部分就是這種狀態的代表。在爪哇境內有一種上升的陸地——尤其是在南邊的海岸上——往往可以找得珊瑚石灰岩的大峭壁，或一層堆置較古的岩石底層；但是主要上爪哇仍舊是火山性的；而且這個貴重肥沃的島——東方的唯一花園，又可說是世界上最富裕的最墾闢的並且治理最優的熱帶島——的確是由於這種密集的火山行動而產生，而且這種行動至今還是相間的在那裡破壞本島的地面。

蘇門答臘這個大島所有的火山，若拿面積來比擬，數目上要少得許多，而且一大部分大概有一種非火山性的起源。

---

②更近在一八八三年，喀拉喀托（Krakatoa）這個火山島又在一次駭人的爆發中炸裂，噴射的聲音在錫蘭、新幾內亞、馬尼拉，同西澳大利亞都可聽到，同時灰燼所蔓延的地域要和德意志一樣大。主要的毀壞為海洋的巨浪所釀成，在爪哇同蘇門答臘沿岸掃滅許多城鎮同鄉村，死亡的人數在三萬到四萬之間。空間的震盪極其厲害，以致「空氣浪」環繞地球三次又四分之一次，而浮在高空的微細灰燼，當太陽下山時在天空中產生顯著的色彩，直至二年有餘，且普遍於全世界的各部分。

從爪哇往東這一帶的島嶼，沿帝汶北部而過，遠至班達為止，大約都起源於火山的行動。帝汶一島由古代堆置的岩石構成，但是據說有一處火山近在它的中心。

由此向北而往，帝汶全島，部魯一部分，同西蘭西端，濟羅羅北部，並濟羅羅四周的小島，蘇拉威西北端，以及息澳桑結爾諸島，完全都是火山性的。菲律賓群島有許多的死活火山，而且全片地域所以縮成現在分裂的狀況，也大約是由於伴隨火山行動的陷落而來。

沿著這一大帶火山的一切地域，都有多少陸地上升下降的顯明痕跡可以找得。蘇門答臘以南的一帶島嶼，爪哇南岸同爪哇以東諸島的一部分，帝汶的東西兩端，摩鹿加群島的許多部分，克厄同阿魯兩群島，威濟烏，以及濟羅羅的南部東部，大半都是上升的珊瑚岩，剛好和附近諸海當中正在醞釀的珊瑚岩相當。我已經在許多地方，看到多行暗礁上升成陸，還沒有改變外觀的表面，這些上升的暗礁都有許多大堆的珊瑚矗立在本來的狀態中，又有好幾百的介殼極其新鮮，也當然不是出水多年的物品；並且在事實上，這些變遷都在最近二三個世紀內發生出來，也是十分或然的事情。

這幾條火山帶的聯合長度大約有九十度，就是地球全周的四分之一。它們的闊度大約是五十哩；而在兩側又各有二百哩的地面，可以在新近上升的珊瑚岩上，或者在屏障式的珊瑚暗礁上，找得地下行動的各項憑據，這些珊瑚的岩礁都顯出新近浸水的痕跡。在火山帶的正中或焦點安置著婆羅洲這個大島，我們在島上還沒有看到新近火山行動的痕跡，並且四周各地所有十分顯著的地震事實在本島上也是毫無所知。和它相等的大島新幾內亞是另外一片安靜的地面，我們在島上也不曾發現什麼火山行動的痕跡。奇形怪狀的大島蘇拉威西，除北半島的東端以外，也完全沒有火山；而且確有某種理由可以相信那些有火山的部分在古代是一個分離的島嶼。再則馬來半島也是非火山性的。

所以全區域初步的而且最明顯的劃分，就是分為安靜地域同火山地域，而且我們或者也可以期望這種劃分相當於植物品質上同生物形態上若干種的差別。但是這種劃分只能適用到一個很有限的程度；因為我們立即可以看出這種地下火的作用雖然伸張在這樣廣大的一個範圍上面——堆成整排的高山高到一萬或一萬二千呎，破裂各大洲而且從大洋中湧起諸島來——但是仍舊含有新近行動的一切品質，這種行動要來消滅遠古水陸分佈的種種痕跡還不曾奏得全功。

植物的差別——全區域的各島既然逼處在赤道上，且又圍以浩瀚的大洋，所以各島從海面達到山頂都幾乎全年覆被著一種森林植物，是不足為奇的。這是一般的通則。蘇門答臘，新幾內亞，婆羅洲，菲律賓同摩鹿加兩群島，以及爪哇蘇拉威西的未墾部分，除了幾處狹小的而且不重要的地方以外，都是森林地帶，至於那幾處地方大約有些是由於古代的墾殖或偶然的火燒所致。但是這種通則，在帝汶島同它四周的一切小島上，卻有一個重要的例外：在這些島上絕對沒有其他諸島所展佈的那種森林，並且這種現象又以較小的程度伸張到弗洛勒斯，松巴哇，龍目，同峇里。

帝汶島上最普通的樹木是若干種「由加利」樹（Eucalypti）——澳大利亞的特產，其次是檀香木，亞拉毘亞護謨樹屬（acacia），以及其他種類，都比較的稀少些。這些樹木散佈於地面上疏密不等，但都配不上森林的名稱。在荒山上，樹木底下生有粗瘦的草叢，而在濕地上卻生有茂盛的草類。在帝汶和爪哇中間的諸島上，往往有樹木更盛的地域繁生著多刺的樹木。這些樹木都不很高，並且在旱季內幾乎完全落葉，樹下的地面都是烘灼乾枯，和其他諸島陰濕長青的森林顯然相反。這種特性以較小的程度伸張於蘇拉威西的南半島同爪哇的東端，大約都是由於貼近澳大利亞的緣故。因為東南方的季候風大約有全年三分之二的時間（由三月到十一月）吹過澳大利亞的北部而去，產生的酷熱和乾燥，使得鄰近諸島的植物和外觀都類化於澳大利亞。由此稍東，在帝汶海（Timorlaut）同克厄群島，通常都有更濕的氣候，因為東南風吹到此地，須由太平洋吹過托雷斯海峽（Torres Straits），再過新幾內亞的濕森林；因此每個岩島都覆被著綠色的草木達到頂尖。其次由此更西，這種燥風吹過漸次推廣的洋面，就有充分的時間可以吸收新鮮的濕氣，所以我們就看到爪哇島的氣候逐漸潮濕起來，到了西端接近巴塔維亞處，雨量就或多或少總是終年不斷，而且山上也到處覆被著異常茂盛的森林。

海洋深淺的差別——首先指出這種差別的是厄爾先生（Mr. George Windsor Earl）。他有一篇文章於一八四五年在皇家地理學會宣讀，又有一本小冊子叫做《亞細亞東南部及澳大利亞之地文地理》（*On the Physical Geography of South-Eastern Asia and Australia*）於一八五五年出版，都說是：一個淺海聯絡蘇門答臘、爪哇、婆羅洲諸大島於亞細亞洲，而諸大島的天然產物又大概和亞洲大陸相合；同時一個相似的淺海聯絡新幾內亞同澳大利亞鄰近若干島成為一氣，都以有袋類的存在為特徵。

我們從此對於本群島所有基本的差別可以獲得一個線索，我把這個線索加以精細的研究以後，已經達到這個結論，就是：我們可以在馬來群島全區域中間畫出一條界線，把它們劃分為約略相等的兩部分，一部分隸於亞洲，別一部分隸於澳洲。我把這兩部分分別取名為馬來群島的印度馬來分部同澳洲馬來分部（Indo-Malayan division, Austro-Malayan division，參看馬來群島的形勢圖）。

但是厄爾先生在他的小冊子裡面卻辯護亞澳兩洲古代的陸地相連；不過我覺得他所提出的憑據，就全部而論，剛好指示著這兩洲由來已久的分離。若把我們兩人這項異點以及別的重要異點丟開不提，那麼首先表示馬來群島分隸亞澳兩洲的功績當然應該歸他所有，而這種分法我以精細的考察使它成立，又是我的幸運了。

天然產物上的差別——要明瞭這種差別的重要以及這種差別對於從前水陸分佈的關係，必須先把地質學家同博物學家在世界上其他各地由考察而得的各項結果加以一番考慮。

這是現在一般人所公認的，就是：地面目前的生物分佈大概是地面所有最後變動的結果。地質學告訴我們說，陸地的表面同水陸的分佈到處是在逐漸變動的。又說，凡棲息在陸地表面的生物形態也是在我們有可稽考的各時期中常在逐漸變動的。

我們現在無須涉述以上各項變動怎樣發生的經過情形，因為大家對於這一層的意見不免紛歧；但是大家對於這樁事實——就是這些變動確已從最初的地質學上各時代一直進行到現在，而且現在也仍舊在那裡繼續進行，意見上卻都一致。每一層水成岩、水成沙，或水成礫的銜接地層，都可以證明水平面的變動曾經發生；不同種的動植物，凡是有遺跡可以在這些沈積物上發現的，也可以證明相當的變動曾經發生於生物界。

因此，把這兩類變動認為確實以後，就可以從此把物種分佈上目前一般的特點同變例都追溯出來。在不列顛群島上，除開少數瑣碎的例外，所有各種鳥獸、爬蟲、昆蟲同植物，都同時可以在歐洲大陸上找得。在撒丁尼亞（Sardinia）科西嘉（Corsica）諸小島上，有幾種鳥獸昆蟲以及許多種植物是十分特別的。錫蘭和印度雖然比不列顛和歐洲更為密切相連，但有許多種動植物都和印度的各別，而且是特殊的。在加拉巴哥群島（Galapagos Islands）上，每種土著的生物雖則和美洲最接近的部分所有他種生物密切相似，卻幾乎都是本群島所特有的。

至今一般博物學家都承認這些事實只能用各島由海底上升或與切近陸地分離以來，所經過時間的久暫來解釋；而這種時間的久暫又大概（雖然不能一律）為居間海的深度所表示出來。海岸上大片海洋沈積物的偌大厚度，都表示著陷落的工作已經在無數久遠的時代中時常繼續進行，——其間不免有相間時期的停止。因此這種陷落工作所產生的海洋深度，大概可以當作時間的量尺；而有機體形態所經歷的變動也和海洋深度相似，可以當作時間的量尺。我們倘若承認新種的動植物都是靠著那些天然的散佈工具——那些工具已經由來伊爾爵士（Sir Charles Lyell）同達爾文先生美滿的解釋出來——由四周各處連續輸入，我們就可以顯然看出這兩種量尺真是互相映照得極為密切。不列顛和大陸中間相隔的海是一個很淺的海，所以不列顛的動植物只在極少數的情形中，開始和大陸上相當的物種顯出若干差別來。科西嘉同撒地尼亞有一個更深的海和義大利分開，所以在種種有機體的形態上顯出一種更大的差別。古巴（Cuba）和尤卡坦（Yucatan）中間隔有一個更闊更深的海峽，所以這兩個地方的差別也更為顯著，而且古巴的產物大半都有特別的物種。再則馬達加斯加和非洲中間隔有一個三百哩闊的深海峽，所以馬達加斯加就具有這樣多的特殊色彩，簡直指示著它們兩處的分離是在一個很遠的古代，甚至這兩處曾經有沒有絕對相連也是可疑。

現在我們回講到馬來群島：我們看到爪哇和蘇門答臘，麻六甲和暹羅，彼此互相隔著的大海都是這樣的淺，以致船隻在海中任何部分都可下錨，因為這些海罕有深到四十嗕（fathoms）以上；我們倘若到一百嗕深的界線上去，就要包有菲律賓群島，同爪哇東方的峇里了。那麼，假使這些島的彼此分離，以及和大陸分離，的確是由於居間地段陷落的話，我們就應該下這個結論：這種分離是比較上新近的事實，因為居間地段所陷落的深度都是很小。而且這一層也須注意，就是：在蘇門答臘同爪哇境內的一帶活火山供給我們以這種陷落的一個充分原因，因為火山所噴出巨堆的物質要取去四周地域的根基；並且這一個原因或者也就是這種常見事實——火山或火山帶總是近海——的真正解釋。火山所產生的四周陷落即使現在還沒有造成海洋，將來總可以造成海洋的。③

但是我們必須考察這些地域的動物學，方才能夠找得我們所最需要的東西——就是找出一項憑據，來證明這些大島在古代曾經構成某大洲的一部分，並且和該大洲分離還是在地質學上一個很新近的時代。蘇門答臘同婆羅洲的象和貘，蘇門答臘的犀牛同爪哇的類似種，婆羅洲的野牛以及一向以為爪哇所獨有的動物，現在都已經知道在亞洲南部總有一處棲息著。這些大動物並沒有一種能夠渡越現在隔離這些地域的海面，所以牠們的存在顯然表出一種陸上交通必定

③這是現在一般地質學家所相信的：海中或陸上各種新堆積物的重量，可以產生陷落的事實。所以火山所噴出岩石或灰燼的堆積也就是陷落的一個原因。

在物種起源以後曾經存在。略微細小的哺乳類有一大部分都是各島和大洲所共有；不過地形的多次大變動——這些變動必定已經發生在這些廣大地域破裂而陷落的時候——已經使得有些哺乳類絕跡於一個島或幾個島，而且有些情形又好像「種變」已經有了進行的時機。鳥類同昆蟲的分佈狀況都指證著這個同樣的見解，因為這兩類的每一科，並且幾乎每一屬，凡在任何一個島上可以找得的，都在亞洲大陸上也可以找得，而且有許多的種又是完全彼此相同。鳥類貢獻我們以決斷「分佈律」的一項最好的工具；因為那種攔阻陸上獸類的水界，粗看好像鳥類當然是容易飛渡的，而按諸實際卻是不然；我們若把各族的水鳥剔開，——牠們是優越的漫遊者——就可以看出其他的鳥類（尤其是鳴禽類，或真正的陸棲鳥，牠們佔鳥類的大多數）往往為海峽同內海所嚴密限制，簡直和獸類相同。試舉一例：在我目前所述的諸島中，爪哇有許多種飛鳥從來不曾渡過蘇門答臘去，雖然這兩個島僅僅隔著一個十五哩闊的海峽，並且中途又有若干島嶼。在事實上，爪哇所有特殊的鳥類同昆蟲，比蘇門答臘或婆羅洲都要多些，而這項事實就可以表明爪哇和大陸分離得更早；在有機體的特殊色彩上居在次位的就是婆羅洲，至於蘇門答臘的一切動物形態和麻六甲半島十分相似，而我們也可以安然斷定它是最近分離的島嶼了。

所以我們現在所達到的一般結果是：爪哇蘇門答臘婆羅洲諸大島，在天然產物上和大陸的鄰近各處極其相似；牠們都和大陸相隔得這樣遠，即使現在還是大陸的一部分，恐怕也只能相似到這個地步。這些大島在天然產物上既然和大陸有這種密切的類似，而且互相分隔的大海又是那樣一致的淺，加以蘇門答臘同爪哇境內又有一帶火山——這些火山已經噴出巨量的地下物質，造成廣大的平原同崔巍的山脈，剛好是一平行線陷落的真正原因——有這種種事實當然要引出這個結論來，就是：在地質學上一個很新近的時代，亞洲大陸還是遠伸到目前的疆域以外，在它的東南方包有爪哇蘇門答臘婆羅洲諸島，並且大概要伸張到目前一百噚深的海面。

菲律賓群島有許多方面都和亞洲大陸並以上諸島相符；但是同時又有若干變例，好像表示著本群島的分離是在一個更古的時代，而且自從分離以後，在地文地理上也好像已經有許多的變動。

現在把我們的注意點移向於馬來群島的其餘部分，我們又可看出從蘇拉威西和龍目往東的一切島嶼，都顯然和澳大利亞有密切的類似，那類似的程度幾乎和西方諸島的類似亞細亞差不多。這是大家明知的事實：澳大利亞的天然產物和亞細亞大不相同，而且牠們彼此不同的程度，比世界上四大區域的其他區域彼此間所有不同的程度，都要高些。在事實上澳大利亞是獨立的：它沒有猿、猴，沒有貓、虎、狼、熊、或鬣狗科動物；沒有鹿或羚羊、綿羊或牛；沒有象、馬、松鼠或兔；總而言之，凡世界上其他各地所常見的獸類，在澳大利亞簡直一種都沒有。它只有有袋類（Marsupials），如袋鼠同鼩，袋熊同鴨獺。就鳥類而論也幾乎是同樣的特別。沒有啄木鳥同孔雀——世界上其他各地都有存在的諸科；而卻有造墩的營塚鳥（brush-turkey），同蜜雀、白鸚、以及刷形舌的鸚鵡（lories），都是地球上其他各地所找不到的。我們應該注意的是：澳大利亞所具的這些特點，同時都發現於一切組成澳洲馬來分部的諸島上。

馬來群島兩分部在彼此間的大差別，以峇里島和龍目島的差別為最急驟，因為這兩個島雖然十分接近，而所有的動物卻是彼此大不相同。在峇里境內我們有「鬚嘴杜鵑」（barbets）、「水果畫眉」（fruit-thrush）、同啄木鳥；但一到龍目，這些鳥類就看不見了，我們所看見的只有繁夥的白鸚，蜜雀，同營塚鳥——都是峇里同峇里以西諸島所沒有的。這兩個島中間相隔的海峽只有十五哩闊，所以我們可以在二小時內從地球上一個大區域渡到別一個大區域去，而且這兩個區域動物上主要的差別，竟和歐洲同美洲的差別一般無二。其次我們倘若從爪哇或婆羅洲渡到蘇拉威西或摩鹿加群島去，這個差別還要越發顯著。在前兩地，森林內所繁殖的許多猿猴同野貓、鹿、麝貓（civets）、水獺、以及無數種類的松鼠，是時常遇到的。而在後兩地，這些動物卻沒有出現，唯一的陸上哺乳動物差不多只有捲絡尾的「東方鼬」（Cuscus）；其餘例外的動物只有鹿（大約是新近輸入的）也可找得，又有野豬為以上各地所共有。在西部諸島最繁殖的鳥類為啄木鳥、「鬚嘴杜鵑」、「咬鵑」（trogons）、「水果畫眉」同「葉子畫眉」（leaf-thrush）：這些鳥類天天都可看到，並且是本地域鳥類學上的大特色。但在東部諸島就絕對看不見這些鳥類，所有最普通的鳥類是蜜雀，同「刷舌鸚」。因此博物學家來到此地，彷彿是插足於新世界一般，連自己在幾天以內從一個區域渡到別個區域都不曾覺察出來，因為在這幾天以內是時時看到陸地的。

我們由以上這些事實當然要取得這個推論，就是：遠在爪哇同婆羅洲以東的諸島，——大約只有蘇拉威西是例外——就主要上說，確是構成古代澳大利亞洲或太平洋洲（Pacific continent）的一部分，不過其中有若干島或者從來不曾和這個大洲實際相連，也未可知。這個大洲不但在西部諸島和亞洲大陸分離以前必定已經破裂開來，而且大約在亞洲古代極端的東南部升上洋面以前已經破裂開來；因為我們知道婆羅洲同爪哇這兩個島的一大部分，在地質學上，是十分新近的構成物，而同時在東部馬來群島和澳大利亞的產物上，彼此的「種」同許多「屬」卻有極大的差別，並且現在隔離這兩個地域的海洋又是很深——都是指示著一種比較長期的孤立。

再就東部諸島內部去考察淺海可以暗示新近的陸地聯絡，也是一種有趣的事情。例如阿魯群島、密索爾、威濟烏、同佐比（Jobie）諸島所有的哺乳類鳥類，和新幾內亞所有的種極其相符——比牠們和摩鹿加群島相符的程度來得更高——我們就可以在牠們和新幾內亞中間找到一個淺海。在事實上，新幾內亞四周百尋深海的界線剛好把真正風鳥（Paradise birds）的範圍準確劃出。

這一層更須注意，就是：從天然產物上顯著的差別把馬來群島劃分為兩個分部的分法，和地形或氣候的主要劃分截然不同；而且再把這一層和這種理論——以為生物的特別形態由於外圍的情境而生——互相比較，又是有趣的一點。穿過兩分部的大火山帶似乎絲毫不能類化它們的產物。婆羅洲和新幾內亞是密切相似的：不但面積廣大火山絕跡這兩層彼此相似，而且地質上構造的駁雜，氣候的一致，同森林植物的一般狀態，也是彼此相似。再就摩鹿加群島而論，在火山的構造上，極端的豐饒上，繁茂的森林上，常有的地震上，一一都是菲律賓群島的副本；其次峇里同爪哇的東端所有氣候同土壤，也和帝汶幾乎同樣的乾燥。但是以上每兩組島彼此的形狀，氣候，同洋面，雖然各各相同，而在每兩組所產動物的比較上卻又顯出可能的最大差別。所以這一條古訓——以為棲息在各地方的生物形態所有的差別點或類似點，都由於各地方地形上所有相當的差別點或類似點而來——到了這裡就遇到一種十分明顯而且直接的抵觸。婆羅洲和新幾內亞雖然在地形上彼此最為相似，而在動物學上卻相隔得和兩極一般；同時澳大利亞有了乾燥的風，開曠的平原，多石的沙漠，溫和的氣候，而所產的鳥獸，竟和新幾內亞境內棲息在平原上同高山上濕熱茂林裡面的鳥獸，密切相似。

要把這種大差別所由產生的工具——我所假設的工具——指證得格外明白，須求大家先去考慮這件事情：如果地球上有兩個顯然相反的區域，被自然的工具拉在接近的地位，將來有什麼結果要發生？亞洲和澳洲的產物固然根本上差別最大，但是非洲和南美洲的差別也是很大。這非洲同南美洲兩個區域剛好可以拿來指證我們目前所設想的問題。就獸類而論，在非洲有狒狒（baboons）、獅、象、水牛、同長頸鹿（giraffes），而在南美洲卻有蛛猴（spider-monkeys）、「美洲獅」（pumas）、貘、食蟻獸，同樹懶（sloths）；再就鳥類而論，非洲的犀鳥、「蕉鵑」（turacos）、金鶯同蜜雀，也顯然和美洲的鵎鵼科（toucans）、鸚鶻（ma-caws），「連雀」（chatterers），同蜂鳥有別。

現在我們要設想大西洋的海床逐漸上升，同時在陸地上地震同火山行動所產生的無數渣滓又被河流傾瀉而下，因此這兩洲各由新製陸地的附加而逐漸擴大起來，並且把現在分隔這兩洲的大西洋縮成幾百哩闊的內海。我們又可設想許多島嶼上升在這個內海中途；並且因為地下的力量到處不同，而這種力量的發動點又時時變遷，所以這些島嶼就有時在內海的這一邊或那一邊和大陸相連，而有時又和大陸分離。有若干島在有些時候或者聯合一處，在別些時候卻又破裂開來，到了最後經過許多長期間的這種相間的動作，我們就會有一片不整齊的群島填滿大西洋的海峽，在這些島嶼的外觀上同排列上，我們不能夠發現什麼痕跡來證明其中那一個島曾經和非洲相連，那一個島曾經和美洲相連。但是棲息在這些島嶼上面的動物同植物，一定會披露這些島嶼所有這部分的過去歷史。在那些曾經和南美洲相連的島嶼上面，我們一定可以找到這些普通的鳥類，如連雀、鵐鵖科、蜂鳥等等，以及幾種特別的美洲獸類；而在那些從非洲分離出來的島嶼上面，也一定同樣的可以找到犀鳥，金鶯，同蜜雀。又有某部分的上升陸地或者在不同的時期和兩洲都有暫時的聯絡，那麼在動物上就會含有某種分量的混雜。這種情形似乎就是蘇拉威西諸島同菲律賓群島的代表。至於其他諸島雖然接近得和峇里同龍目一般，而在往古卻各自和非洲或南美洲直接或間接相連，那麼在產物上也自然會各自顯出非洲或南美洲很純粹的樣本來。

在馬來群島上面，我們有了——我相信——剛好和我上文所假設的互相平行的一種情形。我們發現了種種痕跡，可以指證一個具有特殊動植物的大洲已經逐漸的並且陸續的破裂開來；而蘇拉威西這個島大約就是這個大洲極西擴張的所在，從此往西就是一個廣漠的海洋。④同時亞細亞也似乎已經伸張它的疆域於東南方——當初是不曾破裂的一團，往後才分離為我們現在所看見的諸島——幾乎和南方一大片的散漫區域都要實際相連。

由本題的這個綱要看來，一種附加的博物學對這地質學有何等的重要處就可以明白了。這種博物學的重要，不但在於解釋地殼內所找出絕跡動物的碎片上，而且在於決斷地面的過去變動上——這些變動已經沒有地質學上的記載遺留下來。這當然是一種奇怪的意外事實，就是：蟲鳥分佈狀況的精確知識，能夠使我們畫出陸地同大洲的地圖來，而這些陸地同大洲卻在人類

④本題的澈究已經使我斷定蘇拉威西從來不曾做了澳洲馬來大陸的一部分，而卻顯然指示著亞細亞在遠古時代更向東方的伸張（參看著者所著的《島嶼生物》〔*Island Life*〕四二七頁）。

還沒有傳說以前已經沈沒在大洋底下。地質學家對於各處可以考察地面的地方，都能夠解釋該地方許多過去的歷史，而且都能夠八九分斷定該地方在海平面以上或以下的最近各項運動；但是他一遇到現在有大洋或大海伸張著的地方，就不能夠做出什麼事情來，他只好在海洋深度所呈現極有限的各項事實上去臆測了。如果有了博物學家插足進來，就可以把地球過去歷史上這個大缺憾彌補上去。

我此次旅行的一個主要目的在於獲得這種性質的憑據；而我搜尋的結果已經獲得大成功的報酬，因此我能夠以某種的諒必率，把地球上一個最有趣的部分所經歷的種種過去變動追溯出來。有些人或者以為上文所列舉的事實同推論，在提供事實的一種旅行紀事文內，與其放在開端，不如放在末尾。就有些情形而論，或者不妨如此，但是我覺得要敘述馬來群島所有無數島嶼同島組的博物學，倘若不去時常引伸這些增加多量興趣的推論，而求它和我自己的期望相合，是不可能的。現在本題已經約略敘明，我在後文就要表出以上這些原理既然可以應用在全部的馬來群島上，而且也可以同樣的應用在各組內部各個的島嶼上；而同時又要表出這些原理可以使我以後一切的敘述更為有趣有益。

種族的差別──在我斷定馬來群島的東半部同西半部分隸於地球上兩個基本區分以前，我已經從事於類聚馬來群島的土人在兩種根本各別的人種底下。對於這一點，我的意見和以前論述本題的一般人種學家不同；因為沿襲洪保德（William von Humboldt）同普立查德（Pritchard）的學說，把海洋洲的一切民族都類別為一種人種的變相，已經差不多成為普遍的習慣。但是一經考察以後，立即顯出馬來人同巴布亞人在肉體、精神、道德、各項的品質上，根本不同；而我經過八年的詳細研究以後，竟獲得這個滿意的結果，就是：這兩種人彷彿是模樣一般，凡馬來群島同玻里尼西亞（Polynesia）各民族的全體都可以歸類於這兩種人底下。分隔這兩種人種的界線，顯然和分隔動物學區域的那條界線互相接近，不過略微偏向東方；這種狀況，似乎很可以表出影響人類分佈的原因，剛好和決定其他動物分佈的原因相同。

劃分這兩項的界線為什麼並不恰好相同的理由是很容易明白的。人類有橫斷大海的工具，而動物卻沒有這種工具；而且一種比較高等的人種往往能夠排擠或同化別一種比較低等的人種。馬來人種的海上企業同較高文化，已經使得他們能夠侵佔附近區域的一部分，在這一部分內，他們已經完全撲滅了土著的居民——假使曾經有過這種居民的話；並且又使他們能夠伸張他們的語言、家畜、同風俗的一部分，廣被於太平洋上，而且進入許多島內，他們在這些島內僅僅略微——或絕不——改革了居民肉體上或精神上的特色。

因此我相信各島的一切民族都可以和馬來人或巴布亞人類聚一處，而這兩種人在彼此間卻沒有可追溯的結合。我更相信界線以東的一切民族彼此間有更多的結合，至於他們和界線以西任何民族的結合就要少些；並且在事實上，亞洲的民族可以包括馬來人，而且他們大家都有一種大洲的起源；但是巴布亞人種的諸民族——包括一切蔓延到馬來人範圍以東的民族，遠遠到了斐濟群島（Fiji Islands）為止——卻不是由現有的任何一洲發生，是由太平洋內某某若干陸地發生，這些陸地或者現在還有存在，或者在新近的古代曾經存在，倒是一個問題。以上這些初步的觀察，可以使讀者更能了解本書所以注重體態上同性情上各項細目的緣故，這些細目都在後文描寫許多島上居民的時候羅列出來。

# 第二編

# 印度馬來群島

# 第一章
# 新加坡
## 由一八五四年到一八六二年幾次遊歷中所見的市和島的概況

對於從歐洲來的旅行家，比新加坡市和新加坡島更為有趣的地方實在很少，因為這新加坡光怪陸離，有複雜的東方民族，有紛歧的宗教同生活方式。官吏、駐防軍，及主要商人，是英國人；而大宗的人口卻是中國人，包括若干富商，內地農人，以及一般的機器匠和勞動者。土著的馬來人通常都做漁夫同船夫，而且是巡警的主要來源。又有麻六甲的葡萄牙人做著一大宗的店員同小商人。印度西部的克林族（Klings）在此地設立無數回教徒的團體；他們同許多阿拉伯人都做著小商人同小店主。馬夫同洗衣工都是孟加拉人，又有一小群極可敬的印度祆教徒商人（Parsee）。此外有多數爪哇人的水手同家傭，又有從蘇拉威西峇里及其他島嶼來的商人。港口內擁擠著軍艦同歐洲許多國的商船，並好幾百的馬來「普牢船」（praus）同中國海船，上自幾百噸的大船，下至小漁船同搭客舢舨；而市上又包含著美麗的公眾建築同教堂、清真寺、佛殿、中國神廟、歐式美屋、偉大棧房、古怪的克林同中國商場，以及郊外許多長排的中國人同馬來人的村舍。

新加坡各民族中最顯異的而且最引人注意的是中國人，他們人數的眾多及不斷的活動給予本城以多量中國式城市的外觀。中國商人普通是肥胖圓臉的人，有持重勤敏的神氣。他和苦力們穿同樣的衣服（白色寬衫及藍色或黑色褲子），不過材料較佳，而且很是整潔。他在市上有一所華麗的棧房或商店，在鄉間又有一所精舍。他置備一匹好馬及一輛輕車，每天傍晚都禿著頭顱乘車兜風。他很有錢；他經理若干小商店及小商船，又貸款於人，所以一年富似一年。

在中國商場內有幾百間小商店，店內擺列五金、鐵器，及布帛等項雜貨，並且有許多貨物賣得非常便宜。手鑽只賣一便士（penny）一個，白棉線半便士四球，其餘洋刀、螺鑽、火藥、書紙，以及其他許多物件，都和英格蘭賣得一樣便宜，或者更為便宜。店商性情很好；他會把一切物件給你看，你即使不買，他似乎並不介意。他開價稍高，而不至於和克林人一樣，因為克林人差不多總要開兩倍的價錢。你若買過他的幾件貨物，你以後每次走過他的店鋪，他總要對你說幾句話，或者請你進去坐坐，或喝一杯茶，而你總不免怪他在這許多商店都做同樣買賣的地方怎麼能夠維持他的生活？成衣匠坐在桌邊縫衣，並不坐在桌上；他們同鞋匠都是做工好而取價便宜的。理髮匠能夠做許多事情，如剃頭、挖耳等等；他們對於挖耳一項備有一大套小鉗，小耳挖，小刷等等。在城市四周有幾十個木匠同鐵匠。木匠所做的主要器皿似乎是棺材同厚漆美飾的衣箱。鐵匠大半是做鎗的，都用手工把鐵棍穿成鎗管。他們天天做這種不耐煩的工作，而且做好的鎗都有雅觀的燧石鎗機。街上滿眼排列著售賣冷水、蔬菜、水果、羹湯，或「阿加阿加」（agar-agar，原註：一種海草做成的膠質食品）的人，他們有許多種叫聲，和倫敦那些叫聲真是同樣的難懂。又有許多人挑著擔子，一頭是輕便的煮器，一頭是一張小桌，賣著一個半便士一餐的介類，米飯，同蔬菜；至於待僱的苦力同船夫是到處可以遇到的。

在本島內地的中國人或在叢林內砍下林木，鋸成木板；或栽培蔬菜，攜往市場；或種植胡椒樹同兒茶（gambir），成為出口的重要物品。在這些中國人中間，法國的耶穌會徒（Jesuits）設有許多教會，似乎很有成效。我有一次在武吉知馬（Bukit-tima）和一個教士同住幾星期，地點約略在本島的中心，築有一座美麗的教堂，信徒大約有三百人。我住在此地的時候，又會晤了一位剛從安南的東京（Tonquin）來的教士，他已經住在東京多年。耶穌會徒的傳教仍舊依照古式，毫無變化。在南圻（Cochin-China），東京，同中國，凡一切基督教教士所必須祕密住居，而且容易受害被逐，甚至見殺①的地域，每一區——即使內地最遠的各區——都有一所常川的耶穌會徒的會所，這些會所常常有新進的候補者來維持，這些候補者都在檳榔嶼或新加坡學習他們將來所往某國的文字。據說，他們在中國境內有靠近百萬的信徒；在東京同南圻有五十萬以上。這些教會一個成功的祕訣就是開支經費的極端經濟。每一個教士只許給他三十鎊左右一年，無論在那一國都要在這三十鎊內開支。因此很有限的工具可以供養很多數的教士；而且土人看見教士們都是自甘貧苦，毫無奢侈，就確信他們的教訓為誠實，以為他們真是拋棄家庭朋友同安樂，而為他人謀福利。無怪他們獲得許多信徒，因為一般貧民看見有一個人到他們中間來，遇有患難煩惱就可以到他那裡去，他會勸慰他們，探視他們的疾病，賑恤他們的貧乏，

①自法國在南圻殖民以後，已經沒有見殺的事情發生。

並且把一生的精神盡力於他們的訓誨和幸福，他們當然是認作一個大恩惠的。

我那位住在武吉知馬的朋友，的確是他手下一班人的慈父。他每逢星期日都對他們用中國話講道，且在其他各日的晚上又做著宗教上的討論或談話。他設有一所學校教訓他們的子女。他的住宅整日夜為他們開著。若有一人到他面前說，「今天我家裡沒有米吃」，他就把自己屋內所有的一半米給他，不管它怎樣少。假使又有一人說，「我沒有錢還債」，他又會把自己錢袋裡面的一半錢給也，不論它是自己僅餘的一圓銀洋。因此他自己遇到缺需的時候，他就差人到他們中間最有錢的人那裡說，「我屋裡此刻沒有米」，或者「我已經施捨了我的錢，現在缺需某某物件」。結果是：他們都信仰他，愛戴他，因為他們覺得他是他們的真朋友，決計沒有什麼詭譎的思想對待他們的。

新加坡島有許多三百呎或四百呎高的小阜，有許多阜尖現在還長著原生林。武吉知馬的教會房屋，在四周有幾座原生林蓋頂的山阜，阜上時常有樵夫同鋸木匠的蹤跡，是我採集昆蟲最好的地方。又有許多處的虎阱，以棒條同樹葉掩蓋著，隱蔽得十分周至，我有好幾次幾乎要跌進去。這些陷阱的形狀和鎔鐵爐相似，底面比上端更寬，大約有十五呎或二十呎深，所以人若跌入，除有幫助以外幾乎不能出來。從前在底面上都豎立一條尖樁；不過自從某旅行家不幸跌在樁上被戕以後，這種尖樁已經禁止使用。在新加坡島上，現在還時常有幾隻虎到處漫遊，平均每天要害死一個中國人，內中大多數是在兒茶栽植地上做工的，因為這種栽植地總在新墾的叢莽裡面。我們在晚上往往聽到一二次虎的嘯聲，所以在樹段縱橫，鋸坑零落中間，去捕捉昆蟲，倒是駭人的工作，因為這種野獸在近旁蹲伺著，等著一個機會來猛撲我們，也是難料的。

每逢晴天，在日中有幾小時我都消磨在這片森林裡面，覺得十分爽快陰涼，和路上所經過的曠野不同。這裡面的植物最是茂盛，有無數的林木、複雜的羊齒、「花葉芋」（caladiums），及其他叢莽，又有攀緣繁生的藤棕（rattan palm）。昆蟲特別豐富，而且極其有趣，我每天獲得幾十樣新奇的形態。大約在兩個月內我獲得七百種左右的甲蟲，有一大部分都是十分新奇的，據採集諸人計算，雅致的長鬚甲蟲——天牛科（Cerambycidae）——就有一百三十種各別的種類。這一切甲蟲幾乎都在一片叢莽內採集而來，而叢莽的面積只有一方哩，我以後在東方的各地旅行中，少有——即使有的話——遇到這樣豐富的地點。這種特別的豐富，一部分自然是由於土壤氣候及植物各方面若干優美的狀況，由於時季的晴明溫暖，並有充分的陣雨以保持各種草木的新鮮。但是大部分卻由於中國樵夫的勞動，——這是我覺得一定如此的。他們在此地做工已經好幾年，不斷的供給乾枯腐敗的樹葉樹皮，同多量的木屑，以滋養昆蟲同牠們的幼蟲。於是在這有限的地面內聚集一大批的種類，而我剛好又是第一個來收穫的博物學家。我在這一個地點以及向各方步行時，又捉得一大批蝴蝶同別種昆蟲，所以就全部而論，我探求馬來群島博物學知識的初次嘗試是十分滿意的。

# 第二章
# 麻六甲及金山　一八五四年七月到九月

鳥類及其他大半種類的動物在新加坡既然稀少，我就在七月內動身往麻六甲去，我在麻六甲內地度了兩個多月，曾經往遊金山（Mount Ophir）。麻六甲的美麗古城擠在小河的兩岸上，由許多商店同住宅的狹街構成，為葡萄牙人後裔及中國人所佔有。在附郭一帶，有英國官員及少數葡萄牙商人的房屋住在棕櫚同果樹的叢林中間，那複雜而美麗的樹葉很是悅目，且最涼爽。

古代的堡壘，宏大的衙署，以及大禮拜堂的廢墟，顯出本地從前的富裕和重要，因為它在古時的確是東方貿易的中心，有如現在的新加坡。林斯綽特（Linschott）在二百七十年前對於此地所做下面一段的描寫文字，顯然表出它所經歷的變遷：

麻六甲的居民為葡萄牙人及土著的馬來人。葡萄牙人在此地築有一座堡壘，如同他們在莫三比克（Mozambique）築有堡壘一般，而且在東印度（Indies）全部再沒有堡壘步著莫三比克同奧馬茲（Ormuz）兩堡壘的後塵。其軍官在辦事上能比此地的堡壘認真些。此地是全印度、中國、摩鹿加群島，及其他四周諸島的市場，從以上這些地方，並且從班達、爪哇、蘇門答臘、暹羅、庇古（Pegu）、孟加拉、科羅曼德（Coromandel）及印度各處，駛來許多的船隻，這些船隻裝載無量數的商品來去不斷。若非為著空氣的不便和不合衛生——這種空氣不但有害於外人，並且有害於土人，此地或者可以加多一大批葡萄牙人。因為空氣這樣惡劣，所以一切的住民都難保健康，而要沾染某種疾病以致損失髮膚。那些避免的人都以為這是一種奇事，因為使得許多人離開此地，但是同時謀利的慾望引誘他人犧牲他們的健康，想忍受這一種空氣。據土人說本城的起源是很小的，在起初由於空氣的惡劣，只有六七個漁人住居。後來因為暹羅、庇古，同孟加拉的漁人薈萃於此，人數就增加起來；他們來了以後，建築一個城，創立一種語言，這種語言是從各國最優雅的談吐抽取而來；所以事實上馬來人的語言，在現今的確是東方全部最優雅最精確而且最馳名的語言。麻六甲的名稱也在當時賦予於本城，由於位置上的便利，在短時間內就發達到這樣的富裕，所以至今還不曾屈服於四周最得勢的城市同區域。土人無論男女都很有禮貌，在世界上要算他們最善恭維，而且對於文詞詩歌也很有研究。他們的語言盛行於東印度，和法國語的流行於此地一般。

在目前，凡超過一百噸的船隻很少進港，所有的貿易只限於幾種小量的森林產物同水果，這些水果為古時葡萄牙人手植的果樹所產，全數供應於新加坡的居民。此地雖然時常發生瘧疾，而在目前並不以為十分有害健康了。

麻六甲的人口為若干民族所組成。遍地都是的中國人大概人數最多，都保持著本來的儀式，風俗，同語言；土著的馬來人人數稍少，他們的語言是本地歐亞間的交通語（lingua-franca）。其次為葡萄牙人的後裔——一種混雜、墮落、而衰微的民族，他們的語言雖然在文法上已經殘缺不全，而卻是保持著祖國的語言。再則有英國的統治階級同荷蘭人的後裔——他們都說英語。在麻六甲所說的葡萄牙語是一種語言學上有用的現象。「動詞」已經大半失去「變形」（inflections），每每拿一種形式用於一切的「語氣」（moods），「時態」（tenses），「數目」（numbers），同「人稱」（persons）。「形容詞」也已經失去「陰屬」（feminine）同「複數」（plural）的限制，所以這種語言已經縮成極端的簡單，再加以若干馬來字的攙雜，使得那些僅僅懂得盧西塔尼亞語（Lusitanian）的人簡直無從懂得這種葡萄牙語。

這幾種民族的服裝也和語言同樣的紛歧。英國人保守著緊窄的上衣，背心，褲子，以及可憎的帽同領飾；葡萄牙人愛穿輕薄的短褂，並且通常僅穿襯衫同褲子；馬來人穿特別的短褂，裙子，及寬大的襯褲；中國人絲毫不離本國的格式，這種格式，無論就舒適方面或外觀方面說，在熱帶的氣候裡面實在無須再加改良。那種寬適的褲子，潔白的短衫，剛好是低緯度內所需要的衣服。

我僱得兩個葡萄牙人伴我往內地去，一個是廚子，一個是射鳥剝皮的人；射鳥剝皮的事情在麻六甲是一種行業。我先在一個叫做加定（Gading）的村莊住了十四天，見容在幾個中國人基督教徒的家裡，是耶穌會教士們介紹我去的。我所寄寓的房屋只是一座草棚，但很乾淨，我覺得十分舒服。屋主們正在製造一片胡椒同兒茶的栽植地，近旁就是寬廣的淘錫場（tin-washings），僱用一千多中國人。這錫礦從含有石英的沙地內取得，彷彿是黑穀粒一般，在粗泥爐內鎔成錫塊。土壤似乎很磽瘠，而森林內卻有草莽叢生，但絕無昆蟲；不過鳥類卻很豐富，我因此得了馬來區域鳥類學上的寶藏。

我第一次開鎗捕獲了最奇異最美麗的一隻藍喙的「闊喙鳥」（gaper，原註學名：Cymbirhynchus macrorhynchus），馬來人叫做「雨鳥」（Rain-bird）。這種「闊喙鳥」大約有歐椋鳥（starling）的大小，全身是黑色同鮮紅色，肩上有白條紋，很大的闊喙是最純粹的鈷色，上部鮮藍而下端橙黃，睛簾（環著瞳孔的一圈）是翡翠的綠色。鳥皮卸下乾了以後，鳥喙變作暗黑，而全身還是美麗。這隻鳥剛剛捕獲的時候，鳥喙的鮮藍色和羽毛的豔色互相輝映，極其美麗。其次可愛的東方「咬鵑」也立即捕獲，這種「咬鵑」背上做鮮豔的棕色，兩翼美麗而有光，胸膛紫紅。我又捕得碩大綠色的「鬚嘴杜鵑」（原註學名：Megalæma versicolor）——一種食果的鳥類，略和細小的鵎鵼科相似，口喙短而直，上有硬毛，頭上同頸上錯雜著鮮明的藍色同紫紅色。過了一二天以後，我的獵手持來一隻綠色的「闊喙鳥」（原註學名：Calyptomena viridis），彷彿是一隻細小的「岩上雞」（cock-of-the-rock），而全身做最鮮明的綠色，兩翼上又有精緻的黑條子。美觀的啄木鳥，輕快的魚狗（kingfishers），綠色同棕色的鳲鳩，——臉為絲絨的紅色，喙為綠色，紅胸膛的家鴿（doves），同金屬色的蜜雀，都一天一天的捕進來，使我接連的快樂不止。過了十四天以後，有一個傭人犯了瘧疾；回到麻六甲以後，瘧疾又侵入別一個傭人同我自己。我服了多量的金雞納霜以後，不久就恢復原狀；同時我改僱傭人搬往愛厄帕那斯（Ayer-panas），住在平屋衙署裡面，有一個青年一個土人相伴，他們對於博物學都有相當的興趣。

我們在愛厄帕那斯有舒暢的房屋可住，又有寬敞的房間可以配製我們的標本；因為沒有勤勉的中國人斫取木材，所以昆蟲比較上很是缺乏，不過蝴蝶卻是很多，我製成一宗很好的採集品。有一隻美蝶，我捕捉的情形很是特別，這種情形可以表出旅行家的採集品總不免零落而殘缺。有一天下午，我沿著森林裡面一條可愛的路徑攜鎗行走，看到地上一隻蝴蝶。這隻蝴蝶很大很美，而且很新奇，我就在牠飛開以前走上前去，牠原來是停在食肉動物所遺的糞上。次日早餐以後，我心中希望牠或者仍回原處，立即攜網而往，果然看見牠站在原糞上，把牠捕來。牠是一種極美麗的新種，赫維森先生（Mr. Hewitson）把牠取名 Nymphalis calydonia。我一向不曾看到這種蝴蝶的標本，而且經過十二年以後，方才有第二隻從婆羅洲的西北部寄回本國來。

我們既然決心要往遊金山——位於半島中部，在麻六甲以東五十哩左右——就僱了六個馬來人運送行李並陪伴我們。因為我們至少要在山上駐一星期，所以隨帶了大宗米糧、一些餅乾、乳油、咖啡、乾魚、白蘭地，同幾條毯、一套換洗的衣服，以及昆蟲箱、鳥箱、網、鎗、火藥。從愛厄帕那斯前去大約有三十哩。

我們第一天的路程穿過幾片森林開墾地同幾個馬來村莊，很是爽快。在晚上我們睡在一個馬來頭目家裡，他借我們一個洋臺，給我們一隻家禽同若干蛋。第二天地面更闊，而丘陵更多。我們穿過大片的森林，沿著濕泥沒膝的路徑而行，很受蛭類的攪擾，這些蛭類在此地是出名的。牠們騷擾了沿途的葉同草，每逢過路人走近的時候就伸出軀體，一遇到過路人的衣服或身體，就拋棄葉子，附著在那個人身上，爬到腳上腿上或別處，吸一肚子的血，而過路人在行走時，每每不能發覺蛭類初次的刺入。我們在晚上洗澡的時候，往往在各人身上找到半打或整打的蛭類，通常都在腿上，有時卻在胸腹上，又有一隻竟從我的頸側吸去一肚血，幸而牠還不曾咬在我的頸靜脈上。這些森林裡面的蛭類有許多種。軀體都是細小的，其中有若干卻有美麗的鮮黃色條紋。大概牠們時常要附著在山徑中來來往往的鹿或別種動物身上，所以就獲得一種特別的習慣：每逢聽到腳步聲或樹葉聲，就把身子張開。我們當天下午一早到了山麓，支搭帳棚於澗泉的旁邊，石岸上到處有羊齒叢生。我們那位最老的馬來人曾經慣在附近一帶替麻六甲商人射擊鳥類，到過山頂；我們以放鎗同捕蟲自娛的時候，他同另外兩個人就去淨除路徑，以便我們翌日登山。

第二天一早，我們吃過早餐動身，隨帶氈毯行李想往山上睡覺。我們沿著淨除的路徑走過一小片叢莽同幾片濕林，鑽入一片優美的高林，林內並無草莽，很可以自由行走。我們一口氣走上一個幾哩的斜坡，斜坡左側就是一個深谷。再越過一個高阜，山坡漸漸峻峭，森林漸漸濃密，直至我們出林以後，就來到普通所說的「帕唐巴圖」（Padang-batu）或「石野」（stone field）上面。這「帕唐巴圖」是我們常有所聞而總難詳知的地方；但是我們那天親眼看到的時候，原是一片禿岩的峻坡，位於山側，擴大無垠。其中有若干部分很是裸露，但在裂縫所在的處所卻有極端繁茂的植物，就中以瓶子草為最顯著。這些奇異的植物似乎從來不曾在我們的溫室內發達完全，而且發達的機會也是很少。但在此地卻成為半攀緣式的灌木叢，各式各樣的奇異瓶子從葉上懸下很多，瓶子的大小和美麗時時引起我們的讚美。有幾種「淚杉屬」（Dacrydium）的松柏科在此出現，並且在岩坡以上的密林內又看到許多簇壯麗的羊齒——Dipteris Horsfieldii 同 Matonia pectinata——這兩種羊齒在六呎或八呎高的細莖上支撐著魁偉的掌狀連葉枝。Matonia 一屬是長得最高且最雅致的羊齒，為本山的特產。以上這兩種羊齒至今都還沒有輸入我們的溫室來。

我們從動身以來，都在昏暗陰涼的森林裡面向上而行，至此忽然來到這個炎熱曠朗的岩坡，彷彿是從低地上一步就跨入高山的植物帶來。據彎管氣壓表（sympiesometer）測量的結果，此地的高度大約是二千八百呎。我們往常聽說在帕唐巴圖可以得水；我們來到此地非常口渴，就往四面找尋，卻是無處可得。後來我們轉向瓶子草上一看，瓶內所含的水（每瓶約有半品脫）又是盛滿昆蟲，或則形相不佳。我們嘗了以後，雖然覺得有些暖氣，卻是十分甘美，大家就從這些天然瓶內喝水止渴。我們更往前去，又遇到一片森林，但是樹木都略微矮小；從此或沿山脊或入山谷而行，到了一個山峰，和真正的山尖還隔著一條大裂縫。我們的挑夫到了這裡都說是精疲力竭，不能前行；而且上升到山尖的路徑也當然是很峻峭的。但是我們所到的地點卻沒有水，而山尖近旁確有泉水又是我們所明知的，所以我們決意丟開他們走了上去，各人隨帶絕對必需的物品。因此我們各人帶一條毯，把食物以及其他物件分開，單單同著馬來老人和他的兒子往前走去。

我們降入兩峰中間的深坑以後，重復上升，而山坡峻峭已極，時常用手爬行，很是辛苦。在一片矮林旁邊，地面上掩蓋著沒膝的苔蘚，底下的基礎都是枯葉同粗岩；我們在此地爬行一小時，方才來到山尖下面的小山脊，頭上有凸出的懸崖成為便利的遮蔭，又有小池聚蓄緩流的泉水。我們卸下貨物，過了幾分鐘就攀登金山的頂尖，超出海面凡四千呎。頂尖是一個小岩臺，叢生著山杜鵑以及其他矮林。這天下午天氣清朗，我們舉目四望，真是別有風味：一重重的丘

壑到處蔭覆著無限的森林，燦爛的溪流蜿蜒於其間。就遠景而論，森林的地域本來是很單調的；我在熱帶上曾經登過的高山，沒有一處的全景可以比得上士諾敦（Snowdon），但是瑞士境內的風景卻又勝它萬倍。我煮咖啡的時候，曾經用優良的沸點寒暑表同彎管氣壓表測驗過一回，於是我們欣賞我們的晚餐同眼前的勝景。夜間沈靜而溫和，我們拿嫩椏同樹枝製成臥床，覆以氈毯，過了很舒服的一夜。挑夫們休息一回，也已經隨著我們上來，只帶上他們煮飯的米，幸而我們還用不著他們所丟在後面的行李。第二天早上，我捉得幾隻蝴蝶同甲蟲，我的朋友拾得若干陸上介殼；我們重復下山，採集了帕唐巴圖幾種瓶子草同羊齒的標本。

我們上次在山麓搭棚過夜的地方很是幽暗，所以這次在溪流旁邊的濕地上另外挑選一個地方，這片濕地滋生著蘘荷科，我們容易把它淨除一個地面。我們的一批人在此地築成兩座沒有圍牆的茅舍，剛剛可以避雨。我們駐在裡面度了七天，每天出去射鳥捕蟲，並在山麓各森林的四周到處漫遊。這是一片大「鸞雉」（Argus pheasant）的地域，我們時時聽到牠的叫聲。我要來馬來老人射獵鸞雉的時候，他對我說道：他雖然在這些森林內已經射鳥二十年，卻不曾射得一隻鸞雉，而且在山林內不曾看到一隻鸞雉。鸞雉這種動物非常畏縮謹慎，而且在密林內又沿著地面跑得極快，所以我們要走近牠的身旁是不可能的；再則牠全身樸素的色彩同豐富的斑點——我們在博物館內看去是很美麗的——和牠所棲息的枯葉在色彩上十分調和，真是使人難辨。在麻六甲所賣的鸞雉一概都是被捉在羅網裡面的；我那位老人雖然不曾射得一隻，卻已網羅得很多。

虎同犀牛現在還有出現，而且幾年前象也很多，不過近來已經沒有出現。我們看見有幾堆糞似乎是象所遺的，又看見一些犀牛的蹤跡，卻沒有看到這些動物。我們徹夜燒一堆火防備這些動物，並且有兩個人聲言自己有一天曾經看到一隻犀牛。我們的米已經吃完，我們的採集箱也已經盛滿標本，我們方才回到愛厄帕那斯，再過幾天又轉往麻六甲，並由麻六甲再往新加坡。金山原來以瘧疾馳名，我們的一切朋友知道我們曾經在山麓久駐，都駭怪我們的造次；但是我們並無一人絲毫受苦，而我自己尤其覺得可樂，因為這次登峰是我生平第一次在東方熱帶上欣賞山景。

我在上文說到自己遊歷新加坡同麻六甲的漏略，一則是由於我記載事實的幾封私信同一本記事冊已經遺失；再則由於我寄往皇家地理學會的一篇論述麻六甲同金山的文章——當時剛剛在開會的末尾，印刷機忙不過來，所以不曾付印，而且不曾宣讀——也已經無從找尋。不過我對於這一層並不十分懊惱，因為論述這些地方的著作是很多的；而且我自己也有意要把馬來群島西部著名各地的旅行情形輕描淡寫的過去，以便騰出篇幅來描述僻遠的各地，那些僻遠的地方在英文中簡直找不到什麼記載。

# 第三章

# 婆羅洲——猩猩

我在一八五四年十一月一日到了砂勞越（Sarawak），於一八五六年一月二十五日離開此地。我在這段時期內到過許多地點，看過許多的達雅部族（Dyak tribes）同婆羅洲的馬來人。布魯克爵士（Sir James Brooke）待我很好，我每逢旅行餘暇留寓砂勞越時，都寄宿在他家裡。不過從我遊歷此地以後，論述婆羅洲這一部分的書籍已經出版很多，所以我把自己對於本地的形勢同政治所有各種見聞同思想都漏略過去，僅以博物學家的身分，敘述自己採集介殼、昆蟲、鳥雀，同猩猩的各種經驗，以及歐人罕有遊歷的內地一部分的遊歷情形。

我最初四個月的遊歷都在砂勞越河的各部分——從河口的散圖篷泝流而上，到了優雅的石灰岩高山，同中國人的巴烏同比德金區（Chinese gold-fields of Bow and Bede）。這一部分時常有人描述，所以我也要忽略過去，而且時當濕季，我的採集品是比較上貧乏而少意義的。

在一八五五年三月，我決意前往實文然河（Simunjan River）附近所開採的煤場去。實文然河是三東河（Sadong）的小支流，這三東河位於砂勞越之東，介在砂勞越和魯巴河（Batang-Lupar）之間。實文然大約在三東河口之上二十哩流入三東。這條支流很是狹窄彎曲，並且大半為高林所遮蔭，有時樹枝竟在河上交接。介在本支流和大海中間的全部地域都是遍地森林，遮掩平坦而濕濘的沼澤，內中有少數孤峰聳峙而上，而煤場就夾在一個山峰的山麓。第一條達雅大路從上岸處通到山上，這一條大路完全用樹段相接而成。赤足的土人沿路負重而行極其便利，而穿皮靴的歐洲人走在上面卻很光滑，並且四周有趣的景物又要時常引起他的注意，所以至少總有幾次要跌入濕濘沼澤裡面。我在初次沿路行走時，看不到很多的昆蟲同鳥雀，卻留意到若干很優美的蘭科植物開著花；這些植物都是「塞羅金蘭屬」（Coelogyne），我往後方才知道是很多的，而且是本地的特色。在山麓附近的山坡上，有一片森林已經淨除下去，而且築有幾座粗屋，裡面住有工程師庫爾孫先生（Mr. Coulson）同許多中國工人。我當初寄寓在庫爾孫先生屋內，後來看見這個地點對我很是合用，而且便於採集，就叫工人替我自己建築一小座雙間的房屋同一個洋臺。我留駐此地幾近九個月，採集了無數的昆蟲，因為情境上特別相宜，所以集中我的注意力於這類的動物。

在熱帶內，所有各目昆蟲的大部分——尤其是碩大可愛的甲蟲——都是多少要靠植物方面的，而且特別要靠各種腐敗的木材，樹皮，同樹葉。在未經刀斧的原生林內，凡時常來往的昆蟲都是散佈於一個大範圍以內，停留在樹木或有凋枯墮地或被狂風吹斷的各處；但是二十方哩的這種森林所有墮地腐敗的樹木，或者還沒有小片的墾闢地這樣多。所以在熱帶地點、於一定期間，所能採集的甲蟲同其他多種昆蟲的數量和種類，第一、要看那地點是否接近一大片的原生林，第二、要看那地點新舊砍下放在地上任憑乾枯腐敗的樹木究竟有多少。

總計我在東西熱帶區域十二年的採集，對於這一層始終得不到和實文然煤場相同的好機會。

在婆羅洲實文然發見的顯異甲蟲

因為此處僱著二十到五十個中國人同達雅人，經過好幾個月都是只在森林內墾闢大片的地面，並開闢大道以敷設鐵路通往二哩遠的三東河。此外又有多處鋸坑設在叢莽內，並有大樹砍下鋸成樹段同木板。四周幾百哩有大片森林蔓延於平原、高山、岩磴同沼澤上面，而我來到此地，又剛好在雨水開始減少、陽光漸次增多的時期；這種時期是我生平所知道最優美的採隻季。再則空地、透光隙地，以及山徑等項的繁夥也足以引誘黃蜂同蝴蝶。我懸一賞格，凡有人採捕昆蟲送來而經我收用的，每一隻給以一分銀錢。因此，從達雅人同中國人手中得到許多優美的蝗蟲，同竹節蟲科，以及大宗的美麗甲蟲。

我在三月十四日來到礦區的時候，已經在以前四個月內採集三百二十種的甲蟲。到此不滿兩星期就加多一倍，平均每一天大約有二十四種新種。有一天我採集七十六種，竟有三十四種是我一向不曾看到的。到了四月末尾，我一共獲得一千多種，往後還是繼續增加，不過增加率略微遲緩；因此我在婆羅洲總共採集二千種左右，內中大約除去一百種以外，都在此處採集而來，採集的地面只有一方哩左右。數目最多且最有趣的甲蟲是「長鬚甲蟲」（Longicorns）同「長嘴甲蟲」（Rhynchophora），兩者都顯然是蝕木蟲。「長鬚甲蟲」以美態及長鬚為特色，特別繁多，幾達三百種，十分之九是完全新發現的，內中有許多都以身軀偉大、形狀奇特，及色彩美麗著名。「長嘴甲蟲」和我們的蛄螻以及相似的各群（group）相當，在熱帶內非常繁多複雜，往往攢聚在枯木材上，所以有時我在一天以內竟捕得五六十種。我在婆羅洲所採集的本群甲蟲計有五百多種。

我的蝶類採集品雖然數目不多，而卻含有幾種很美麗很稀奇的蝴蝶，就中最為出色的是「布魯克巨蝶」（Ornithoptera Brookeana），在已知的各種當中最為雅致。牠有很長很尖的翅膀，在形狀上幾乎和「天蛾」（sphinx moth）相似。牠的色澤是絲絨的深黑，有一條曲帶的鮮綠色斑點橫穿各翅，直達尖端，每一個斑點剛剛好像一根小三角形的羽毛，和墨西哥所產「咬鵑」的一排隱翅點（wing coverts）安置在黑絲絨上一般。其他唯一的斑紋只有一條鮮豔紫紅的闊頸帶，以及後翅外緣上幾處雅淨的白點。這一個種——當時確是新種，我就照著布魯克爵士的名字取名——是很稀少的。牠偶然在墾闢地內敏捷的飛來飛去，間或暫時棲息在泥潦上同濕泥地上，所以我僅僅捉得二三隻來做標本。當時曾經有人對我確切的說道，這種巨蝶在本地域的某某幾處很是豐富；至今寄到英格蘭的也已經很是不少。不過目前所有的還都是雄蝶，我們不容易猜測牠的雌蝶是什麼形狀，因為這個種極其孤獨，和其他一切已知的蝶類並無密切的關聯。①

我在婆羅洲所遇到最奇怪而最有趣的一隻爬蟲，就是一個中國工人所持來的一隻大「樹蛙」（tree-frog）。他對我說，他的確看見這隻蛙從高樹上斜降而下，和飛一般。我取來考察的時候，看出那隻蛙的腳趾很長，都有蹼膜連到趾尖，所以張開以後所有的平面比軀體要大得多。前腿的沿邊也有薄膜，而且軀體極能膨脹。背部同四肢為很光亮的深綠色，腹面同腳趾內部為黃色，蹼膜為黑色並含有黃色的射出線。軀體約有四吋長，而每一隻後腳的蹼膜完全張開的時候竟有四平方吋的平面，所以四肢的蹼膜共有十二平方吋左右的平面。牠的趾尖各各展佈著一

---

①往後雌蝶也已經捉得不少，形狀和雄蝶相似，不過白色較多，綠色較少罷了。

個大吸盤以便固著，顯然是一隻真正的樹蛙，所以腳趾的大蹼膜當然不是單單用來游泳的，就是那個中國人說牠從樹上飛下也是很可相信的一句話。我相信這隻蛙是「飛蛙」（flying frog）的第一個實例；而在達爾文派（Darwinians）看來更是十分有趣，因為這隻蛙表示著這種事實：——為著游泳攀緣這些功用而改變形態的腳趾的可變性，已經被一種類似種乘機利用起來，竟可以穿渡空中和「飛蜥蜴」（flying lizard）一般。這隻蛙可以當作 Rhacophorus 屬的新種，這一屬所包含的幾種蛙軀體都比牠小了許多，蹼膜也沒有這樣發達。

我留寓於婆羅洲的時候，並無獵人替我逐日射擊，而我又始終忙在昆蟲方面，所以不曾有鳥類或哺乳類的良好採集品，不過內中卻有許多是很著名的——和麻六甲所發現的種相同。在哺乳類當中有五隻松鼠，二隻「虎貓」（tiger-cats），一隻Gymnurus Rafflesii——彷彿是豬和雞貂（pole cat）中間的雜種，同一隻Cynogale Bennetti——類似水獺的稀有動物，口喙很闊，上面覆有長鬣。

我寓居實文然的主要目的在於考察猩猩（原註：就是婆羅洲的類人大猿），研究猩猩的習慣，採集兩性長幼的標本。對於這一切目的，我的成功竟出於意料以外，我在下文要報告自己獵取猩猩的種種經驗。

我來到礦區剛剛一星期以後，方才初次看到一隻猩猩。當時我剛好出外採集昆蟲，離開寓舍只有四分之一哩，忽然聽到樹上有沙沙的聲音，我仰頭一看，看到一個魁偉的紅毛動物慢慢的移動，用著臂膀掛在樹枝上。牠在樹上一株一株穿過去，一直鑽入叢林裡面，那片叢林十分卑濕，使我無從追蹤而往。但是這種形式的前進是很特別的；通常不如敏猿（Hylobates）的擅長。我猜測這隻動物大約總有某種個別的特點，或者是這個地方的樹林剛好和這種前進形式最為相宜也未可知。

大約過了十四天以後，聽說有一隻猩猩棲息在屋舍下面那片濕地的一株樹上，我就攜鎗前去，竟在相同的地點找到牠，真是十分運氣。我一走到以後，牠立刻想在樹葉中間躲避起來；而我竟打中牠一鎗，並且第二鎗就使牠垂死的跌下來，二顆子彈已經穿入牠的軀體。牠是一隻雄猩猩，僅僅長成到一半，身高不到三呎。四月二十六日，我同著兩個達雅人出外射擊，我們又找到大小相似的一隻。第一鎗打去以後牠就跌下，而受傷似乎不重，立即爬上附近的樹，同

時我又放鎗，牠再跌下，折斷一臂，軀體上也有一傷。兩個達雅人跑上前去，每人捏牢猩猩的一手，叫我斫取木條以便他們把牠縛牢。但是牠雖然折了一臂，並且發育尚未完全，而體力卻比兩個年輕的蠻人強大些，他們雖然用全力掙扎，牠竟把他們扯到口邊，因此他們只能放手下來，否則不免被牠咬傷。由是牠再爬上樹去，我為免除麻煩起見，就開鎗打穿牠的心肺。

到了五月二日，我看見一隻猩猩在高樹上，當時我隨身只有一管八十粍口徑的小鎗（80-bore gun）。我卻對牠放鎗，牠看見我就怪聲咆哮，有如咳嗆一般，又似大大發怒，以兩手攀折樹枝摔下，過了一會在樹尖上攀逃而去。我無意追牠，因為地方卑濕，又有許多危險，我或者在追逐的熱情中容易喪失性命。

五月十二日我又看到另外一隻，牠的

舉動剛好和以前一隻相同，怒聲狂叫，摔下樹枝。我對牠鳴放五鎗，牠死在樹尖的杈椏上。因此我就回寓而來，可巧遇見幾個達雅人，他們隨我前往，爬上樹去，取下猩猩。這是我所捕獲第一隻長成的標本；卻是一隻雌猩猩，沒有雄猩猩那樣魁偉顯異。牠有三呎六吋高，兩臂伸出有六呎六吋闊。我把這個標本的毛皮保存在一桶烈酒內，並配成全副的骨骼，這副骨骼後來為德比博物館（Derby Museum）所收買。

過了四天以後，有幾個達雅人在原處附近看見一隻猩猩，跑來告訴我。我們前往一看，是很大的一隻，高高踞在大樹上。我放了第二鎗的時候，牠在樹上滾跌一回，立刻又站起爬樹，到第三鎗方才跌下而死。這也是一隻長成的雌猩猩，而且我們正在預備取牠回寓的時候，又看到一隻小猩猩仆在濕泥地上。這隻小猩猩大約只有一呎長，並且在母猩猩第一次滾跌以前，顯然已經掛在母猩猩身上。幸而牠好像沒有受傷，我們把牠口裡的汙泥取淨以後，牠就開口叫啼，彷彿十分強健活潑。帶牠回寓以後，牠伸手扯住我的鬍鬚，我費了許多力氣才得脫離，因為牠手指的最後一節慣是向裡彎曲，成為鉤形。當時牠還沒有牙齒，過不多天牠的下顎就露出兩枚門齒。不幸我沒有牛奶餵養牠，因為馬來人中國人同達雅人都是一向不用牛奶的；我想尋覓一隻雌動物來哺養牠又是無效。因此我只能用米水餵養牠，把米水盛在瓶內，用一支羽管從瓶塞插入給牠吮吸，牠試了幾次以後就很會吸。這種食品很是稀薄，我雖然時常把糖質同椰子汁攙入，但是這隻小動物仍舊是發育得很遲緩。我把手指放入牠的口內，牠就盡力的吮吸，並且縮進兩頰想抽取奶質，吮吸了很長久以後，方才厭惡而拋棄，一面發出悲鳴，和嬰兒處在同樣情形的哭聲很是相似。

有人看管牠撫養牠的時候，牠是很安靜快樂，但是任憑牠獨自躺著的時候，牠就要叫啼；並且最初的幾夜很是不安，時時叫啼。我配製一只小箱當作牠的搖籃，鋪了一條軟席給牠躺上，每天又把軟席換洗一次；但是因此立刻又覺得必須把猩猩時常洗滌。我把牠洗滌了幾次以後，牠就歡喜洗滌，每逢軀體骯髒就要叫啼，等到我取牠出來帶牠到水管處，牠方才安靜下去，不過冷水開始沖在牠身上的時候，牠不免稍稍退縮，再則冷水沖在牠頭上時，牠又要做出可笑的歪臉。牠非常歡喜我替牠揩澡，當我仔細刷牠背上同臂上的長毛時，牠似乎十二分爽快，伸直兩臂兩腿十分安靜的躺著。最初幾次把牠洗滌時，牠用四肢盡力捏牢牠所抓到的東西，所以我不得不留意把鬍鬚避開，因為牠的手指扯住毛髮是最牢固的。牠在浮躁的時候，就要高擎各手，四面掙扎，想抓住一件東西，倘若有二隻或三隻手抓到一些棒條或破布，牠彷彿就是十分快樂。如果抓不到一件東西，牠就要抓住自己的腳，過了一會，又要交叉著手臂，伸手抓住對面肩膀底下的長毛。我看見牠的握力退步得很快，就發明一種工具給牠操練。我製成一具三四級的短梯，把猩猩放在梯上攀掛十五分鐘一次。牠起初好像很是樂意，不過四隻手的位置不能舒暢，所以掉換幾次以後，就一隻一隻的放下來落到地板上。牠有時只用兩手攀掛起來，卻又放鬆一隻，又到對面的肩膀，抓牢自己的毛；因為毛比棒條更為適意，牠又鬆放別一隻翻身而下，同時牠叉著雙手，仰臥地上，十分快樂，好像翻跌多次也不致受傷。我看見牠這樣愛毛，就拿一塊水牛皮縛成一束，懸在離地約有一呎的空中。當初這束牛皮似乎對牠十二分合用，因為牠可以伸腿圍抱，到處有毛，可以拿指爪緊緊的捏住。我希望這小猩猩從此可以十分快樂；牠一時也似乎如此，但是後來卻憶起已失的母親，想去吮乳。牠把身體扯近牛皮，到處探尋一個相似的位置；當牠弄得滿口是毛的時候，牠就大為厭惡，叫啼得十分厲害，往後又試了二三次，就把牛皮完全拋卻。一天，牠把牛毛咽下喉嚨，我以為牠不免窒死，但是牠緊握四肢過了幾時以後，卻又回復過來，我因此把牛皮扯做粉碎，把操練猩猩最後的嘗試拋卻。

過了第一個星期以後，我覺得可用一個羹匙餵養牠，並可給牠略微駁雜堅硬的食物。浸透的餅乾攙入小量的蛋同糖，有時攙入甘薯，和牠的口味很是相合；而且細看牠對於食物表示嘉納或厭惡的奇怪臉色，更是一種有趣的事情。這可憐的小動物倘若獲得一口特別入味的食品，就要舐著口唇，縮進兩頰，翻上兩眼，做出無上滿意的形容。再就另一面說，在食品不很甜或不很適口的時候，牠就要用舌掉弄那一口食品，彷彿是抽取裡面的氣味一般，然後再由口中吐出。倘若這同樣的食品接連下去，牠就要發出啼聲，用腳亂踢，好像嬰兒的大發脾氣。

我餵養牠大約有三個星期以後，可幸又獲得一隻幼稚的爪哇猴——兔唇的獼猴（Macacus cynomolgus），這隻獼猴雖然幼小，卻很活潑，並且能夠找尋食物。我把牠同猩猩安置一處，牠們立即成為親密的伴侶，彼此並沒有害怕的情形。小猴有時坐在猩猩肚腹上，或且臉上，而猩猩並不介意。我餵養猩猩的時候，小猴坐在猩猩的身旁，舐食一切溢漏的東西，間或伸手攔去羹匙；我餵好猩猩以後，小猴就把猩猩口唇上黏著的遺物一概舐去，再把猩猩的口嘴扳開去看嘴裡有沒有遺留；過後躺在猩猩肚腹上，和舒服的座褥一般。那軟弱的小猩猩對於這些侮慢都好意的忍受下去，因為牠十二分歡喜有一個溫暖的東西近身，自己好拿臂膀去擁抱牠。但是猩猩有時卻要報復；因為小猴要走開的時候，猩猩卻要抓住牠背上或頭上的寬鬆毛皮，或者握住牠的尾巴，去攔阻牠，等到小猴掙扎多次以後方才放牠走開。

我們細看這兩隻年齡不相上下的動物所有各別的舉動，是很有趣的。猩猩和一個幼穉的嬰兒相似，躺在背上很是軟弱無能，懶散的滾在這邊那邊，擎起四隻手想抓東西，卻不能領導手指抓到固定的物體；遇到失意的時候，張開嘴巴，發出悲苦的啼聲以表示牠的需要。但是小猴卻片刻不停；在牠所歡喜的地方東跑西跳，探視四周的各項東西，以極大的準確度抓取極小的物品，或者把軀體掛在箱邊上，或爬上屋柱去，把柱上所有可吃的東西拿來吃。這種差別很是顯著，而小猩猩和嬰兒格外相似。

我餵養猩猩大約有一個月以後，牠方才露出獨自學跑的端倪。當牠被安置在地板上時，牠就用著兩腿推動軀體而前，或者滾了一個轉身，由是做出一種笨拙的前進。當牠伏在箱內時，牠往往舉起軀體攀到箱邊上，成了幾乎直立的姿勢，並且有一二次能夠翻身出來。當牠飢餓被棄或有別種情形被忽視的時候，牠就要狂叫到有人照料牠為止，而叫聲或類咳嗽，或似抽水，和大猩猩所發的叫聲很是相似。倘若屋內沒有人，或者牠的叫聲沒有人照管，牠叫了一回就會安靜下去，但是牠一聽到有腳步聲，就再開始叫得越發厲害了。

過了五個星期以後，牠的上顎露出兩枚門齒，不過軀體上卻絲毫沒有發育起來，大小同重量都是和我當初捕獲牠的時候完全相同。這當然是由於缺乏乳汁或其他相等的滋養品。米水、飯，同餅乾只是一種稀薄的代替物，至於椰子榨出的乳汁我雖然有時給牠吃，卻不能十分合牠的胃口。這可憐的小動物所大大受苦的痢疾，我以為是由於這種乳汁所致；我用一小劑的蓖麻子油醫好了牠。但是過了一二個星期，牠又害起病來，並且更為厲害。症候剛好是一種間日瘧，腳上同頭上又犯水腫症。牠因此完全失去食慾，狀極可憐，延到一個星期就死了，總共在我手裡幾乎有三個月。我十分悼惜牠，因為我曾經盼望牠長成起來，把牠帶回英格蘭。牠每天的怪異舉動同小臉上滑稽的表意，是我每天娛樂的來源。牠的重量是三磅九盎司，身高是十四吋，兩臂伸長是二十三吋。我保存著牠的毛皮同骨骼，而且在解剖時，又發覺牠當初從樹上跌下已經折斷一臂一腿，只因當時接合得十分迅速，所以我一向僅僅留心到牠四肢上的硬瘤。

在我捕獲這隻有趣的小動物剛剛一星期以後，我獲得一隻長成的雄猩猩。我剛好從一次採集昆蟲的旅行回到寓舍，查理士（原註：即查理士・阿倫，是一個十六歲的英國少年，隨從我做助手）就氣喘噓噓的跑進來高聲喊道，一面頻頻喘氣，「拿鎗啊，先生——快快——這麼一隻的大猩猩呵！」我問道，「猩猩在那裡？」一面拿我的鎗，這管鎗可巧有一根鎗管裝著子彈。他答道，「逼近的，先生——就在前往礦區的路上——牠不會跑開的。」當時剛好有兩個達雅人在屋內，我就叫他們隨我同去，立即動身，吩咐查理士隨後趕快把所有的火藥帶來。從墾闢地前往礦區的路徑沿著山邊的斜坡上而往，而在山麓上和這條路徑平行的又有一大片空地做好，以便敷設大路——空地上有若干中國工人正在做工——所以那隻猩猩若不向下穿過大路，或者向上繞過墾闢地一周，是不能逃入下面卑濕的森林去的。我們躡足而往，沿途諦聽猩猩的聲息，並且時時停腳向上察看。過了一會，查理士也來到他從前看到猩猩的地方和我們結伴，我們既然取得火藥並將子彈裝入鎗管以後，就稍微散開一些，心中斷定牠是在近處，因為牠大概已經下山而來，不致回頭而去。再過一會，我聽見頭上有很輕微的沙沙聲，但是仰頭一看，卻看不出有什麼東西。我向各方移動，想把頭上的樹看個仔細，忽然又聽見同樣較高的聲音，並且看見樹葉的搖動，彷彿是由於大動物走到附近一樹而起。我立刻叫大家前來探視，好讓我開鎗。

這種探視的事情卻不容易，因為猩猩能夠挑選下面樹葉濃密的地方。但是過得不久，一個達雅人就叫著我，並且向上指著，我向上一看，看見一個紅毛的大身體，又有一張大黑臉從高處向下張望，彷彿要窺探下面做的是什麼事情。我立即開鎗，而牠立即逃走，所以我當時不能斷定自己有沒有打中牠。

牠的軀體雖然很大，而行動很快，且不作聲，因此我吩咐達雅人去追蹤牠，同時我裝上子彈。此地的叢林在地面上滿眼都是嶙峋的岩石碎塊——從山上滾下來——而且又有繁生的蔓藤。我們帶跑帶爬，披藤而往，隨著那隻動物來到大路近旁的高樹下面，在那裡做工的中國人也已經看見牠，大家張著嘴巴，駭然嚷道：「啊呀，猩猩呀，猩猩呀。」牠看見自己如果要穿過大路就不得不下樹來，只能轉身回到山上而去；我在牠回到山坡上小徑以前，一共放了四鎗；但是牠始終得到樹葉多少的隱蔽，並且在樹枝上行走又得到樹枝的掩護。一次，我在裝鎗時，分明看見牠沿著樹枝以半直立的姿勢行走，顯然是一隻極大的動物。牠來到小徑上的時候，爬到森林內一株最高的樹上去，我們看見牠已經折斷一腿向下懸著。牠把身子站定在杈椏上，為濃密的樹葉所掩護，似乎無意於走動。我恐怕牠停留在杈椏上而死，——而且時間快要到晚，我們不能夠在當天砍下這株大樹。因此我再放一鎗，牠又走動起來，走到山上以後，只好爬到較低的樹上去，在樹枝上把軀體安置在一個不致跌落的位置而縮成一團，似乎已死或垂死一般。

我要求達雅人登樹砍下猩猩棲身的樹枝，而他們卻都害怕，說是猩猩還沒有死，要來襲擊他們。因此我們就在地上搖撼鄰樹，牽扯繞藤，用盡種種方法去擾亂牠，卻都無效，所以我想最好是傳喚兩個中國人用斧砍倒樹木。但是傳喚的人去了以後，就有一個達雅人奮勇上樹；而猩猩沒有等到他近身，已經移動到別一株樹上，躲在樹葉同蔓藤湊成一團的地方，我們幾乎看不見牠。幸而這樹很小，用斧一斫就斷；只因蔓藤把樹身支托在鄰樹上，所以僅僅欹斜的倒在一邊。猩猩兀自不動，我還是無從得牠，而且天色已晚，我們當然不能砍下六七株樹，來翻猩猩棲身的樹木。我們最後的方法只有牽扯蔓藤去搖撼那株樹木，過了幾分鐘以後，正在我們絕望之時，猩猩忽然砰的一聲滾跌下來，好像巨怪落下一般。牠的確是一個巨怪，頭顱同身軀剛好和人類一樣大。牠是達雅人叫做「邁厄司察判」（Mias Chappan）或「邁厄司帕判」（Mias Pappan）的一類，牠臉上的皮在兩側上加闊到一種稜脊或褶襞處為止。牠直伸的兩臂有七呎三吋，自頂至踵有四呎二吋。腋下的胸圍是三呎二吋，軀幹剛好和成人一樣長，兩腿在比較上是格外的短。我們檢查一番，知道牠已經受有重傷。兩腿已經折斷，股關節同尾椎骨已經完全破碎，又有兩顆子彈穿入牠的頸項同兩顎內！但是當牠落下的時候，牠仍舊活著。那兩個中國人運牠回寓，把牠縛在柱上，我同查理士整整忙了一個第二天去配製牠的毛皮，煎煮牠的骨肉以製成全副的骨骼——這毛皮同骨骼現在都保存在德比博物館。

大約過了十天以後，在六月四日，有幾個達雅人來告訴我們說，前天有一隻猩猩幾乎殺害他們的一個同伴。沿河而下約有三五哩遠的地方，有一座達雅房屋，那裡的居民看見一隻大猩猩在河邊棕櫚樹上吃嫩芽。那隻猩猩受驚以後，退入附近的叢林去，一批持有長矛屠刀的人跑去攔阻牠。跑在最先的那個人想用長矛戳入猩猩的軀體，而猩猩卻用兩手抓住長矛，拿嘴巴咬著那個人肘節上的肉，狠狠的撕裂開來。倘若沒有別些人來近後面，他不是被害而死，就要受傷更重，因為他是很無力的；但是那些人立即用長矛屠刀把猩猩殺死。他害了一次大病，而且他的手臂更難復原。

那幾個達雅人又告訴我說，那隻死猩猩現在還在被殺的地方；我就奉送他們一種報酬，吩咐他們立刻把牠運到我們的上岸處來，他們都答應去做。但是等到第二天，他們方才把牠運來，因此牠的屍體已經開始腐爛，脫落多處的毛，以致全身的皮都不合用。這一層我很有幾分懊惱，因為這隻猩猩是優美長成的雄猩猩。我割取牠的頭顱，帶回寓舍洗淨，吩咐傭人編製一道五呎高的密籬圍著牠的屍體，這個屍體被蛆蟲小蜥蜴同螞蟻吃完腐肉，可以留我一副骨骼。牠的臉上有一處大傷痕，深深傷入骨內，不過頭顱很是優美，牙齒又特別碩大完全。

我在六月十八日又奏了一次大功，獵得一隻優美長成的雄猩猩。一個中國人對我說，他已經看見牠來在通到河邊的小徑近旁吃東西；我果然在相同的地點找到牠。牠正在咬著一種有紅色精美果肉的卵形綠果，這種果肉和豆蔻的假種皮相似而猩猩也似乎只吃果肉，把外表的厚果皮一陣陣吐棄下來，接續不絕。我以前解剖別幾隻猩猩的肚腹時，曾經找到同樣的果實。我放了兩鎗以後，這動物方才鬆手，卻以別一隻手懸掛多時再仆下來，半個身體陷入濕泥內。牠仆在那裡呻吟喘氣幾分鐘，我們緊緊把牠圍住，眼巴巴望牠斷氣。牠卻霍地起來，弄得我們大家退後一二碼，牠站得幾乎直立的時候，抓到一株小樹，開手上升。我再放一鎗穿過背上，方才使牠倒地而死。在牠的舌內找出一顆子彈，這顆子彈從肚腹下部穿入，越過身圍，斷送頸上的第一脊骨。但是牠經過這種重傷以後，還能夠站起爬樹，頗為敏捷。這也是一隻長成的雄猩猩，大小剛好和以前兩隻相同。

六月二十一日，我獵得別一隻成年的雌猩猩，那隻猩猩原來在一株低樹上吃果實，我用一顆子彈結果了牠的性命。

六月二十四日，一個中國人叫我去打猩猩，他說是那隻猩猩來在他屋旁一株樹上，靠近煤礦地。我們走到那裡，卻不容易找出猩猩來，因為牠已經鑽入叢林內，而叢林內卻有很多的岩磴，我們不容易橫斷而過。後來我們看見牠來在一株很高的樹上，是一隻最大的雄猩猩。我一開鎗，牠就爬上樹梢去，我立即再放一鎗；我們方才看到牠斷了一臂。牠爬到頂尖以後，立即折取四周的樹椏，把樹椏交互堆疊做成一巢。我們欣然看牠挑選相當的處所，急忙伸出未曾受傷的手臂，向各方折取大小適中的樹椏，把樹椏向上交叉的堆疊起來，在幾分鐘以內做好一個緊密的巢，將自身完全隱藏在裡面。牠顯然要在這裡過夜，如果受傷不重，大約等到明天一早就要走開。因此我再放幾鎗，希望使牠離巢；我每放一鎗，牠都動了一動，顯然都已經打中牠，但是牠終究不想走開。後來牠站起身子，我們可以看出牠的上半身，隨後牠又漸次倒下，只把頭顱靠在巢邊上。我覺得牠一定已經死了，想叫那個中國人同他的同伴去砍下這株樹；不過樹身很大，他們又已經做了整天的工，簡直無從勸他們去嘗試這事。次日破曉，我就來到此地，看見猩猩顯然已死，因為牠的頭顱仍舊在原位置上。我奉送四個中國人每人一天的工錢，叫他們立刻砍倒這一株樹，因為幾小時的陽光就要曬得皮面脫毛；但是他們看過試過以後，斷定樹身很大很硬，不肯下手。我若加倍給資，他們大約就會承認去做；只因自己是個留住的人，不可創此惡例，以免將來出資較低遂致呼喚不靈；如果我在當時是短期的旅行，我當然寧願加倍出資了。

後來經過幾個星期，整天有一陣蒼蠅翱翔於死猩猩的屍體上；大約過了一個月以後，一切都安靜了，猩猩的屍體在直射的陽光雜以熱帶的雨水底下，顯然已經乾枯了。過了二三個月以後，我出了一枚銀圓的工資僱得兩個馬來人上樹取下。完好的皮毛包著一副骨骼，裡面有了蒼蠅同別種昆蟲的幾萬蛹殼，以及二三種食腐肉的甲蟲幾千。頭骨被子彈穿破多處，而全身骨骼卻是完全，只缺一小塊腕骨，這塊腕骨大約脫落以後已經被蜥蜴帶走了。

在我打死這隻猩猩而不曾取得以後過了三天，查理士找出三隻小猩猩在一處吃東西。我們在猩猩背後追逐很久，看到牠們怎樣過樹的情形。牠們所用的方法是每過一樹都挑選特種的枝幹爬上，那種枝幹的分枝和別一株樹的分枝剛好互相錯雜，再把幾條嫩枝捏在一氣以後才敢縱身過去。牠們過樹的時候極其敏捷穩定，所以在樹林內攀緣過往，每小時總有五六哩遠，因為我們必須時時奔跑方才可以追及牠們。內中有一隻被我們打死，卻架在樹枝的交叉上；因為幼穉的動物比較上絕少興趣，所以我不曾叫人砍下樹木取牠下來。

我在當時不幸在落樹中間失足，以致傷及腳踝；因為當初不曾十分留意，竟變成一個紅腫的爛瘡，一時不能痊癒，把我禁錮在寓舍內，過了整個的七月同八月的一部分。我等到痊癒以後，就決心要溯實文然河的一條支流前往舍馬邦（Semábang），據說舍馬邦有一大座達雅房屋，一處果樹叢生的高山，以及很多的猩猩同好鳥。這一條支流很是狹窄，我只能隨帶小量的行李，乘坐小舟而往，此外只帶一個中國童子和一桶加藥的烈酒同火藥食品等項。駛上幾哩以後，河流越狹越彎，並且兩旁的地面都被河水湮沒。在兩岸上有極多的猿猴——普通的爪哇猴，黑色的「天狗猴屬」（Semnopithecus），以及天狗猴（原註學名：Nasalis larvatus），這種天狗猴和三周歲的小孩一樣大，尾巴很長，鼻上多肉，而且比男人最長的鼻還要長些。我們上駛一步，河流也就狹一步彎一步；有時落樹阻塞我們的通路，有時亂椏蔓藤遮蔽水上，我們必須披藤斬樹而後可行。我們費了兩天的工夫方才來到舍馬邦，沿途簡直看不到一處乾燥的陸地。在水程的較後一部分有好幾哩路，我伸出兩手都可以觸到兩岸的叢莽；又有露兜樹（screw-pine）時常阻滯我們的行程，這些露兜樹繁生在水岸中，而橫倒於河流上。又有一些地方有濃厚的浮草填塞河道，使我們的行程連續的發生困難。

在上岸處近旁，我們看見一座精緻的房屋，有二百五十呎長，高高架在樁柱上，前面有了用竹搭成的闊廊及更闊的臺。但是居民幾乎都出外去採取燕窩或黃蠟，留在屋內的只有二三個老翁老嫗及許多孩兒。一座小山近在咫尺，山上有整片的果樹林，其中「榴槤」（Durian）、「山竹果」（Mangusteen）的果樹極多；不過成熟的果實簡直很少。我在此地度了一個星期，每天出去在山上漫遊，陪伴我的有一個馬來船夫——其餘的船夫都已經回去。我們找了三天找不到一隻猩猩，僅僅找到一隻鹿同幾隻獼猴。但是到了第四天，我們卻看到一隻猩猩來在一株很高的「榴槤」樹上吃「榴槤」，我放了八鎗把牠殺死。不幸牠用手掛在樹上，我們因為離家有好幾哩，只能棄牠而回。我料牠在夜間或者落到地上，所以第二天早上就往那裡去，果然看見牠已經落在樹下。我就近一看真是又驚又喜，因為牠顯然和我以前所看到的都不相同，看牠那副發達完全的牙齒及很大的犬齒，牠雖然是一隻長成的雄猩猩，但是臉上卻沒有側生的隆起，並且軀體上一切部分都比別些長成的雄猩猩要小了十分之一。而上顎的門齒卻是更闊，剛好是奧文教授（Professor Owen）所用以區別「摩立奧猩猩」（Simia morio）的一點——他曾用一雌標本的頭骨說明這一點。倘若把這隻動物帶回家來不免路途太遠，所以我就在當地剝取牠的毛皮，把頭顱同四肢剩下帶回家中再剝。這個標本現在存於不列顛博物館。

我在一星期的末尾，因為找不到其他猩猩，就打算回到礦區來。我把幾項新鮮的物品納入舊行李以後，同著查理士再溯實文然河的另一條支流——性質上很相似的支流——前往一處叫做孟尼爾（Menyille）的地方，那裡有好幾座達雅小屋同一座大屋。這地方的上岸處是一座搖動的橋，這座橋遠伸於河面上；我為比較的安全起見，把一桶烈酒穩固的放在一株樹的杈椏上。我讓若干土人親眼看我放入許多蛇同蜥蜴，使他們不來喝酒；但是我覺得他們不免還要偷嘗。我們寄寓在大屋的一個洋臺上，屋內有幾大籃的乾燥人頭，是上代獵首人的戰利品。此地也有一處果樹叢生的小山，而且住屋的近旁又有幾株魁偉的榴槤樹，樹上的果實已經成熟。達雅人把我們看作殺猩猩的恩主，因為猩猩是很妨害水果的；達雅人讓我們盡量的吃榴槤果，我們把這種頂上的佳果吃得非常愉快。

我來到此地的第一天，可幸就捕殺小種猩猩的別一隻成年的雄者，這種猩猩就是達雅人的「邁厄司卡瑟」（Mias-kassir）。牠死的時候雖然倒下，而擱在樹椏上。我因為很想得牠，就慫恿身旁兩個年輕的達雅人砍下這株樹來，這株樹又高又直，樹皮平滑，上升到五六十呎，還沒有枝椏。可怪的是：他們寧願爬上樹去，不過略微有些困難；但是他們交談一回以後，又說是可以嘗試一次。他們先往近旁的竹林斫取一株最大的竹竿。他們斫得這竹竿的一短段，把它剖開，做成一對堅固的大竹籤，大約有一呎長，把一頭削尖。他們又斫得一厚片的樹當作木槌，把一枚竹籤釘入大樹上，拿他們的體重在籤上試了一次。竹籤並不動搖，他們就好像因此滿意，因為他們立刻開始去做一大宗同樣的竹籤，同時我津津有味的在旁觀看，心中怪他們單用釘竹籤的方法怎麼能夠升上這樣高的樹木，倘若高處有一枚竹籤失墜，豈不是要斷送他們的性命嗎？大約有兩打竹籤做好以後，有一個達雅人就往別一處竹林斫取若干很長很細的竹竿，又用一株小樹的樹皮製成繩索。由是他們牢牢的釘入一枚竹籤於離地大約三呎的樹身上，再取一株長竹竿靠在樹旁豎立起來，用樹皮索把竹竿縛牢在第一第二兩枚竹籤上，因為每一枚竹籤的近頭處都有一個小斷口。一個達雅人就站在第一枚竹籤上釘入第三枚竹籤，約略和他的臉相平，把竹竿同樣的縛到籤上；他再跨上一步，用一隻腳站住，把竹竿縛在他頭上的籤上，同時他釘入其次的一枚竹籤。他這樣升到大約二十呎的高處，豎立的竹竿已經縛到細小處，他的同伴就遞上別一株竹竿，他把這株竹竿接上，將兩株竹竿一併同縛於三四枚竹籤上。這第二株竹竿又幾乎到尖的時候，第三株竹竿就同樣的接上去，過得不久，而樹身的最低枝椏已經達到，年輕的達雅人就沿著枝椏攀緣而上，再過一會，竟把猩猩推將下來。我看了以後，十分驚異這種升樹方法的機巧，和利用竹竿特性的神妙。這一種竹梯的本身是十二分安全的，即使有一二枚竹籤鬆放或失誤，而其他在上在下的若干竹籤都可以抵住，使那一二枚竹籤不致誤事。我方才明白許多樹上都釘有一行竹籤的用意；這種竹籤我早已看到許多，總是莫名其妙。這隻動物，在形狀上同大小上，都和我在舍馬邦捕獲的那一隻大略相同，是我所捕獲「摩立奧猩猩」的別一個雄標本。這個標本現在存於德比博物館。

我以後又打死兩隻成年的雌者，同兩隻年齡不同的幼者——以上四隻我都有標本保存著。其中有一隻雌的，當時同著幾隻幼者在一株榴槤樹上吃未熟的果實，牠看見我們以後，立刻折取枝椏同多刺的大果憤憤的摔下來，有如彈雨一般，弄得我們不敢近樹。在憤激時摔下枝椏的習慣曾經有人懷疑，而我卻已經──和上面所說的一般──親身看到三四次。不過做這種舉動的總是雌猩猩：這大概是因為雄猩猩信任自己有了大力同強固的犬齒，所以不怕別種動物，不必把牠們逐開，而雌猩猩則由親性的本能，使牠採用這種方法來防護自己同幼兒。

我配製這些動物標本的時候，很受達雅群狗的吵擾，這些狗常在一種半飢餓的狀態中，十分貪吃動物的肉。我用一口大鐵鍋煮骨來配製骨骼，每到晚上把鐵鍋用木板蓋上，再拿重石鎮壓；而群狗竟把木板翻開，咬去一個標本的大部分。又有一次，牠們咬去我皮靴上部的一大塊皮，扯去我蚊帳的一塊，因為這蚊帳的一塊在幾星期前曾經有燈油倒在上面。

我們順流回到礦區的路上可幸又遇到一隻很老的雌猩猩，這隻猩猩在水岸中幾株低樹上吃東西。兩岸的陸地被河水氾濫得很闊，到處都有樹木同殘幹，所以載貨的小舟不能駛入，並且即使能夠駛入，我們也不過把猩猩逐開而已。因此我就跳入水中，水深至腰，我涉水而往，到了就近可以放鎗的地點。但是再要裝鎗很是困難。因為我既然深深站在水裡，就不能在水面上斜上鎗口以倒入火藥。我只得另外找了一個淺處，而在這種嘗試情形底下放了幾鎗以後，竟看到那隻大動物滾下水裡來，真是喜出望外。我把牠拖到河道上來，而馬來人卻不肯把牠提上小舟；這隻動物既然很重，倘若沒有他們的幫助，我當然不能夠提牠上去。我四下找尋一個剝皮的地方，卻又看不到小片乾燥的地面，直到後來，我方才找出一叢二三株老樹同殘幹中間有幾呎砂土剛好堆在水面上，而且剛好容得我們把動物拖到上面去。我首先把牠量了一回，知道牠是我一向所看見的最大一隻，因為牠站立的身高雖然和別隻相同（四呎二吋），而伸臂的長度卻有七呎九吋，比以前一隻要長六吋，並且魁偉的闊臉有十三吋半闊，而我從前所見最闊的臉卻只有十一吋半。牠的身圍是三呎七吋半。我因此認定猩猩兩臂的長度同力量，以及臉的闊度，要繼續增加到一個很高的年齡，而站立的高度——由頂至踵——卻罕有超過四呎二吋。

因為這一隻是我所捕獲的最後一隻猩猩，而且是最後一次所看見的活猩猩，所以我在此處要概括的說明猩猩的一般習性以及其他關聯的事實。猩猩這種動物我們僅僅知道蘇門答臘同婆羅洲還有棲息著，而且照理來說，也可以斷定猩猩僅僅限於這兩個大島，就中蘇門答臘島上又是比較的稀少些。猩猩在婆羅洲分佈的範圍很廣，凡西南、東南、東北，同西北各沿岸，都有牠們的蹤跡，而就觀察所及的而論，又大半以卑濕的森林為限。在砂勞越流域並無猩猩，而在三發（Sambas）以西同三東以東卻又極多：這種現象粗看起來似乎費解。但是一經我們知道這些動物的各種習性及生活方式以後，我們對於這一層表面的變例，便可以從砂勞越地形上的特色找出一個充分的理由。在我觀察所及的三東境內，猩猩被我們找到的地方只限於平坦、卑濕、而又蔭庇有一片崇高的原生林之處。這些濕地上都矗立著許多的孤峰，在有些峰上已經住有達雅人，而且有果樹的栽植地。這種栽植地對於猩猩有極大的攝引力，那些猩猩在白天來吃沒有成熟的果實，到晚上都退回濕地去。凡略微升高而土壤乾燥的地方就沒有猩猩的蹤跡了。舉例來說：在三東流域一切較低的部分猩猩都是很多，而一升到潮水及不到的地點，雖然地形還是平坦，而地位較高，土壤乾燥，猩猩就沒有了。試就砂勞越流域而論，也有這種特殊的情形——較低的部分雖然潮濕，而沒有接連的高林，一切的樹木大半是「尼帕棕櫚」（Nipa palm）；其次，在砂勞越城附近一帶，地土乾燥，許多部分又是崎嶇不平，並且在從前馬來人或達雅人曾經墾殖過的地面上，又只有小片的原生林，而雜以許多再生的叢林。

我以為這一層是很有或然性的，就是：一大片連續而等高的原生林，在猩猩舒暢的生存上極為必要。這種森林就是牠們平曠的地域，因為牠們在裡面可以向各方通行無阻，剛剛和印第安人在草原上、或阿拉伯人在沙漠上一般；牠們從一株樹梢渡到別一株樹梢可以無需落地。至於高燥的地域，人跡既然比較的多，而且中間每每有墾闢地同再生低林相隔，和猩猩行路的特殊方式很不相宜，因此在這種地域危險更多，且須時常落地。再就猩猩棲息的地域而論，水果的種類也大概更多——這種地域內一切高擁如島的小阜，就是猩猩的園囿或栽植地，凡高地上所有的樹木都可以在四周有濕澤的這個小阜上找尋出來。

猩猩在森林內從容穿渡的情形，我們倘若在旁邊觀看，倒是一種稀奇有趣的景致。牠審慎的沿著幾條粗大的樹枝以半直立的姿勢行走，這種姿勢是牠的長臂短腿使牠天生要採用的姿勢；而且牠的行走不以手掌而以指節，就越發顯出牠的腿和臂很不相稱。牠似乎總要挑選那些和鄰樹互相錯雜的樹枝，牠走近鄰樹的時候，伸出牠的長臂抓取鄰樹的枝椏，用兩隻手把那些枝椏揑在一處，彷彿是較量枝椏的力量一般，然後再審慎的縱身過到鄰樹的樹枝上去，繼續行走如前。牠決計不跳不躍，而且不慌不忙，但是行走的速度幾乎和人類在林下奔跑的速度相等。長而有力的臂膀對牠極有用處——使牠能夠敏捷的爬上最高的樹，能夠從微細的枝椏上抓取水果同嫩葉，能夠採集做巢的樹葉同樹椏。我在前文曾經描述牠在受傷時做巢的情形，若就通常而論，牠幾乎每天晚上都用一個相似的巢睡覺。不過巢的位置很低，都築在小樹上，離地只有二十到五十呎，這大概是因為低處比高處格外溫暖遮風的緣故。據說每一隻猩猩每一天晚上都要做一個新巢；而我卻不以為然，如其果然，巢的遺跡就應該更多了；因為我雖然在煤礦地附近一帶看到幾個巢，但是這一帶地方每天來往的猩猩必定很多，那麼過了一年以後，牠們遺棄的巢就應該極多了。而達雅人又說是天氣很濕的時候，猩猩用露兜樹屬或大羊齒類的葉遮蓋軀體——這一說大約就是猩猩在樹上造屋的故事之來源。

每天早上，猩猩要等到太陽上升，曬乾樹葉上的露水以後，方才離巢。牠們在白天裡面完全出外覓食，往往不回到相距兩天路程的原巢去。牠們似乎不十分怕人，因為牠們往往向下看我幾分鐘以後，方才慢慢的走動到鄰樹上。我每次看到一隻猩猩以後，時常要走半哩或半哩多的路去取鎗，而我每次回頭的時候，牠總是留在原樹上，或者在相距一百碼以內的別株樹上。我始終不曾看見兩隻長成的猩猩同在一處，不過有時雄者或雌者卻和中年的幼者同在一處，有時又有三四隻幼者同在一處。牠們的食物以水果為主，間有葉，芽，同嫩苗。牠們似乎最喜歡吃沒有成熟的水果——有些很酸，有些又很苦——尤其喜歡吃一種水果的紅色多肉的假種皮，這種水果對於牠們似乎是一種特別的嗜好品。牠們對於別些水果都僅僅吃一顆大水果的小種子，而且糟蹋的東西往往比吃的東西更多，所以牠們在一株樹上吃東西的時候，樹下時時落下吐棄的碎片。榴槤也是牠們的一種特別嗜好品，倘若種在四周有森林的地方，就不免有許多果實要被牠們糟蹋，不過牠們卻不會穿過墾闢地而來。這種水果的外殼很厚很韌，而且密佈著尖圓形的硬刺，所以這些動物能夠撕開這種水果倒是很奇怪的事情。大概牠們先把硬刺咬去若干，再破出一個小孔，然後用有力的手指撕開水果。

除非為飢餓所迫不得不往河邊搜尋多漿的嫩苗，或者在亢旱的時候不得不往地上尋水——通常在樹葉的凹面上猩猩可以找得充分的水——猩猩是不肯落地的。只有一次我看見兩隻中年的猩猩在地面上一個燥洞內，這個洞位於實文然小山的山麓。牠們同在一處直立玩耍，以手臂互相擁抱。但是我們可以安然斷定猩猩除非用手攀在樹枝上，或者遇到他物來攻擊，是決計不會直立行走的。所以猩猩扶杖行路的表象完全出於理想。

達雅人都聲言猩猩在森林內從來不受任何動物的攻擊，只有兩種稀有的例外；而我所聽到這兩種例外的報告很是離奇，所以我把報告者——達雅老頭目——的原話寫出，這幾位報告者一生都住在猩猩最多的地方。我所問的第一個說道：「沒有一種動物夠得到傷害猩猩，而唯一的動物曾經和猩猩相鬥的就是鱷。在叢林內沒有水果的時候，猩猩往河岸上去找食物，河岸上有很多的嫩苗為牠所愛，又有水果生在水邊。於是鱷有時想抓住牠，但是猩猩跳在鱷身上，用自己的手足打牠，而且撕裂牠殺死牠。」他又說是他有一次曾經看到這種爭鬥，他相信那猩猩總是勝利者。

我的第二個報告者是一位「奧朗卡雅」（Orang Kaya），就是巴洛達雅人（Balow Dyaks）的頭目，這種達雅人住在實文然河上。他說：「猩猩沒有敵人；沒有動物敢來攻擊牠，只有鱷和「蚺蛇」（python）。牠常常只以大力去殺死鱷，站在鱷上扳開牠的兩顎，且撕下牠的喉嚨。若有一條蚺蛇攻擊一隻猩猩，猩猩就用手抓住牠，再咬牠，且不久就殺死牠。猩猩很強；沒有一種動物在叢林內和牠一樣強。」

這是十分顯異的事情：像猩猩這樣魁偉，這樣特別，又是這種高等形態的動物，竟限於這樣有限的一個區域——限於兩個島，而且這兩個島又幾乎是高等哺乳類所棲息的最後區域；因為從婆羅洲同爪哇向東而去，凡猿猴類（Quadrumania），反芻類，食肉類，以及其他許多群的哺乳類，都減少得很快，並且向東不遠就完全絕跡。倘若我們再進一步考慮到其他一切動物在往古時代幾乎都有相近而各異的形態做了代表——譬如在近生代的後期，歐洲棲有熊，鹿，狼，貓；澳洲有袋鼠，及其他有袋類；南美洲有怪偉的樹懶同食蟻獸；但是那一切獸類雖然和現有種密切相近，而卻彼此有別——我們就有種種理由可以認定猩猩，黑猩猩（Chimpanzee），同大猩猩（Gorilla），也有牠們的前驅者。現在各博物學家真是何等殷勤的盼望著那一個時期啊！在那個時期，熱帶地域所有許多的洞穴及近生代遺物都被人們詳細考察一番，而且大類人猿的過去歷史同初次出現也被人們澈究出來。

現在我要把一般人假設婆羅洲還有和大猩猩一樣大的猩猩這一層略微討論幾句。我曾經親身考察了十七隻新殺死的猩猩軀體，都把牠們仔細量過；內中有七隻我都有骸骨保存著。我又獲得他人殺死的兩副骸骨。總計其中發達完全的有十六隻：九隻雄的，七隻雌的。大種猩猩的成年雄者在體高上的差別是從四呎一吋到四呎二吋，這是就那些動物完全直立時自頂至踵的高度而說；伸臂的橫闊從七呎二吋到七呎八吋；臉的橫闊從十吋到十三吋半。其他博物學家所列舉的呎吋都和我的呎吋極其相符。特明克（Coenraad Jacob Temminck）所量最大的猩猩是四呎高。希勒格（Hermann Schlegel）同繆勒（Johannes Peter Müller）所採集的二十五隻標本當中，最大的老年雄猩猩是四呎一吋；加爾各答博物館（Calcutta Museum）內最大的骸骨，據勃力茲先生（Mr. Blyth）所說，是四呎一吋半。我的標本都從婆羅洲的西北沿岸而來；荷蘭博物學家的標本卻從西南兩沿岸而來；但是至今還沒有超過這些呎吋的標本輸入歐洲，雖則毛皮同骸骨的總數已經達到一百以上。

說來奇怪，有些人竟聲言他們自己曾經量過更大的猩猩。特明克在他的猩猩記錄上說，他剛才接到一種消息，說是捕獲一個五呎三吋高的標本。不幸這個標本好像至今還不曾運到荷蘭，因為過後對於這隻動物還沒有人提及。聖約翰先生（Mr. St. John）在他的《遠東森林中之生物》（*Life in the Forests of the Far East*, 1862）卷二，二百三十七頁上，說是有一隻猩猩為他的朋友所捕獲，自頂至踵是五呎二吋，臂膀的周圍是十七吋，手腕是十二吋！僅有一個頭顱送到砂勞越，而聖約翰先生說他自己幫同量度這個頭顱有十五吋闊十四吋長。可惜這個頭顱也顯然不曾保存，因為至今還沒有這種呎吋的標本運到英格蘭來。

布魯克爵士在一八五七年十月所發的信內——這封信道及他自己收到我關於猩猩的論文已經載在《博物學年刊》（*Annals and Magazine of Natural History*）上——告訴我他的姪子所獲標本的呎吋，我現在把他的原話寫出：「一八六七年九月三日，殺死雌猩猩。身高——自頂至踵——是四呎六吋。從手指伸到手指橫跨胸膛是六呎一吋。臉的橫闊包括硬結物是十一吋。」這些呎吋當中顯然有一種錯誤；因為博物學家一向所量的猩猩，六呎一吋的兩臂伸長都和三呎六吋左右的身高相應，而四呎到四呎二吋高的最大標本又決計有七呎三吋到七呎八吋的兩臂伸長。這是實際上為本屬動物各項特徵之一；有這樣長的臂膀方才可以使得這些動物站立頗直的時候把手指安置在地上。所以四呎六吋的身高至少要有八呎的兩臂伸長！假使兩臂伸長只有六呎去配那種身高，和上文所列的呎吋一般，那麼這隻動物就絕對不是猩猩，乃是猿猴的一個新屬，在習性上同前進方式上都是截然不同了。但是殺死這隻動物的約翰孫先生（Mr. Johnson）本來是熟悉猩猩的，卻分明把那隻動物認作猩猩；因此我們對於這兩種錯誤究竟以那一種為更可能就須加以判斷：就是兩臂伸長錯了二呎呢，還是身高錯了一呎？後一種錯誤當然是最容易犯的，我們倘若加以改正，便可以使那隻動物在配法上同各種呎吋上，都和歐洲目前所保存的那些猩猩相符。我們可以引用阿柏爾博士（Dr. Clarke Abel）所描述蘇門答臘某猩猩的事件，來表明猩猩的身高容易哄騙了人。當時殺死那隻猩猩的船長同水手，都聲言那隻猩猩活的時候要超過最高的人，並行他們看牠那樣魁偉，總以為牠有七呎高；後來猩猩死在地上的時候，他們方才知道牠只有六呎。那隻猩猩的毛皮到現在究竟有沒有保存在加爾各答博物館，已經成為問題；而最近的監理人勃力茲先生卻說是「這絕對不是最大的一隻」，那就是說牠不過四呎上下高呢！

在猩猩軀體的呎吋上既然有這些錯誤的顯例，所以我下了下面的結論當然不是過分的事情。我的結論是：聖約翰先生的朋友曾經犯了量度上或記憶上同樣的錯誤，而且大概是記憶上的錯誤，因為他不曾說及那種呎吋是在量度時當面記載下來的。聖約翰先生自出心裁的數目字只有「頭顱有十五吋闊十四吋長」。因為我最大的雄猩猩臉上橫闊有十三吋半，是在猩猩被殺時立刻量度的，所以我倒明白那顆頭顱從魯巴運到砂勞越，經過兩天——若不是三天——的航程，不免因為腐爛而膨脹，所以比新鮮的時候竟量得加多一吋。因此就全部看來，我以為這件事情是大家可以公認的，就是：一直到了現在為止，我們還不曾有過什麼可靠的憑據，足以證明婆羅洲有身高超過四呎二吋的猩猩存在。

# 第四章
# 婆羅洲——內地旅行
## 一八五五年十一月到一八五六年一月

因為濕季漸漸到來，我就決意要回到砂勞越來。我的一切採集品都由查理士・阿倫繞海送去，同時我自己想上溯三東河的河源，再沿著砂勞越流域而下。這條路徑很有幾分困難，所以我隨帶最小量的行李，以及單單一個傭人，就是名叫蒲準（Bujon）的馬來童子，他曾經和三東的達雅人做過買賣，懂得他們的語言。我們離開礦區在十一月二十七日，第二日到了馬來村莊谷唐（Gúdong），我停了一會去買些水果同雞蛋，又去訪晤「達圖班德」（Datu Bandar）——就是本地的馬來長官。他住在一座建築優良的大屋內，裡外都是很髒；他仔細探問我的業務，而尤其關心於煤礦。這煤礦最使土人驚異，因為他們不能了解採煤的緣由——準備的工程既然這樣浩大需費；而樹木又這樣豐富並且易採；但是這種煤又說是僅僅當作柴燒。歐洲人顯然罕逢到這裡來，因為我走過村莊的時候，婦女們都紛紛逃避；有一個大約十歲或十二歲的女子，剛從河邊取來一個盛水的竹筒，她一眼看見了我，竟拋下竹筒，大聲驚喊，而且腳跟一轉，跳入河中。她游泳得很美，並且屢屢回顧，時時狂叫，彷彿怕我要追逐她；同時有若干男人男孩卻在笑她無知的害怕。

到了第二個村莊查喜（Jahi），河流的洪水十分緊急，以致我的重舟不能前進，我不得不把小舟退回，另在一條可通的小河上往前而去。直至此地為止，三東河的風景都是很單調的，兩岸墾成稻田，只有小草舍衝破了一線平淡的泥岸，泥岸上掩覆以高草，而墾殖地的背景就是森林的尖梢。離開查喜幾小時以後，我們越過墾殖地的疆界，就有美麗的原生林以棕櫚、蔓藤、喬木、羊齒，及著生植物，蔓延到水邊。但是河岸上仍舊到處氾濫著洪水，我們要找一處燥地睡覺極其困難。早上一早，我們來到恩柏格喃（Empugnan），是一個馬來小村，位於一個孤峰的峰麓，這個孤峰在實文然河口已經可以看見。從此前進不受潮水的影響，而我們就進了森林的高地，有更精緻的植物。大樹的枝椏跨在河上，峻峭的土岸覆有羊齒類同蘘荷科。

下午一早，我們到了塔波坎（Tabókan），是山居達雅人（Hill Dyaks）的第一個村莊。在近河的空地上，大約有二十個男孩正在玩著一種遊戲，和我們所稱「捉迷藏」（prisoner's base）很有幾分相似。他們的細珠飾物，銅線飾物，以及鮮豔頭帕同腰衣，都極其離奇而美觀。蒲準叫了一聲以後，他們立即捨了遊戲，取上我的行李往「首屋」（head-house）去——一種圓形的建築，附麗於一般的達雅村莊，用作客人的寓所，貿易的地點，未婚少年的臥室，及普通的會議室。這座屋架在高樁上，中央有一個大爐，屋頂四周都有檻窗，是很爽朗很舒暢的住所。到晚上有一班青年同小孩特來看我，擠在一處。他們大半都是華美的少年，我不禁讚美他們服裝的簡單而雅致。他們唯一的衣服就是很長的「察雅特」（chawat），即腰衣，前後披懸下來；通常以藍棉布製成，下緣有紅、藍、白三條闊帶。富裕的少年頭上都戴有手帕，或為紅色而鑲

達雅族少年

以狹窄的金花邊，或為三色和「察雅特」相似。大而扁的月形銅耳環，白珠或黑珠的沈重頸飾，臂上腿上的幾排銅鐲，以及白介殼的手釧，都可以襯托並顯煥純潔紅棕的皮膚，同深黑的頭髮。此外又有一個小袋，內藏嚼蒟醬（betel-chewing）的各項材料，再加上一柄細長的刀——這兩件東西無論如何總是掛在身邊——就成了達雅少年的日常裝束。

「奧朗卡雅」（Orang kaya）——達雅頭目的稱呼，就是富翁的意思——帶了幾個年紀長成的男人一同進來；而「比察拉」（bitchara），即談天，從此開始，討論僱船僱人在第二天早上送我前去的事件。因為我完全不懂他們的語言——和馬來語很不相同——所以我不曾參加，由我的童子蒲準代表，他把大半所說的話都譯給我聽。一個同寓屋內的中國商人也要僱次日的人；不過他對「奧朗卡雅」略微提及以後，就被人家嚴詞吩咐道：白種人的事務還剛剛在討論中，中國人的事務必須再等一天方可設法。

「比察拉」結束，老頭目們走開以後，我請那班少年來遊戲，或跳舞，或做日常的娛樂；他們略微遲疑一回，就同意去做。他們先比一回力氣，兩個童子相對而坐，腳靠腳，四隻手握住一條粗棒。於是兩童各各想把自身拋向後方以提起對手方離地，或用大力，或以出奇。其次，一男人或與二三童子對抗比力；過後他們每人以一手握住自己的腳踝，而當一人用力站定的時候，別一人就站在一腿上旋舞一周，去打那人的自由腳想揮倒他。這些遊戲既然大家做了一周各有勝負以後，我們又有一種離奇的音樂會。有些人以一腿跨在膝蓋上，拿手指猛擊腳踝，又有些人把兩臂拍在腰身兩側，和雄雞將鳴時一般，由是做出一種極駁雜的擊拍聲音，同時另有一人以一手置於腋下做出一種深沈的喇叭曲調；且因他們大家極其合拍，所以總和的聲音並不逆耳。這件事情彷彿是他們特別嗜好的娛樂，他們連續做得極有精神。

第二天早上我們動身而去，乘一小舟約有三十呎長，而只有二十八吋闊。河流至此忽然改變性質。一向的河流雖然緊急，河水卻深而平，且限於高峻的兩岸中間。但是眼前的河流，衝激、捲疊於砂礫的或岩石的河床上，間或成為小規模的瀑布同急湍，並於一側或他側掀上石礫晶瑩的闊岸。到了這裡划槳不能行舟，而達雅人以竹竿推動小舟，卻極其靈巧迅速，雖然他們站著用盡力氣，也不致跌倒在這樣狹窄而搖盪的小舟上。這是晴明的一天，加以船夫的歡呼努力，流水滾滾的沖射，而鮮明繁複的樹葉又由兩岸伸覆於我們頭上，竟使我頓時生出歡欣的感想，而回憶曩日在南美洲大河上獨木舟的旅行。

下午一早我們來到波洛托易（Borotói）村，雖然在黃昏以前可以安然達到第二村，而竟不能如願，因為我的船夫要回家去，別些人倘若不經一次磋商又不肯同我前往。再則他們以白種人為異常的珍奇品，不可讓他避開，而且他們的妻子從田野上回家的時候，知道有這樣一件奇物竟不曾留給她們看看，也決計不肯饒恕他們。我走入被邀的屋內去，就有一陣六七十個的男婦小孩來圍住我，我坐了半小時，彷彿是初次展覽的新奇動物。在此地銅鐲極其流行，許多婦女的兩臂完全為銅鐲所遮蔽，腳上也從腳踝遮到膝蓋。她們圍在腰上有一打或一打多染成紅色的精美藤環，把裙子束在藤環內。在藤環下面往往有若干銅絲環，以及一串小銀幣的帶，或者又有銅環盔的一條闊帶。她們頭上戴著一個無頂的尖圓帽，這種帽以藤環做成骨架，串以色彩斑駁的細珠，雖近離奇而卻美觀。

我走到村旁一處小山上——小山已經墾成稻田——舉目四望，看見丘陵起伏，而且南方又多高山。我把一切看見的東西測定方位，加以描畫，那些隨我同來的達雅人看見以後大為驚異，當我回家的時候就要求我取出羅盤觀看。於是圍著我身旁的人越來越多；我吃晚餐的時候，一圈百人左右的觀眾注視著並且批評著我的一舉一動，使得我的心思不禁想到籠中獅子的吃東西。我已經和那些獅子一般，對於這件事情真是司空見慣，不致影響我的食慾了。此地的小孩比塔波坎的小孩更為怕羞，我不能夠勸他們遊戲。於是我把自己變作獻技人，用兩手顯出一個狗頭吃東西的影子來，這個手影很使他們歡樂，以致全村都陸續出來觀看。「牆上的兔」（rabbit on the wall）在婆羅洲是不能通行的，因為婆羅洲簡直沒有和兔相似的動物。此地的男孩們有一種陀螺和地黃牛相似，卻也用繩旋動。

第二天早上我們依舊前進，而河流很急很淺，船隻又是很小，我雖然僅僅隨帶一套換洗的衣服，一管鎗，同幾件煮器，卻要用兩隻小舟運送。河岸上斷續出現的岩石都是一種變硬的黏板岩（clay-slate），有時結晶而直聳。在我們兩旁擁起孤立的石灰岩高山，白色的懸崖閃爍於陽光中，和山上茂盛的植物相映成趣。河床都是石礫堆，大半為純白的石英，又有極多的碧玉同瑪瑙，呈出美麗斑斕的色彩。我們來到蒲鐸（Budu）的時候還是上午十時，但是四周的人雖然很多，我卻不能勸誘他們許我前往第二村去。奧朗卡雅雖然說是我一定要僱人他自然可以僱來；但是我執定他的話說我一定要僱人，他卻生出一種新抗議；我當日要走的意見既然難以實現，只好屈服下來。因此我走出稻田上去，這些稻田很是廣泛，散佈於許多小山小谷上，而且這一帶地面似乎就由這些小山小谷構成。我在此地欣賞了山阜的美景。

到晚上奧朗卡雅盛裝而來——一件燦爛的絲絨短衣，而沒有褲子——邀我到他家裡去，給我一個上座，頭上有淨白棉布同顏色手帕搭成的一個帳棚。大露臺上擠著許多人，又有幾大盆飯同若干熟蛋生蛋放在地上，就是贈我的贈品。於是有一老翁身上掛有顏色鮮明的布條同許多的裝飾品，坐在門口，低聲背誦長篇的禱告，並由手中所捧的盆內取米散播，同時又有幾面大鑼重敲震耳，幾管短銃鳴放行禮。其次又有一大瓶米酒——酒味很酸而卻可口——傳遞一周，我順便要求看看他們的跳舞。他們的跳舞剛好和一般蠻民的扮演相似，很是蠢笨粗俗。男人裝成女人，很是荒唐；女人極力做出拙劣可笑的體態。六面或八面中國大鑼時時由同數的少年盡力敲擊，鑼聲震耳欲聾，我只能避往圓屋，自願及早睡覺，安然和半打懸在頭上的乾枯人頭作伴。

河流至此十分狹窄，船隻簡直難以通行。因此我自願步行到下一村去，想看看這一帶地方的景物，不料大為失望，因為路徑幾乎都要穿越竹叢。達雅人連續把兩片禾稼淨除下去；一片是稻，一片是甘蔗，玉蜀黍，同蔬菜。地面的荒蕪大約有八年或十年，到處叢生著竹林同灌木，往往跨覆在路徑上成為拱形，遮蔽我們的視線。我們步行三小時來到森喃坎村（Senankan），又須停留一天。不過這一天的停留卻和奧朗卡雅訂有條件：他答應我他所僱的人明天可以送我越過其次兩村，一直到森那（Senna）去——在砂勞越河盡頭——我方才予以同意。我設法消遣到黃昏：周遊附近的高地，瞭望本地的風景，並測量主要諸山的方位。此地也有一批觀眾持上米飯、雞蛋，同米酒來贈我。這些達雅人耕種大片的地面，供給砂勞越以大宗的米糧。他們有很多的銅鑼，銅盆，銅線，銀幣，以及其他物件，他們把這許多物件看作財富；他們的婦女小孩都滿身裝飾著細珠的頸飾，以及介殼，銅線。

第二天早上，我等候了幾時，竟看不見那些隨送的人。我差人去探問奧朗卡雅，方才知道他已經同著另外一個頭目出外一天了，為的是路途遙遠十分費力，以致他們不能勸手下人和我同去。我因為決意要去的緣故，就對面前的幾個人說道：這班頭目辦事太壞，我應該向「拉惹」（Raja，領袖、酋長）報告，並且我要立刻動身。但是在我面前的人都藉詞推諉，因此我傳喚別些人來，經過許多的威脅利誘同蒲準的極力關說，我們方才成行於耽擱二小時以後。

最初的幾哩路程位在一帶墾成稻田的地面上，滿眼都是壁立的小山岡及深藏的小谿谷，並沒有一碼的平地。穿過三東河的主要支流卡揚河（Kayang River）以後，我們走上塞波藍山（Seboran Mountain）的下層山坡，沿著不很峻峭的尖銳山岡而行，我們向著四下一看，全地的形勢簡直都在眼前。這一片地方的特點，剛剛和呼克爾博士（Dr. Joseph D. Hooker）以及其他旅行家所描述喜馬拉雅山脈的特點相同，而且彷彿是那座大山脈某幾部分縮小到十分之一的一個天然模型，那裡的幾千呎剛好為這裡的幾百呎所代表。我在此地又發現那些美麗石礫——以前在河床內使我那樣歡喜的石礫——的來源。黏板岩已經絕跡；這些小山似乎完全由砂石結成的結合岩構成，其中有幾處僅僅是一團結成一氣的石礫。我也明知這些小河流不能產生這一大宗質料堅硬的圓滑石礫。這些石礫顯然是在往古的時代做成——在婆羅洲大島不曾升上洋面以前，由某大洲的河流或海灘的行動做成。至於這一帶山岡谿谷的存在——把一座大山脈的一切特點複製為縮小體的山岡谿谷——對於這種新近的理論，更有一個重要的意義；那種理論說是：地面的形態在主要上是源於氣界的作用，而不是源於地下的作用。在我們眼前一方哩內，假使有一簇紛紜的谿谷向許多方向奔赴而往，我們就好像不容易把它們的形成或且起源，歸功於地震所產生的坼裂同縫隙。而就反一面說，岩石的性質——容易為水分所溶解所移動的性質——以及熱帶上多量雨水的已知作用，在這種情形內，至少可以說是這些谿谷所由產生的充分原因。可是這些谿谷的形狀、輪廓，以及分歧的方式，並分隔它們的山坡山脊，卻一一都和喜馬拉雅山脈顯然相似，所以我們的結論當然要說是這兩處地方所有造作的原動力確鑿是相同的，所不同者只在這種原動力在這兩處進行的時期，以及這種原動力所藉以造作的材料性質。

午時左右，我們來到孟葉立村（Menyerry），位於大山的橫嶺上，高出山谷大約有六百呎，可以俯瞰婆羅洲這部分地面的山阜。我在村上瞭望到砂勞越河盡頭的盆立生山（Penrissen Mountain）——全區最高的山，超出海面大約有六千呎。在盆立生以南的洛安山（Rowan Mountain）

以及遠在荷蘭領土內的溫托安山（Untowan Mountain），也同樣崔巍的顯現著。我們從孟葉立下降以後，再穿過環繞山麓的卡揚河，上升到分隔三東和砂勞越兩流域的隘口，大約有二千呎高。從這個隘口下降的路徑很是美妙。在我們兩側各有一條深藏岩峽裡面的溪流沖射而往，我們在土人所造的竹橋上越過許多橫溝以及若干崖面，逐漸向著一條溪流下降。有若干竹橋長到幾百呎，高到五六十呎，只有一根四吋直徑的滑竹做著唯一的通路，而一根小竹做成的手欄杆往往又是十分搖動，只能用作嚮導，不能倚作助手。

下午傍晚，我們走到索道（Sodos），位於兩溪中間的側岡上，四周統是果樹，我們簡直看不見外面的風景。房屋都是宏大潔淨而且舒服，居民又很和善。有許多婦女小孩因為一向不曾看見白種人，以致懷疑我身上的皮膚究竟有沒有和面上同樣的潔白。他們要求我把手臂和身體給他們看看，我因為他們十分和善，覺得應該給他們以相當的滿意，就把褲腳捲起讓他們看了一回，他們都看得十分有趣。

第二天早上，我們沿著一個美麗的谿谷連續下降，四周的高山高到二千或三千呎。小溪漸次擴大起來，到森那以後就變成一條石礫極多的河流，可以航行小舟。而且高聳的黏板岩又在此地顯現出來，和三東流域的黏板岩剛好有同樣的傾斜和趨向。我問及僱船一節所得的答語是：森那的達雅人雖然住在河岸上，卻一向不曾造船或用船。他們原是山居的民族，大約在二十年前方才遷到谿谷上來，所以不曾獲得新習慣。他們和孟葉立索道那兩村的居民同族。他們造成好路好橋，並且墾種許多山地，所以把地面整理得更為雅觀而且更為文明，勝過那些只用小舟行動，只在河岸墾種的達雅人。

我費了若干手續，方才從一個馬來商人那裡僱得一隻小舟以及三個達雅人，他們曾經隨同馬來人前往砂勞越有好幾次，我以為他們總已經善於操舟。不料他們卻是十分笨拙，時時把小舟擱在陸地上，碰到岩石上，而且站立不穩，幾乎把他們自己和小舟一同翻沈水底去；顯然和海上達雅人（Sea Dyaks）的技藝相反。後來我們當真來到一處船隻往往覆沒的危險急湍，竟弄得這班人不敢前進。幸虧有幾個馬來人駕駛一隻裝米的小舟到這裡追到我們，他們安然駛下以後，懷著好意差一個人回來相助。我們的小舟駛到緊急關頭，這班達雅人果然立腳不穩，倘若沒有旁人相助，當然要闖出大禍。河流的風景非常美麗，兩旁的地面有一半墾成稻田，我們可以遠望。無數的小穀倉高高建築在臨河的樹木上面，從岸邊搭成竹橋斜達穀倉；河流上到處有竹橋橫跨而過，這些竹橋都借助於臨河的樹木。

那天晚上，我寄宿在塞邦谷達雅人（Sebungow Dyaks）的村莊內，第二天到了砂勞越；途中經過一帶最優美的地域——石灰岩的高山以離奇的峰巒同白色的峭壁聳峙於各處，上面都有茂盛的植物來遮覆著裝飾。砂勞越河的兩岸到處種有果樹，供給達雅人以一大宗的食品。山竹果、「朗薩果」（Lansat）、「紅毛丹」（Rambutan）、波羅蜜（Jack）、「占波果」（Jambou），及「勃林丙果」（Blimbing）都很豐富；而最豐富的並且最珍貴的卻是「榴槤果」，這種水果在英格蘭絕少聞知，而在馬來群島則無論土人同歐洲人都把它看作上品。老旅行家林斯綽特在一五九九年所撰的文字內說道：「一切嘗過這種水果的人，都以為這種水果的香味勝過世界上一切別的水果。」而帕盧丹納博士（Dr. Paludanus）又加上幾句：「這種水果含有一種熱而濕的性質。對那些不曾吃慣的人，當初不免有一種類似腐蔥的臭氣，但是他們一經嘗過以後，就以為這種水果勝過一切了。土人給它以各項的尊稱，極力褒揚它，並且替它賦詩。」這種水果持入戶內時，它的臭氣往往十分凶惡，有些人簡直不能忍受去嘗它的滋味。我初次在廝六甲試吃的時候也是如此；但是後來在婆羅洲拾得成熟的一顆，在戶外去吃它，我就立刻變成愛吃榴槤的人。

榴槤生在一種喬木上，這種喬木的一般性質有幾分和榆樹相似，不同樹皮更為光滑並且鱗片更多。果實為圓形或稍作卵形，大約有大椰子的大小，表面為綠色，遍生短硬刺，刺腳互相接觸，因此帶有幾分六角形，刺尖很是堅利。這種果實的防護既然這樣周密，所以它的果柄斷了以後，我們就不容易把它從地上拾起。它的表皮很厚很韌，所以從高處落下也不致跌破。表皮上有五條微細的直紋，直紋兩側的硬刺略作拱形；這五條直紋就是子房的縫口，我們可以從這種縫口把果實用重刀同健手劈開。五個小房的內部都作綢白色，每一個小房盛滿卵形一團的乳皮色軟醬，靠近中心處各各藏有二三顆和栗子一般大小的種子。這種軟醬就是可食的部分，它的成分和香味真是難以形容；只有一種肥美的乳油狀蛋乳糕而又帶有高度的杏子香味頗為近似，卻又雜有一陣陣的香氣，彷彿是乾乳酪、蔥醬、棕色櫻桃酒，以及其他種種不可名狀的物品一般。而且軟醬內又有一種膠質的光滑性，尤其增加它的美味，是一切別的水果所沒有的。它的滋味既然不酸不甜，卻又並不多汁，但是我們又覺得它件件皆全，因為它的確含有獨具的美味。它不會生出發嘔或其他的惡影響，並且你越吃得多，就越發不肯罷手。在事實上，吃榴槤就是一種新感覺，很值得我們航行到東方去見識見識的。

這種水果在成熟的時候就自然落到地上來；吃好榴槤的唯一方法就是在它落地時拾起來吃；

這時候的臭氣也比較的馴良些。沒有成熟的榴槤，拿來煮熟以後，是一種很好的蔬菜，而達雅人並且拿來生吃。在旺季內，他們醃了大宗的榴槤，保存在瓶內或竹管內，經過一年，取出以後，有一種歐洲人所最厭惡的氣味，而達雅人卻十分貴重它，把它當作吃飯時候的調味物品。在森林內又有兩種野榴槤，果實很是細小，而且有一種的果實在內部又是橙色；這些野榴槤大概是真榴槤的起源，因為真榴槤是沒有野生的。我們如果說榴槤是一切水果的上品，大概是不很確當的。因為各種微酸多汁的水果如橘，葡萄，芒果及山竹果之類，是榴槤所不能替代的，並且這些水果所有各項清涼的品質也是十分滋補甜美的；不過單就香味而論，我們當然要說榴槤確是上品罷了。如果要我單單指定兩種來做這兩類水果的代表，我只有指定榴槤同橘來當作水果當中的王同后。

但是榴槤有時要發生危險。榴槤成熟的時候，每天甚且每小時都有墜落，所以意外的事件時常因此發生。榴槤墜落的時候，倘若擊在人身上，定然要成為重傷：硬刺戳穿皮肉，而且打擊也是很重；不過成傷雖重，而常不致於死，因為流血很多可以免掉炎症，否則炎症就不能免了。有一個達雅人頭目報告我說，他曾經被榴槤果擊倒，自己以為當然因此戕身，後來卻在極短的期間恢復健康。

有一班詩人同道學家，把我們英國的樹木同水果加以判斷，以為小果常常生在高樹上，所以落下不致傷人，至於大果總是拖在地面上。但是有兩種最大最重的已知水果——巴西果（Brazil-nut fruit）同榴槤——卻生在高樹上，並且一經成熟就從樹上落下，往往擊傷或擊斃當地的居民。所以我們從此可以學習兩件事情：第一，不從偏面的觀察下普遍的結論；第二，樹木同水果也和動物同樣的紛歧，並不是單單為人類的使用及利便而構造。

我在婆羅洲多次旅行中——尤其在各次寄居於達雅人中——發覺「竹」的各項可嘉的品質。在我從前所遊歷的南美洲各地，這種巨草是比較的稀少，而且用途不多；有一類的用途既然代以各種的棕櫚，而別一類的用途又代以「加拉白希」（calabashes）同葫蘆藤。只有熱帶的地域方才一律產竹；而一切產竹極多的地方，土人對於竹的用途也就極多。竹的堅強、輕滑、圓直、空心、並易剖、而又剖得平直，以及粗細的各異，竹節長短的不同，外部的堅硬，氣味的無有，增殖的迅速，數量的繁多：這許多品質都可以增加竹的用途，並減省許多預備的勞力。竹是熱帶地域一種最奇怪最美麗的產物，也是自然界對於未開化人類一種最貴重的恩物。

達雅房屋都架在托柱上，往往有二三百呎長，四五十呎闊。地板往往用大竹剖開的長條製成，每一條大約有三吋闊，略略有些扁平，用藤縛在底下的托柱上。這種地板倘若做得好，是赤足行走的絕妙地板，因為竹的圓形表面十分光滑爽快，又可站得穩固。此外還有一層更重要的所在，就是：這種地板攤上一條蓆子就成為絕妙的床，因為竹的彈力同圓形表面遠勝於更強硬更平坦的地板。我們從此可以發現竹的一種用途，這種用途，在別種材料，必須經過多量的勞力，方才可以替代它，例如棕櫚以及其他替代物都要經過許多的斬削，而且做成以後又不能同樣的優美。至於一種平正縝密的地板若為必需的時候，又可以取大竹剖成厚篾，削為十八吋闊六呎長——有些達雅人就用這種竹篾鋪成他們住屋的地板。這些竹篾被人腳摩擦多年以後，就變成黝黑而磨光，彷彿是胡桃樹或老橡樹一般，我們不容易把它們的真材料辨認出來。這一點好處可以使蠻民減省許多的勞力，因為他們的唯一器械只有一斧一刀，他們倘若必須用板，就不得不用斧斫開樹幹，再費幾天或且幾星期的勞力把木板削成和竹篾同樣光滑美觀的表面，拿去和竹比較起來，真是一勞一逸相隔天淵。況且土人在栽植地內，或者旅行家在森林內，如果需用臨時的屋舍，也以竹為最利便；我們用竹豎造屋舍，比用別項材料要節省四分之三的勞力同時間。

如我前文所述，砂勞越內地的山居達雅人必須造成許多長距離的道路，和各處的村莊同墾殖地相通；他們在這些道路的中途往往要跨越許多谿谷同河流；有時因為免除繞道起見，又要跨越峭壁，造成通路。在這些情形當中，他們所造的橋都是用竹，而且這種材料對於這種工程真是特別相宜，所以他們倘若沒有這種材料，他們或者不曾計畫這種工程。這種達雅竹橋雖然簡單，而設計極妙。這種竹橋都用一根大竹橫縛在若干交叉竹的交叉處而成，那些交叉竹交叉於大竹處成為×形，上端叉在大竹上幾呎，把交叉處用索和大竹縛牢，而橫在大竹上和大竹平行的，又有一根細長而搖動的竹，當作手欄杆。跨越河流的竹橋都借助於臨河的樹木，把竹橋一半從樹上吊住，一半從岸上搭起斜對角的支柱來支撐，以免安放支柱於河流內，因為河流裡面的支柱容易被洪水沖去。跨越峭壁造橋的時候，他們利用樹木同樹根來吊掛；支柱從岩石中相當的凹口或裂縫搭上來，倘若這種支柱還不夠用，他們就再用五六十呎長的大竹搭在崖壁上相當的樹椏上面。這些竹橋天天有許多男人婦女荷著重貨走過去，所以稍有不穩，立即可以發覺出來，並且材料近手，立即可以修復回去。在峻坡上的道路當天氣太濕或者太燥的時候，不免有些光滑，他們又把竹用在別一方面。他們把竹片斫成大約一碼長，竹片的兩頭鑿出相反的凹凸口，並穿出許多小孔拿竹栓釘入，再把這些竹片接好，就成為穩固便利的踏步。這種竹片

達雅人所造竹橋

用了一二季以後，雖然不免腐敗起來，卻是隨時可以修補，比較用木材仍舊要經濟些。

達雅人的用竹登樹，效用最大，他們所用的方法我已經在上章描述一番。他們時常用這種方法取蠟，這種蠟是本地最貴重的一種出產。婆羅洲的蜜蜂通常都把蜂房懸掛在「塔盆樹」（Tappan）的枝椏底下，這種樹木在森林中最為高聳，而且圓柱形的光滑樹幹往往上升到一百呎沒有枝椏。達雅人造起竹梯在晚上攀登樹木，取下魁偉的蜂房。他們從這種蜂房取得蜂蜜同幼蜂，以充他們的美餐，並且取得許多蠟持去賣給商人，以買回心愛的銅線、耳環、同金邊手帕，因為他們很喜歡拿這些東西裝飾他們的身體。他們上升榴槤樹同其他果樹的時候，往往只用竹栓而沒有直豎的長竹，因為這些果樹都在離地三十呎到五十呎的樹幹上生出枝椏。

剖開削薄的竹皮就是做篋籃的堅固材

料；而雞欄、鳥籠，以及圓錐形的捕魚機都可以用一節竹即時做成——把竹皮剖成許多狹條，留著狹條的一端連在一起，再取竹篾或藤條均勻相間一圈一圈的編織起來。引水入屋的方法也是用大竹剖成兩片，把竹片連接起來支托在交叉棒上，做成傾斜的水槽使水流入。輕薄長節的竹管又是達雅人唯一的盛水器，在住宅內邊角處總豎立著十多管的這種盛水器——又潔淨，又輕巧，比瓷器簡直好了許多。再則絕妙的煮器也可以用竹做成，可以煮熟米飯同蔬菜，在旅行的時候最為合用。醃好的水果或魚，以及蔗糖，醋，同蜂蜜，也保藏在竹管內，去代替瓶缸之類。達雅人身邊時時掛著一個小巧玲瓏的竹匣，內藏「蒟醬粉」（sirih）同宜母子（lime）——嚼蒟醬的材料——他的細長小刀也有一個竹套。他最歡喜的煙管就是大水煙筒，他在幾分鐘內可以造好這種水煙筒。他取一小段竹當著一個煙斗，把這段竹斜插入一個約六吋長的大竹筒內，筒內盛水，煙氣穿過水裡通到一條細長的竹管來。除此以外還有其他許多小事件天天要用竹，不過上文所說的種種用途已經可以表明竹的價值。我在馬來群島的其他各地曾經看到竹的許多新用途；大概我的考察工具既然有限，恐怕我對於砂勞越達雅人各種用竹的方法還不曾有一半認識呢。

在植物一方面，我在此處不妨把婆羅洲所產顯著的草本植物抽出幾種，敘述一番。奇異的瓶子草——組成植物學上的豬籠草屬——在婆羅洲很是發達。每一處山上都有瓶子草繁生，或偎傍地面上，或攀緣灌木同矮樹上；雅致的瓶子懸於各方。其中有若干是細而長的，類似菲律賓美麗的「花邊海絨」（lace-sponge，原註屬名：Euplectella）——這「花邊海絨」現在真是十二分的普通了——還有若干卻是闊而短的。這些瓶子草統是綠色，而雜以紅色或紫色的斑點，

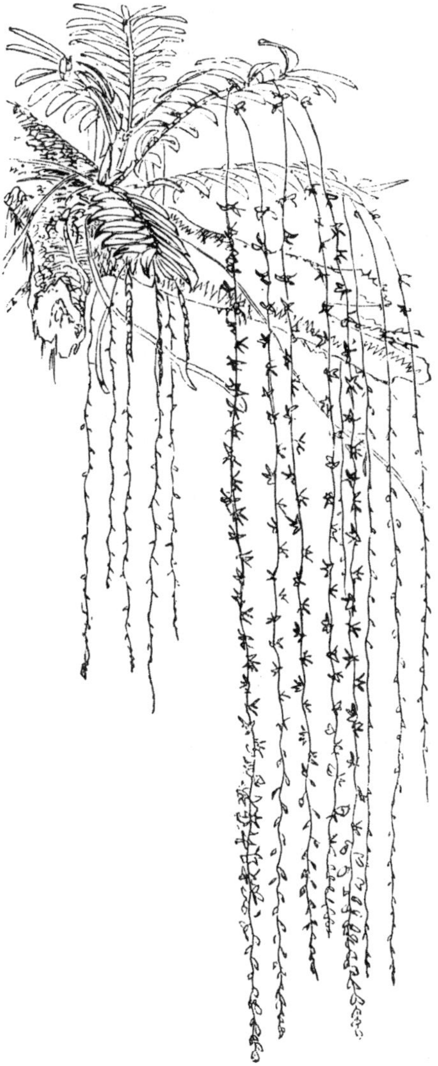

彼此很不相同。最精美的種類——卻是已知的種類——產於婆羅洲西北部的京那巴魯山頂（Mt. Kinabalu，又稱神山）。有一種闊種叫做「拉惹瓶子草」（Nepenthes rajah），瓶子裡面可容兩夸脫的水。又有一種闊種叫做「愛德華瓶子草」（Nepenthes Edwardsiania），瓶子狹長，長到二十吋，莖桿長到二十呎。

羊齒也很豐富，不過種類方面卻沒有爪哇火山上的那樣繁多；而且「木狀羊齒」（tree-ferns）也沒有爪哇的那樣繁多那樣魁偉。但是這些羊齒倒蔓延到海邊，通常都是細長雅致的植物，有八呎到十五呎高。我因為搜尋的時間不多，所以在婆羅洲僅僅採集五十種羊齒，倘若有植物學專家到此地來，他定然可以採得這個數目的兩倍。蘭科植物也極其豐富，但就一般而論，十分之九的種類只有眇小隱晦的花。其餘例外的蘭科植物有精緻的「塞羅金蘭屬」，開著大叢的黃花，點綴最幽暗的森林；又有最奇特的「羅伊蘭」（Vanda Lowii），在盆寧昭山（Peninjauh Mountain）山麓幾處溫泉附近特別發達。這種「羅伊蘭」著生在樹木的下層枝椏上，奇異的下垂花穗往往懸下近地，通常有六呎或八呎長，生著美麗的大花，每一朵花橫闊三吋，色彩由橙而紅極有變化，又有紫紅色的斑點。我量到一株花穗竟長到九呎八吋，生有三十六朵花，排列在纖小的絲狀花穗上做螺旋形。種植在我們英國溫室裡面的標本也曾經有等長的花穗，而且生有更多的花朵。

在赤道上的森林內，花卉往往不多，我僅僅偶然有顯異的遇到。我有時看到若干精緻的攀緣植物，就中最常見的是美紅或美黃的苦苣苔科某屬（Aeschynanthus），及精緻的豆科植物，這種豆科植物生有鮮紫色的大花叢，和山扁豆（Cassia）很是相似。有一次，我找到番荔枝科某屬（Polyalthea）若干細小的番荔枝樹（Anonaceous trees），在幽暗森林的樹蔭內特別的顯異著。這些樹大約有三十呎高，細小的樹幹上生有星形的深紅色大花，花朵叢生有如花環，看去彷彿是人工的裝飾品。

森林當中有許多魁偉的樹木，這些樹木的圓柱形莖，或被扶托，或有溝紋；偶然又有一種奇異的「無花果樹」（fig-tree），樹幹的本身就成為一片森林，有無數的莖同氣根。更有一種稀罕的樹木在表面上彷彿是先在懸空發生，因為這種樹木從一個總點上散出廣播的枝椏在上面，又散出繁雜的氣根成為一個稜錐形，下降七十或八十呎以落於地面，都向各方散佈著，可以使我們站在中心，並且看見頭上垂直的高空就是本樹的樹幹。有這種性質的樹木在馬來群島上到處都可以找到；下頁的圖形（從阿魯群島上我所時常往遊的一株樹描出來）可以約略表出這些樹木的一般性質。我相信它們在起始是一種寄生植物，因為種子被鳥類攜帶而去，脫落在喬木的分椏處，就在這個分椏處萌發出來。這種種子萌發以後，降下氣根懷抱它所寄生的喬木，後來竟把那株喬木毀滅下去，因此那株喬木就完全由它來補充。我們從此可以發現植物界中一種實際上的生存競爭，這種競爭對於被征服者的關係，剛好和動物界中的競爭同樣的厲害，不過動物界中的競爭，我們比較的容易觀察而且容易了解罷了。接近光、熱、同空氣、來得更快的優先權——被攀緣植物以攀緣方法取得的優先權——現在竟被一種林木取得；這種林木因此獲得萌芽於高處的工具；在別些樹木只能在多年的生長以後方才達到這種高處，而且即使在多年以後，還必須有別株樹木倒在地上讓出空位，方才可以自由擺佈。因此這件事情就隨著發生出來：在熱帶地域所有溫暖潮濕而且一致的氣候當中，各種有利的境況都被奪取，奪得以後一一成為發展各項新式生活的工具，而這些新式生活又特別適宜於佔有這些境況。

我在十二月開端來到砂勞越以後，方才知道要等到第二年一月末，才有一個機會可以回到新加坡。因此，我接受布魯克爵士的邀請，在他的盆寧昭山上木舍中，同著他及聖約翰先生住了一星期。盆寧昭山是一座峻峭的稜錐形高山，由結晶的雪花岩構成，大約有一千呎高，覆有茂盛的森林。山上有三個達雅村莊，山頂附近的一個小平臺上築有粗陋的木舍，布魯克爵士時常到此休養並呼吸新鮮的空氣。這座山距離河口僅有二十哩，而山上的路徑卻是重重懸崖上面的相連梯級：竹橋跨在溝壑上同裂縫上，滑徑設在岩磴、樹段，同大圓石上。剛剛在木舍底下就有一處凸出的懸岩，懸岩底下有一處冷泉，這冷泉供給我們以養身的浴水同鮮美的飲水，而達雅人又每天持上滿籃的山竹果同「朗薩果」——兩種最美味的熱帶微酸水果。後來我們一同回到砂勞越去過耶誕節（我和布魯克爵士在一處過節的第二次）。那時候一切從城內城外來的歐洲人都享受著布魯克爵士的款待，他具有使來賓個個歡暢的絕頂技能。

過了幾天以後，我和查理士及馬來童子阿理（Ali）回到山上，留駐三個星期，從事於採集陸上介殼，蝶類，蛾類，羊齒類，以及蘭科植物。山上有異常豐富的羊齒，我採得四十種左右。但是我最注意的卻在蛾類的繁夥。因為我在東方漫遊的八年當中，始終不曾找到這些昆蟲稍稍豐富的別一個地點，所以把我自己在此地捕捉牠們的真相敘述一番，大概還有幾分趣味。

在木舍的一側有一個洋臺，從洋臺上俯瞰本山的側面，或仰觀右方的山頂，滿眼都是繁茂的森林。木舍的板壁一律粉成白色，而且洋臺的屋蓋很低，也用板粉成白色。一到黃昏以後，我立刻把油燈放在靠牆的桌上，把定針、昆蟲鉗、昆蟲網，同採集箱放在身旁，我自己坐下看

書。有幾次，整個前半夜只有一隻孤零的蛾類來看訪我；有些晚上，蛾類卻連續的蜂擁而來，使我忙著捉拿同收拾，忙到夜半以後。牠們擁入的時候每每有好幾千。不過這種好晚上實在不多。總計我在山上一連住了四個星期，只有四個真好的晚上，這幾個晚上都是下雨，並且最佳的蛾類都是濕透全身。可是潮濕的晚上並不是常常好的，因為有一個下雨而有月光的晚上簡直要等於零。所有蛾類的主要各族都有代表被我捉得；種類的美麗同紛歧簡直無從縷述。我在一個好晚上可以捉得一百隻到二百五十隻的蛾類，每個晚上不同種的數目佔有全數的一半或三分之二。牠們飛入以後，有的站在牆上，有的站在桌上，而多數都飛上屋頂去，使我追遍洋臺以後方才把牠們捉來。我現在把自己駐在山上各天晚上捉蛾的統計表附列於後，以表明天氣對於捉蛾的奇妙關係。

這樣看來，我在二十六個晚上總共採集一千三百八十六隻蛾類，但是其中有八百隻都在四個很濕很暗的晚上採集而來。我在此地所獲的成功使我自己生了一種希望，以為此後按著同樣的擺佈，可以在各島上採集多量的蛾類；但是說來奇怪，在此後六年當中，我絕對不曾有一次能夠獲得同樣的成績。這個理由我極其明瞭，因為此地所有各種全備的主要條件在各地都不免有所欠缺。有幾次是旱季為累；次數更多的是城市或鄉村附近沒有原生林，而卻有櫛比的房屋，那些房屋的燈光都把蛾類分攝而去；而次數最多的卻是黑暗的棕櫚篷舍，屋頂太高，以致蛾類飛入以後都可以隱藏起來。這最後的一層是最大的障礙，也就是我自己所以不能再有蛾類採集品的真正理由；因為我往後在各地所寄寓的住所，雖然有時是孤獨的叢林屋舍，而卻絕對沒有低板粉白的洋臺，以致蛾類飛入以後躲入屋舍的上層，為人手所不能及。我經過長期的閱歷、

| 日　期 | 蛾數 | 備　　　考 |
|---|---|---|
| 1855 年 | | |
| 十二月十三日 | 1 | 晴；有星光 |
| 十四日 | 75 | 細雨有霧 |
| 十五日 | 41 | 陣雨有雲 |
| 十六日 | 158 | （120 種）久雨 |
| 十七日 | 82 | 濕；頗有月光 |
| 十八日 | 9 | 晴，有月光 |
| 十九日 | 2 | 晴，月光清明 |
| 三十一日 | 200 | （130 種）黑暗有風；大雨 |
| 1856 年 | | |
| 一月一日 | 185 | 很濕 |
| 二日 | 68 | 有雲及陣雨 |
| 三日 | 50 | 有雲 |
| 四日 | 12 | 晴 |
| 五日 | 10 | 晴 |
| 六日 | 8 | 晴朗 |
| 七日 | 8 | 晴朗 |
| 八日 | 10 | 晴 |
| 九日 | 36 | 有陣雨 |
| 十日 | 30 | 有陣雨 |
| 十一日 | 260 | 全夜大雨黑暗 |
| 十二日 | 56 | 有陣雨 |
| 十三日 | 44 | 有陣雨；稍有月光 |
| 十四日 | 4 | 晴；有月光 |
| 十五日 | 24 | 雨；有月光 |
| 十六日 | 6 | 陣雨；有月光 |
| 十七日 | 6 | 陣雨；有月光 |
| 十八日 | 1 | 陣雨；有月光 |
| 總　　計 | 1386 | |

多次的失敗，及一次的成功以後，發生一種思想，以為此後博物學家的任何團體，若以昆蟲學作為主要事業的一種，要來遊歷馬來群島或其他熱帶的地域，他們很可以隨帶一個小巧的洋臺或洋臺式的白帳棚，凡遇適宜的位置就把它支搭起來，以便採集夜間活動的鱗翅類及鞘翅類，或其他各類的稀有標本。我在此處提出這個要求的原因有二：第一，這種器具顯然可以產生優美的結果；第二，這種器具的必需是由採集者經驗上的好奇心發現出來。

我回到新加坡的時候，隨帶取名阿理的馬來童子，從此以後他陪伴我遍遊馬來群島。查理士·阿倫自願寄寓在教會裡面，往後又在砂勞越及新加坡供職，過了四年以後，方才在摩鹿加群島的帝汶再來陪伴我。

# 第五章
# 婆羅洲——達雅人

布魯克爵士，同駱（Messrs. Low）、聖約翰、詹森・布魯克（Johnson Brooke，即布魯克爵士的姪子）諸先生並其他多人的著作，對於婆羅洲各種土人的舉止同風俗已經有詳細的描述，並且他們的見聞都比我更為完全。我現在並不想把他們的話重述一番，我只把個人觀察所得達雅人的一般特質說個大概，並說及他人不很注意的身、心、同社會各方面的特色。

達雅人和馬來人密切相似，和暹羅人、中國人，及其他蒙古種諸族都比較的疏遠些。以上諸族顯然都有濃淡互異的紅棕色或黃棕色的皮膚，漆黑的直髮，稀疏的或缺少的鬍鬚，頗小而闊的鼻子，高聳的顴骨；但是馬來種諸族卻沒有斜眼，這種斜眼就是一般更純粹的蒙古民族的特徵。達雅人平均的身材比較馬來人稍稍長些，而比較歐洲人卻要短些。他們的體態很是勻稱，腳手都很細小，軀幹也比馬來人同中國人細小些。

就心智上而論，我往往要把達雅人位置在馬來人上面，若就德性上而論，達雅人當然是比馬來人更為優良了。達雅人樸實而正直，做著馬來商人同中國商人的捕獲品，那些商人時時來欺騙他們劫掠他們。他們比較馬來人更為活潑，多言，坦白，直率，所以和他們相處真是格外有趣。馬來童子對於活動的遊戲同競技極少嗜好，而達雅少年的生活卻把這種遊戲競技當作主要的條件，除了戶外尚技的或尚力的各項遊戲以外，他們還有多種的戶內娛樂。有一個雨天，我寄寓在達雅屋內，在我周圍有好多小孩和青年，我想用一種新奇的遊戲去娛樂他們，指示他們用繩做「翻線戲」（cat's cradle）的方法。不料他們十二分熟悉這事，而且比我更為熟悉；因為我和查理士把我們所能夠做的一切變化做完以後，有一個男孩從我手裡把繩奪去，做出若干新花樣來，簡直使我莫名其妙。他們又用繩做出許多把戲給我們看，彷彿是他們所喜愛的一種娛樂。

即使就這種表面上似乎瑣屑的事體而論，我們對於達雅人的性情和社會狀況，已經可以得到一種更精確的估計。我們從此可以知道他們已經超出野蠻生活的第一級，因為在這一級的生活上，生存競爭把蠻民的全部才能都吞沒下去，他們的各種思想或觀念一概都和爭鬥、打獵，或其準備有連帶的關係。但是上文所述的娛樂卻能表出一種文明的可能性——一種超肉慾的傾向性，這種傾向性很可以利用起來提高他們心智上同社會上的全部生活。

達雅人的德性的確是很高的——在有些人一向只聽見他們是獵首人（head-hunters）同海盜，總以為這種話十分可怪。但是我現在所說的山居達雅人卻一向不曾做過海盜，因為他們一向不曾往近海的地方去；至於獵首一項，是起源於村與村及族與族的爭鬥而來的一種風俗，裡面所含的惡德性，至多也不過和百年前販賣奴隸的風俗所含的缺乏人道——當時參與這種風俗的人都是難免的——相等罷了。我們應該列舉他們的許多善點，來抵消他們品性上的這一個汙點（這個汙點，在砂勞越的達雅人中間，並且已經沒有存在了）。他們真是十二分的誠實正直，我們簡直看不到他們有什麼虛偽的說話或意思。他們說，「我若告訴你以我自己所不知的事件，我不免就對你說誑了。」每逢他們隨意說出一件事情的時候，你都可以斷定他們是說真話。在各個達雅村莊內，一切果樹都有業主，所以我每逢要求一個居民替我摘取水果的時候，他往往回答道，「我不能夠遵命，因為這果樹的主人不在這裡。」他好像決計不肯思量相反行為的可能。他們也不肯擅取歐洲人所有的秋毫。我寓居實文然的時候，他們時時到我寓舍來，把我所拋棄的破報紙或曲定針的零屑拾起來，向我探問可否為他們所有，彷彿是一種大恩惠一般。強暴的罪惡（除獵首外）幾乎絕無所知；在布魯克爵士治下十二年當中，只有一次暗殺案發生於一個達雅族內，而且那一次暗殺案又是一個繼入族內的異族人所犯。在其他許多關於道德的事件上，他們都位在一般未開化民族之上，甚且位在許多開化民族之上。他們對於飲食很有節制，凡中國人同馬來人所有饕餮的情形，在他們都絕無所聞。不過他們有了一種一切半野蠻民族所常有的過失——無情同躲懶；但是這一層雖然對於和他們來往的歐洲人不免是十二分的討厭，我們也不可把它看作一種很大的過犯，或者拿它掩抑他們的許多美德。

我寄居在山居達雅人中間的時候，顯然看見他們在表面上並沒有現今所公認為阻礙人口增殖的那些原因，但是他們的人數卻顯然有停滯或緩增的現象。最適於人口激增的條件是食物的豐富，氣候的宜人，及早婚。這些條件在達雅村莊中是一一存在的。這些人所出產的糧食比他們所消耗的要多了許多，並且他們拿著羨餘的去交換銅鑼，銅砲，古瓶，金銀飾物——這些東西構成他們的財富。就全部觀察起來，他們顯然極少疾病，結婚又舉行得很早（但不太早），並且老鰥夫同老貞婦也絕無所聞。那麼我們必須要問：為何他們不曾有更多的人口呢？為何達雅村莊都是這樣藐小而且這樣散漫，並且十分之九的地面到現在還掩蓋著森林呢？

在馬爾薩斯所列舉的野蠻民族人口上一切的障礙——飢餓，疾病，戰鬥，殺嬰孩，不道德，及婦女的不生育——當中，那麼尾一項似乎是他所最看輕的，並且他以為這一項的作用也在疑似之間。但是這一項障礙，據我看來，似乎是解釋砂勞越達雅人人口狀況的唯一方法。大不列顛的人口大約在五十年內增加一倍。這顯然是每一對結婚的男女必須平均生育三個小孩，而這三個小孩到二十五歲左右又必須結婚。其中又有夭折的嬰孩，不婚的男女，或晚年結婚並無子女的夫妻，所以每一對夫妻生育小孩的數目必須平均有四個或五個；在我們英國，七個或八個的家庭是很普通的，再則十個或十二個的也不少。但是我在自身所閱歷的達雅各族加以調查的結果，我可以斷定各族的婦女都幾乎罕有三個或四個以上的小孩，並且有一位老頭目又確切的對我說，他從來不曾聽見一個婦女有過七個以上的小孩。

在某一個有一百五十家的村莊裡面，只有一家有六個小孩，六家有五個，其餘大多數都僅僅有二個，三個，或四個。把這種情形拿去和歐洲各國已知的比例互相比較，這一項事實自然可以明白了——就是他們每一對夫妻的孩兒數平均不能夠在三個或四個以上；並且即使在文明各國也有一半人口要在二十五歲以前死亡，那麼達雅人當然是不能逃出這個公例的，所以他們只剩下二個成年的孩兒去補充他們的父母；因此這種狀況如果繼續存在一天，他們的人口就一定要停滯一天。這自然是一種比喻；可是種種事實卻表示著這種狀況確鑿在那裡進行。如果這種比喻是確當的話，我們就不難明曉達雅諸族人口所以稀少而停滯不進的原因了。

其次，我們更須探究他們各家所生養的孩兒數何以這樣稀少的原因。氣候同種族或者對於這一層略微有幾分關係，但是據我看來，更確當而且更有力的原因，卻在於婦女的勞動過度以及時常負重。達雅婦人通常整天都在田野上做事，而且每天晚上都荷著蔬菜同木柴的重貨回家，穿行若干哩崎嶇多山的路徑；往往要拾級登上岩山，在滑溜的踏腳石上走上千呎的高地。除此以外，她們每天晚上又須運用全身的力量拿著重木杵舂米一小時。她們這種勞動從九歲或十歲開始以後，一直要到年紀十二分老耄為止。所以我們當然無須駭怪她們生育數目的有限，我們反而要驚訝自然力的成績竟能保留這種民族直到現在。

由文明輸入所產生的一項最確定而且最有益的效果，將來就是婦女境況的改善。因為高等民族的教訓同榜樣，可以使達雅男人看著比較孱弱的女人做牛馬一般的勞動，定然以自身比較優閒的生活為可羞。他的需要既然增加，他的志趣既然改變以後，婦女們自然就有更多的家務要照料，而不致再在田野上勞動：這種變化現在已經大大的發生於和達雅人相近的馬來人，爪哇人，及布吉部族（Bugis tribes）中間。到那時候，達雅人口自然可以增殖得更快，並且農業上進步的制度，以及分工的初步，也因為生活程度提高的緣故，自然要成為必要的東西，而社會的狀況也自然要由目前的簡單而變為異日的複雜了。但是生存競爭如果更為激烈以後，我們就全部而論，這種民族的幸福究竟是增加呢，還是減少呢？種種作惡的情慾不致被競爭的精神激動起來嗎？種種罪惡奸詐在目前絕無所知或隱伏未發的，將來不致被它喚起，而走入活動的途徑嗎？這些問題都是只有時間這項東西才能解決的；不過我們卻希望教育，同高等歐人的榜樣，能夠減少許多惡影響——這種惡影響在同類的事件上真是屢見不鮮——並且希望自己究竟可以指出一種未開化民族，不曾被歐化輸入而變為墮落，以致滅種的一個實例。

我在此處還要對於砂勞越的政府來說幾句話，作為本章的結束。布魯克爵士發覺達雅人的屈服在暴力底下。他們受欺於馬來商人，被劫於馬來頭目。他們的妻子兒女常被擄掠而轉售為奴隸，而且仇視他們的各族又由殘酷的長官許他來搶劫、擄掠、並屠戮他們。對於這種殘害，在從前簡直沒有類似正義或救濟的舉動。自從布魯克爵士統治砂勞越以後，這一切的殘害都已經禁止下去。相等的正義見施於馬來人，中國人，同達雅人。從各河流以東而來的殘忍海盜已經被政府懲治，而且後來又被禁錮在他們自己的範圍以內，因此達雅人方才能夠初次安然睡覺。他的妻子兒女現在已經不致被擄為奴；他的房屋不致被燬；他的禾稼同水果現在也歸他自己所有，他可以自由出賣或自用。而這一位不知名的外來人——已經替他們做了這一切事情而不曾要求什麼報酬的外來人——又何以能夠如此呢？他們怎麼能夠明瞭他的動機呢？以這樣的外來人，他們竟會不信任他是人，豈不是反於自然嗎？因為這種純粹的恩惠同著強力相輔而行，是他們一向所不曾經驗過的。他們當然要認定他是一個卓絕的人物，是降生地上特來賜福於可憐蟲的人物。在好多不曾見他一面的村莊內，我曾經見問了許多關於他的奇怪問題。他是不是高壽如山呢？他能不能起死回生呢？而且他們確切信仰他能夠賜他們以好收成，使他們的果樹產生多量的水果。

倘若我們要把布魯克爵士的政府加以一種適當的評判，我們必須牢牢記住他的握有砂勞越完全是出於土人的善意。他所處理的有兩種民族，而其中有一種民族（即回教的馬來人）又把別一種民族（即達雅人）看作蠻民奴隸一般，以為他們只配受劫受掠。他已經毅然保護了達雅人，並且看待他們和馬來人相等——這是他心目中一定不易的見解；但是這兩種民族都愛戴他。

回教徒雖然有種種宗教上的偏見，而布魯克爵士卻能誘掖他們改革各項最腐敗的法律同風俗。我認定他的政府經過二十七年以後所以仍舊繼續存在的原因——這二十七年當中，他自己時常因病缺席，並且馬來諸頭目曾經協謀反抗，中國金礦夫曾經揭竿作亂，他都靠著土人全體的援助把他們一一蕩平，再則經濟、政治，同內部各方面又有種種困厄——完全是在於布魯克爵士一身所具的多種良好品性，尤其是在於他一生所做的事業，已被土人一致信任他是謀他們大家的幸福，而不是求他個人的利益。

自從這幾行文字撰成以後，他的高尚精神不幸已經溘然長逝。雖然在那些不認識他的人看來，他或者要見嗤為熱心的冒險家，或見鄙為狠心的專制家，但是在砂勞越境內一切和他略有接觸的人看來，卻都以為拉惹布魯克（Rajah Brooke）的確是一個偉大、明哲、而且仁慈的統治者，一個真實忠誠的朋友，一個才德俱全、仁勇兼備、可敬可愛的人。①

---

①現在的拉惹查理士・詹森・布魯克（Charles Johnson Brooke），布魯克爵士的姪子，繼續任職以後，似乎一切都循舊制。和布魯泥的「蘇丹」（Sultan of Bruni）經過友誼的訂約以後，疆域已經擴大起來，包有婆羅洲西北部的大部分，而且到處都樹立著平安同幸福。治理外邦兩種互相仇視的民族而又獲得兩民族的愛戴，並且有土人的各頭目時時相助，一直到了五十年，的確是布魯克爵士的友人同國人可以誇口的一種成績。

# 第六章 爪哇

我在爪哇一共住了三個半月，從一八六一年七月十八日到十月三十一日。我自己在島上的行動，以及對於住民同自然界的觀察，都在下文簡括的描述一番。讀者如果想明瞭荷蘭人治理爪哇的現狀同成績，很可以研究芒尼先生（Mr. Money）所著一本饒有興趣的好書，就是《殖民地治理法》（*How to Manage a Colony*）。我對於那本書所有主要的事實同結論，都十二分誠意的表著同情。假使此後歐洲有一個國家以武力征服或以其他方法取得一片地方，而且住在那地方的人又是一種勤勉而半野蠻的民族，那麼我相信荷蘭的制度的確是可供取法的唯一制度。我在後文敘述蘇拉威西的時候，要把這種制度，對於一種文明程度和爪哇人大不相同的民族，設施得怎樣有成效的情形表示出來；這裡先用最簡括的措詞把這種制度的內容申述一下。

現在爪哇所採用的政體是把土著的頭目，下自村正（village chief）上至酋長（princes），都一一保留起來；這些酋長各以執政官（Regents）的名義做著一區的首領，每區的地面大約和英國一小州相同。每一個執政官的身旁都設置一個荷蘭駐使（Resident）或助理駐使認作執政官的「阿哥」（elder brother）；而且駐使的「命令」（orders）一概都取「提案」（recommendation）

的形式，不過這種提案卻是暗中必須奉行的命令。和助理駐使平行的又有一個督察官（controller），是一種監督一切下級土著頭目的官員，按期巡視本區的各村，考核土著官廳的行政，察聽一切頭目被控的事件，並管理政府的栽植地。這種制度就是荷蘭人所以能夠從爪哇取得一切財富的「教化制度」（culture system），也就是荷蘭人在爪哇所以大受非議的一個題目，因為它是「自由貿易」（free trade）的反面。我們如果要了解這種制度的用途以及它的有利效果，必須首先探究歐洲人和未開化民族自由貿易的普遍結果。

熱帶的土人只有極少數的需要，而且這些需要獲得供給以後，如果沒有強烈的刺激，他們就不肯再去做工以求盈餘。對於這種民族，如果要介紹一種新式的或有系統的墾殖，除非用了頭目們的專制命令，是幾乎不可能的；因為他們對於頭目已經服從慣了，彷彿是子女的服從父母一般。但是歐洲商人的自由競爭，卻輸入兩種有力的興奮劑。醇酒或鴉片都是一般蠻民無力抗拒的引誘物，這些蠻民簡直會賣完一切所有的東西，來買進這兩項引誘物，並且會去做工以求更多的引誘物。還有一種為他們所不能抗拒的引誘物，就是賒帳的貨品。商人給他美衣、小刀、鑼、鎗，同火藥，叫他拿將來種植成功的某種收穫，或目前來在森林裡面的某種產品，來清償貨價。他不能夠有充分的先見以取小量的貨品，又沒有十足的毅力去早晚做工以償債；因此後來的結果使他債上加債，使他經年累月或至畢生，都做著債務人，而且幾乎做著奴隸。這種事情，在世界上凡有高等民族和低等民族自由貿易的各地，都發展到很高的程度。這固然可以發展商業於一時，但是終究要敗壞土人的道德，阻礙真正的文明，並且在本國的財富上也不能獲得永久的增加；所以這種歐洲國家的政府一定要進行到一種損失的地步。

荷蘭人所輸入的制度就是假手土人的頭目，以誘掖土人用一部分的時間從事墾殖咖啡，蔗糖，及其他貴重的產物。一種固定的工資率——固然是低的，不過和一切歐人的競爭不曾有意提高工資的地方卻是大約相等——償付於一般在政府監督底下、從事開墾地面或製造栽植地的工人。出產的貨物以固定的低價賣給政府。純利內有百分之一要提歸各頭目，其餘百分之九十九都由工人平分。這種純利在豐年是很多的。就全部立論，爪哇居民的口食是良好的，他們的服裝是適度的；而且勤勞的習慣已經養成，科學墾殖的技術也已經獲得——對於他們的將來都是大有好處的。這一層必須牢牢記住；就是政府在任何報酬有所收入以前，已經耗費資本好幾年；即使他們現在生出一大宗進款，而這宗進款對於人民一定比較任何可以徵收的賦稅為更少負擔，而更多利益。

不過這種制度雖然可以啟發半開化民族的技術和勤勉，可以增進本國物質上的利益，在本身上總可以說是良好的制度，但是在實施上卻不能沒有流弊。頭目和土人中間的專制和卑屈的關係——大概是已往一千年的積習——不能即時廢除；而且由這種關係一定要生出一種罪惡，這種罪惡要等到教育漸次發達、歐化漸次灌輸以後，方才可以在無形中消滅下去。據說各駐使因為想顯揚本區產物的大量增加，不免要強迫土人在栽植地上做過度的勞動，以致所產的穀米大為減少，甚且釀成饑荒。不過這種事件即使真有發生，也當然不是常有的事件，我們應該把它歸咎於那些駐使缺乏判斷力或人道觀念，以致濫用這種制度。

新近在荷蘭有一本小說出版，已經譯成英文，書名叫做《荷蘭貿易公司的咖啡拍賣》（*Max Havelaar; or, The Coffee Auctions of the Dutch Trading Company*）；因為我們對於荷蘭殖民地制度常抱偏面的見解，所以這本小說就格外受人歡迎，一則為它具有自身的優點，再則為它敗露爪哇境內荷蘭政府的罪惡。但是我讀了以後不免大吃一驚，因為它的內容簡直是一篇極端乏味冗贅的故事，而且中間又有許多離題的地方。全書所著眼的一點在於披露荷蘭各駐使及助理駐使的縱容土頭目勒索土人，以及幾區土人的被迫做工而不給資，或且貨物被奪而不給值。每逢這一類事件的語句都用斜體字或大楷字標出；但是一切名稱既然由於偽造，而日期、數目以及詳情又沒有羅列出來，簡直使人家無從指證，無從對答。即使這些事件並非言過其實，而它們的壞處卻沒有壞到印度境內在英國治下的藍靛樹藝家壓迫土人的地步，也沒有壞到印度土酋勒索苛稅的地步。不過這種壓迫同勒索，無論就爪哇或印度而論，都不能歸咎於兩地特殊的政體，實在是原於人類天性上的缺憾，原於土酋的專制，及土人對於土酋的卑屈服從不能即時破除。

我們必須記住荷蘭人統治爪哇比英國人統治印度更屬新近，而且荷蘭人所設立的政府，及徵稅的方法，又經過幾次變遷。一般居民既然在最近的過去還在土酋治下，所以他們對於故主所表示的崇敬，以及這班故主慣於專制的淫威，當然不容易即時消滅。但是我們在此處很可以應用一個大標準來測量社會的發達程度，甚且安樂程度；這個標準就是人口的增加率。

這是大家所公認的：凡一地域在人口上增加很快的時候，其人民決計不致受重大的壓迫，或惡劣的統治。以墾殖咖啡、蔗糖、由政府定價收買、而取得一種國家稅的現行制度，創始於一八三二年。前此在一八二六年戶口編查的結果，爪哇的人口是五百五十萬，而在十九世紀開端時，人口的估計卻只有三百五十萬。在一八五〇年——當時墾殖制度已經施行十八年——人口調查的結果竟超過九百五十萬，就是在二十四年內增加百分之七十三。最後在一八六五年編查戶口時，人口達到一千四百一十六萬八千四百一十六人，在十五年內幾乎增加百分之五十——這種增加率大約在二十六年內可以增加一倍的人口。爪哇的面積大約有三萬八千五百方哩，所以照一八六五年的人口計算，平均每方哩應當有三百六十八人，剛好比索爾頓爵士（Sir Edward Thornton）的《印度地方誌》（*Gazetteer of India*）所列孟加拉全區（Bengal Presidency）的人口密度要多一倍，比大不列顛同愛爾蘭最近調查的人口密度要多三分之一。倘若——有如我所承認的一般——這樣多的人口都一致的滿意安樂，我們當然要說這種大結果是由於制度而來，那麼荷蘭政府如果突然要改革這種制度，就應當在事前慎重考慮了。①

我們把爪哇加以綜合的觀察，或分析的調查，都覺得它的確是全世界最優美的而且最有趣的熱帶島。它雖然不是世界上第一個大島，卻有六百多哩長，由六十哩到一百二十哩闊，在面積上約略和英格蘭相等；而且在熱帶地域內當然是一個產物最多人口最密的最肥沃的島。它的全地面都點綴著高山同森林的風景，極其光怪陸離。內有三十八處火山性的高山，有些聳峙到一萬或一萬二千呎高。其中有幾處到現在還是時在活動，並且總有一二處顯現著地下火的作用；除開熔岩的噴射在爪哇不致發現以外，其他各種地下火所產生的現象幾乎是一一具備的。氣候的多濕多熱使得這些高山都覆被著繁茂的植物，往往達到頂尖為止，而且較低的山坡上又有森林同栽植地。動物的出產——尤其是鳥類同昆蟲——美麗而紛歧，並且顯出許多特殊的形態，

①在一八七九年人口仍舊繼續增加到一千九百萬餘，到一八九四年又增加到二千五百萬。

都是其他各地所沒有的。全島的土壤統是十二分肥沃;一切熱帶的產物以及許多種溫帶的產物都很容易種植。爪哇又具有一種文明,一種極有趣的本島掌故同本島古蹟。婆羅門教從遠古盛行到大約一四七八年為止,那時候就有回教起來替代它。婆羅門教伴有一種文明,為回教徒所不能及;因為在島上各處,尤其在東部,到現在還可以發現許多極美麗極宏大的寺院、墳墓,同石像埋沒在高林裡面;又有大城的遺址位於現在兕、虎、野牛橫行無忌的地方。到了最近的時期方才有一種模型各別的近世文明漸次擴張於爪哇全地。通衢大道已經四通八達;歐人同土人協力而治;生命同財產,和歐洲最平治的國家獲得同樣安全的保障。所以我相信爪哇很可以叫做全世界最優美的熱帶島;而且對於探求奇景或美景的旅行家,對於考察熱帶自然界的博物學家,對於要解決新異情形之下的統治問題的倫理學家同政治家,爪哇都是同樣的有趣。

荷蘭的郵船從德那第載我到泗水(Surabaya)來——爪哇東部的大城並要港;我費了二個星期把上次的採集品裝包寄出以後,就動身往內地從事短期的旅行。在爪哇旅行很是奢華多費;唯一的方法就是僱用或備用一輛馬車,每一哩路支給半圓(half-a-crown)的驛馬費,驛馬每六哩調換一站,一小時有十哩的速度,可以從本島的一端乘到他端。一切額外的行李須用牛車或苦力運送。因為這種旅行很不合算,所以我決意前往阿朱那山(Mount Arjuna)的山麓某區為止,據說,那裡有大片的森林,我希望在那裡製成幾種良好的採集品。在泗水背後的一帶地面很是平坦,並且到處都已經墾種,原來是一片許多支流灌溉的三角洲或沖積平原。四周附郭一帶都有優雅的富裕景象及勤勉狀況;不過我們乘車前行以後,到處都是竹叢環抱的曠野,只有白色房屋同榨糖廠的高煙囪疏落相間，所以風景就變得單調了。道路直伸到幾哩並無彎曲，四緣為整排的羅望子所限，樹上滿佈了灰塵。每一哩內有幾處小衛兵室，每一處有一個警察站著；又有一個木鐘，按照預定的記號，可以傳達敏捷的消息。每隔六哩或七哩有一個驛站，在驛站上調馬極快，剛好和從前英格蘭驛站的調換驛馬一般。

我乘到莫佐克托（Mojokerto）停下——在泗水以南四十哩左右，是一個小城，從此前往就是直達目的地的大道。我帶同介紹信往訪波爾先生（Mr. Ball），他是一個僑居爪哇的英國人，娶有一位荷蘭的夫人；他殷勤留我暫駐幾天，以便選定合用的地點。有一個荷蘭助理駐使同一個執政官——即爪哇土酋——住在此地。全城雅潔，又有一片青草地，草地上矗立著一棵魁偉的無花果樹（和印度的榕樹相似，而更為高聳），在樹蔭下面時常有一種會市舉行，居民都在此處散步閒談。我到此地的第二天，波爾先生驅車載我前往摩佐阿功（Modjo-agong）村莊，當時他剛好在村內監造住宅以及經營煙業的房屋，這種煙業的經營在此地也是採用土人種植、並預先定購的制度，和英屬印度境內的靛業有些相似。我們在途中停下觀看滿者伯夷（Madjupahit）古城遺址的斷片，是兩個高磚堆，和城門的兩側相似。磚工的精緻優美使我駭異。裡面的磚非常精美堅硬，一概露出銳角同真面。這些磚堆疊得極其精巧，看不到什麼灰泥或塞門德土，而卻固結一氣，不容易看出接縫來，而且有幾處竟把兩磚的平面黏合得沒有接縫一般。

這種顯異的磚工我從來沒有看過，而且此後也沒有再看到。磚工的表面並沒有雕刻品，而顯明的凸面同精緻的嵌線卻極多。在附近四周許多哩內，建築物的痕跡都有存在，並且現在的每一條大道或小徑幾乎都在底下顯出一種磚工的基礎，這些基礎就是古城的砌磚道路。在摩佐阿功的「威多諾」（Waidono）——即區長——住宅內，我看到一個美麗的石像，由一塊熔岩雕成一個深刻的凸雕，是從前在近村地下找出來的。我把心中想得一件這類標本的願望說了以後，波爾先生就向區長要求這個石像，而區長就慨然把它給我，使我大吃一驚。這個石像代表印度女神難近母（Durga），在爪哇叫做 Loro Jonggrang，就是「超凡的貞女」的意思。她有八隻手臂，站在跪牛背上。她的下方右手握住牛尾，下方左手抓住俘犯摩醯濕（Mahishasura）——惡的化身——這個俘犯原來是想刺死她的牛的。他有一條繩索圍在腰間，俯伏在她的腳跟，做出哀求的形狀。女神的其他諸手：在右者握有一個雙鉤或小錨，一柄闊劍，同粗索的一個活結；在左者握有一串念珠，一柄無弦的弓，同一面令旗。這個女神最為古代爪哇人所崇拜，她的神像往往在本島東部好多廢寺裡面發現出來。

我所得的標本是一個小石像，高約二呎，重約一百一十二磅；第二天我就把它運往莫佐克托，等到我自己要回到泗水的時候可以順便帶往。心中既然決定要往窩諾薩楞（Wonosalem）暫駐幾天——在阿朱那山的下層山坡上，據說那裡有森林，又有很多的鳥獸——我必須先求助理駐使提案於執政官，再由執政官下令於威多諾；但是我在此地過一星期再隨帶行李傭人前往摩佐阿功的時候，他們大家都剛好忙著一種五日長宴，以慶祝威多諾兄弟同表兄弟的「割禮」（circumcision，即割包皮之禮），留著外屋裡面一間小房給我住宿。院子裡以及設宴的大棚下都擁擠著許多土人，他們來來往往，正在預備夜半舉行的筵席，我雖然也在被請之列，而自願及早睡覺。一班土人的音樂隊——即「加麥郎」（Gamelang）——幾乎整個前半夜都在那裡奏樂，我因此獲得一個觀看樂器同樂師的好機會。主要的樂器是大小不等的鑼，每套由八面到十二面，

難近母石雕像

排列在低木架上，共有若干套。每一套由一個樂師用一條或二條鼓棒敲擊。又有幾面很大的鑼，或單或雙的敲著，以替代我們的鼓或蘇鼓。其餘的樂器以金屬的闊條構成，一一支托在緊綁架面的繩上；又有竹條構成的樂器也同樣的擺列著，發出最高的樂音。此外又有一管笛，一把胡琴。一共要用二十四個樂師。其中有一個指揮者，他領導在先，並且節制時間於後，其他眾樂師各司其事，並以金屬條的鳴聲相間，成為調和的合奏。每段都奏得長久而且複雜，其中有些樂師還是童子，卻也奏得一絲不亂。合奏的樂聲很是悅耳，只因大半樂器彼此相似，所以樂聲似乎是一個魁偉的八音盒，不像一班音樂隊。我們如果要欣賞到美滿的程度，必須拿眼睛去看那些奏樂人。第二天早上，我正在等候人馬來把我同我的行李運往目的地，忽然有兩個大約十四歲的童子抬了出來，腰下披著裙子，全身塗著黃粉，並以白花紮成綵圈、頸飾、手釧，裝扮得極為奢華，粗看彷彿是蠻人的新娘子。兩個祭司領導他們來到凳上，這條凳放在屋前露天處，於是割禮就在眾人面前舉行。

前往窩諾薩楞的大道穿過一帶大森林，我們在林下挨過一座彷彿是皇陵或墓道的遺址，完全以岩石砌成，並且雕刻得十分精緻。下層有一排顯然凸出的石塊，以深浮雕雕成一套的景致，大約是描畫死者一生的意外事件，雕工極其優美，內中有若干動物的形象特別容易辨認，而且非常精確。就上半部可以辨認的情形而論，這座墳墓全部的模樣是很好的；在裝飾上，普通所有的嵌線都用許多排或凸或凹變化繁複的正方形岩石來代替。全部的範圍大約有三十呎正方，二十呎高。因為我猝然看到這座墳墓位在路旁一小片高地上，大樹遮蔭於高空，草木蔓延於其上，暗林緊靠於其後，我不免為風景的幽靜及美麗所感動，而沈思於人類演進的奇異定律，這種演進彷彿是一種倒退，但是依照這種演進律，在世界各地把一種藝術性較高、構造力較富的民族剿滅下去，或者驅逐出去，讓給一種我們所認為較劣等的民族，真是極多極多。

知道爪哇境內建築術遺蹟的數目及優美的英國人真是不多。這些遺蹟，從來不曾有人用通俗的形式取來指證或描述，所以偶然有人發覺這些遺蹟遠勝於中美洲或且印度的各項遺蹟，自然要驚訝起來。我現在為列舉這些遺蹟的梗概起見，為激起——或然的話——富裕的愛美家從事探訪、而趕早用攝影術做精確的記載起見，要在下文把萊佛士爵士（**Sir Stamford Raffles**，曾任爪哇總督）所著《爪哇史》（*History of Java*, 1817）裡面稍有描述的各項遺蹟，選出最重要的來說明一番。

布籃巴喃（**Brambanam**）——在爪哇中心的附近，介在佐科刻塔（**Djoko-kerta**）和蘇剌刻塔（**Surakerta**）兩個土人首都中間，有一個布籃巴喃村莊，在村莊附近遺蹟極多，就中最重要的就是 **LoroJonggrang** 同產狄塞瓦（**Chandi Sewa**）兩處的寺院。古時在羅洛仲格籃共有二十個寺院，六個大寺同十四個小寺；但是至今都成為一片廢墟，而據一般的推測，最大的各寺當時都有九十呎高。這些寺院在當初都用岩石築成，到處嵌有雕刻品同淺浮雕，以及極多的雕像，這些雕像到現在還有許多留著原形。在產狄塞瓦——即「千寺」（**Thousand Temples**）——現在還有許多精美的巨像。從前有一個艦長培克耳（**Captain Baker**）考察了這些遺蹟以後，說是他自己一生不曾看到「這種宏大精美的人工標本，代遠年湮的藝術標本，薈萃於這樣小小的範圍裡面。」這一片廢墟覆有近六百呎正方的地面，計有外圍一帶八十四個小寺，其次一帶七十六個小寺，又次六十四，又次四十四，最後內層二十八個小寺成為一個長方形；總共二百九十六個小寺排列為五個整齊的長方形。中心又有一個十字形大寺，房屋極多，四周都有崇階，階上的雕工琳琅滿目。叢生遍地的熱帶植物已經覆沒大半的小寺，不過有幾個寺還儼然存在，我們可以從此想像全部的情形。

離開此地大約半哩，又有一個寺院叫做產狄卡力本寧（Chandi Kali Bening），計有七十二呎正方，六十呎高，現在還是完美的保留下來，滿布印度神祇誌上的雕像，一一都比印度所存在的雕像更為精美。其他雕像豐富的宮殿、廳堂、寺院的廢墟，都可以在附近一帶找尋出來。

波洛波多（Borobodo）——向西八十哩左右在刻杜省（province of Kedu）內，有一個波洛波多大寺。這個寺院建築在小阜上，由中心一個圓形的殿宇同七排築臺的牆垣構成，這些牆垣在斜坡上一級一級排成開朗的遊廊，彼此以階步及大門相通。中心圓殿的直徑有五十呎，外圍有一圈三層的塔樓七十二個，全部的建築計有六百二十呎正方，大約一百呎高。築臺的牆垣嵌著許多壁龕，內有趺坐的雕像，都比人體大些，大約總有四百尊的數目；所有牆垣的裡外兩面一概包覆有淺浮雕，密密的雕著神像，一一都雕在硬石上；所以這些神像總要佔有近三哩長的大範圍！埃及大金字塔所費的人工同技術，倘若拿來和爪哇內地這種雕成的山寺互相比較，簡直是不足為奇了。

谷囊普牢（Gunong Prau）——在三寶壟（Samarang）西南大約四十哩有谷囊普牢這一座山，山上有一大片高原，滿佈著寺院遺址。有四條石級構成的山路從山麓四方一直通上這些寺院來。靠近四百個寺院的痕跡已經在此地發現出來，並且有許多寺院（或者是全數）都裝飾著豐富精美的雕刻品。介在此地和布籃巴喃中間的六十哩地面到處都有極多的廢寺；所以精美的雕像或埋在溝渠中，或雜在圍牆內。

在爪哇東部刻狄立（Kediri）同馬郎（Malang）境內，也有同樣豐富的古蹟，不過大半的寺院都已經毀滅。只有雕像留存得極多；而堡壘、宮殿、浴堂、溝渠，同寺院的廢墟卻到處都有痕跡可尋。描述我自己不曾親眼看見的東西，是和本書的計畫完全相反的；不過既然提起以後，我不免自覺有喚起讀者注意的必要。無論是誰，倘若涉想到這無數的雕刻品既然雕刻在堅固頑梗而含澀石的岩石上，一一巧奪天工，而且一概都在一個熱帶島上尋覓而得，他自然要神魂顛倒起來。當時的社會狀況怎麼樣？人口數量怎麼樣？謀生工具又怎麼樣？——這些問題簡直是永遠無從解決的。而且這種現象又確鑿是宗教觀念影響於社會生活的奇異實例，就是：到了現在，本地的居民只能建築篷蓋竹窗的粗屋，竟把祖先在五百年前所逐年造作出來的這些大工程的遺蹟，看作神怪的產品，而莫名其妙了。可惜荷蘭政府不曾採用有效的方法來保存這些遺蹟，來搜集散佈滿地的雕刻品。

窩諾薩楞超出海面約有一千呎，不幸離開森林很遠，而且四周都是咖啡栽植地、竹叢，同蔓草。我若每天回到森林來未免太遠，而在其他各方卻又找不到昆蟲的採集地。不過此地卻有出名的孔雀，所以我的傭人不久就獵得若干孔雀，這孔雀的肉柔嫩潔白而有美味，和吐綬雞的肉相似。爪哇的孔雀和印度的種不同，頸上被有鱗狀的綠羽，鳥冠的形狀也是各別；而眼狀斑的尾巴卻同樣的長大美麗。這是動物分佈上一項奇特的事實：在蘇門答臘同婆羅洲都找不到孔雀，但是兩島所有華麗的鸞雉，以及背上有眼狀斑的雉類，又為爪哇所無。此外還有一項相仿的事實：錫蘭及南印度境內孔雀極多的地域，都絕對沒有北印度所棲息的「羅福雉」（Lophophori）以及其他豔麗的雉類。這兩項事實似乎表示著孔雀不容敵體的鳥類同棲一處。假使孔雀在出產地並不多見，而且在歐洲又沒有活標本，那麼我們大家當然要把孔雀看作羽族的真王，以為牠們在姿勢上同色澤上真是獨步環球了。但是在事實上，據我推測起來，我們無論請那一個人來指定世界上最美麗的鳥類，他不一定都會舉出孔雀來，剛好和巴布亞蠻民或布吉族人不一定會舉出風鳥一般。

我來到窩諾薩楞三天以後，我的朋友波爾先生特地來看訪我。他對我說，前天晚上，有一個童子在摩佐阿功附近為虎所戕。當時那童子乘坐牛車，約在黃昏時候從大路回家；他來到離村不到半哩的時候，忽然有一隻虎向他撲來，把他帶入鄰近的叢林內，啖他的肉。第二天早上，有人發現他的遺骸只剩下幾根殘骨。威多諾已經募集七百左右的男人，正在追逐這隻野獸，後來我聽說他們找到野獸，把牠殺死。他們追逐猛獸的時候，只用長矛；先圍住一大片地面，再逐漸縮小起來，把猛獸圍在一圈持械的人內。那猛獸看見自己無處可逃，往往縱身而撲，因此滿身戳入十幾柄長矛，在頃刻間受傷而死。這種死虎的毛皮當然是無價之寶，而虎頭——我曾經請波爾先生替我保留——也被他們磔成碎塊，虎牙都被他們取去，土人把這種虎牙佩帶身邊作為靈符。

我在窩諾薩楞駐了一星期以後，回到山麓，前往查判喃（Djapannan）村莊而去。村莊的四周有幾小片森林，彷彿對我極其合用。本村的頭目預先在住宅內天井一旁，替我佈置了兩間小竹舍，而且似乎很肯幫我的忙。當時已經有好幾個月不曾下雨，天氣非常炎熱乾燥，所以昆蟲極其稀少，而甲蟲尤為缺乏。我在此地專門採集鳥類，成績頗佳。我們一向所捕獲的孔雀，或者是短尾的，或者是尾上總有缺點的，到了現在，方才獲得兩隻壯麗的孔雀，各有七呎多長，我保存了一隻完好的標本，至於其餘的孔雀只有二三隻留著長尾。這種孔雀在地上覓食的時候，我們看牠拖著這樣長的尾巴，以為不容易飛升空中。但是牠起飛的時候卻很容易；牠首先快跑幾步，隨後斜升而上，可以超越極高的樹木。我在此地又獲得一隻稀有的綠色莽叢鳥，即戟尾雞（**Gallus furnatus**），背上頸上都點綴著古銅色的毛羽，圓邊的卵形鳥冠顯出青蓮的紫色，而下部卻轉為綠色。牠的咽喉底下懸著單片的大肉垂（即下冠），顯出紅、黃、藍三樣顏色，十分鮮豔：這也是牠的顯異處。再則常見的莽叢鳥，即原雞（**Gallus bankiva**），也在此地捕得。牠和普通的鬥雞（game-cock）幾乎相同，不過聲音各別，比鬥雞更為短促唐突；因此牠的土名就叫做「柏揆哥」（**Bekéko**）。在此地又捕得六種不同的啄木鳥及四隻魚狗。還有雅致的犀鳥（學名是：**Buceros lunatus**）長到四呎多，巧小的「小刷舌鸚」（lorikeet）及 **Loriculus pusillus** 卻只有四吋長。

有一天早上，我正在配製並佈置各項標本的時候，忽然得到舉行審判的通報，並且即時有四五個男人進來，在天井內大棚底下蹲坐蓆上。過了一會，頭目帶同書記官走進來，和他們相對坐下。由是各男人輪述自己的往事，我方才知道他們就是犯人，原告，警察，同證人，犯人的表示只有一條繞在——沒有縛著——兩隻手腕上的寬索。這原是一件盜案，證據陳明以後，頭目略加訊問，被告供出幾句，判詞就從此宣布出來，科以罰金。於是他們依次起立，一同走開，看去倒很和愛；而且在座諸人的態度都始終沒有一點激烈或凶狠的表示：真是馬來人品性上的好例。

我在窩諾薩楞同查判喃兩地採集一個月，積蓄鳥類至於九十八種，但是昆蟲極其缺少。因此我決意離開爪哇東部，前往探索本島西端天氣更潮樹木更盛的各區。我從水路回到泗水，帶同傭人行李，乘坐一隻寬敞的小舟；所需的用費比較以前來到莫佐克托要減省五分之四。河流兩旁築有堤岸，可以通航，不過洪水仍舊氾濫於附近一帶。順流而下的貨物行旅很是熱鬧；我們來到一個水閘的時候，一同等候的貨船二隻或三隻相併排列到一哩長，這些貨船依次輪流的穿過水閘，每次六隻。

過了幾天以後，我乘坐輪船轉往巴塔維亞（Batavia），寄寓在旅館內大約一星期，逐日預備內地的旅行。本城的營業部分和港口相近，而旅館以及一切長官同歐洲商人的住宅卻在離城二哩的附郭處，劃成寬大的街道同十字街口，佔地頗多。唯一的公眾運送器具就是雅致的馬車，每一輛馬車都用兩匹馬拖曳，最低的車費是每半天為五枚荷蘭銀幣（guilders，原註：合英幣八先令四便士），所以在早上有一小時的事務，到晚上再出門訪友一次，就要每天支給十六先令八便士的馬車費。

巴塔維亞的現狀和芒尼先生所描述的很是相符，不過他所說的「清潔運河」卻是混濁。他的「光滑的碎石車路」通到各家，也一概是粗礫砌成，行走極其困苦；而在巴塔維亞境內人人乘車往來的事實更是一種奇觀，因為大家在公園內也決計不肯步行，真是不容易推測的呀。印地司大旅館（Hôtel des Indes）很是舒暢，每一個旅客都有一間房子可以坐憩睡覺，房外通到一個洋臺，在洋臺上早上可以吃咖啡，下午可以喝茶。在方形天井的中心有一座房屋，屋內有幾間大理石的浴室，一天到晚都可以洗澡；並且旅館內又備有精美的合食膳餐（table d'hôte），早上十時早餐，下午六時晚餐，每天的餐費並不很貴。

我乘坐轎式馬車，前往波衣登曹格（Buitenzorg）而去，離開海岸四十哩，超出海面大約一千呎，氣候的優美以及植物園是一向馳名的。我對於植物園這一層不免有些失望。園裡的路徑都是浮砌的石礫，我在熱帶陽光底下每次沿路周遊以後，都弄得十分疲倦困苦。各園所有熱帶的植物——尤其是馬來植物——自然是非常豐富的，但是擺佈方面缺少技術；整理地面的人不能足數，各種植物在茂盛方面同美觀方面竟比不上我們溫室裡面同種的植物。這是容易解釋的事實。因為園內各種植物簡直不能安置在自然的或相宜的境況當中。對於大部分的植物，氣候不是太熱就是太涼，不是太濕就是太燥，而且種種植物罕能獲得適度的遮蔭同適宜的土壤。在我們的溫室內，以上各種境況都可以按著各株個別的植物分別調度得更為相宜，而在大園內則以大半的植物都在附近一帶產生，就以為無須加以多量個別的注意了。但是這種植物園仍舊是很可讚美的。巍峨的棕櫚樹排列成行，一簇簇的竹林大約具有五十種各別的種類，其他熱帶的灌木喬木更有紛紜繁複的種類，生著離奇美麗的花葉。和巴塔維亞的鬱熱相比，波衣登曹格總可以說是涼爽的地方。這個地方剛好升高到黃昏同全夜都是十分涼爽的程度，而卻無須改換服裝；不論是誰，倘若在平原上比較炎熱的氣候當中住了多時，忽然來到此地，他一定覺得此地的氣候真是新鮮宜人，而且覺得白天裡面幾乎整天都可以行走了。四周附近的風景極佳，樹木最茂，又有谷囊薩拉克（Gunung-Salak）大火山聳出參差殘削的山頂，成為許多景物的顯異背景。這火山曾經在一六九九年噴射大量的泥土，自從那年以後已經完全安靜。

我在波衣登曹格動身的時候，僱用幾個苦力挑送行李，自己騎馬而行，這種馬匹同苦力每隔六哩或七哩都要調換一次。道路逐漸升高，我們走了一程以後，兩旁的山阜稍稍縮合成為一個大谷；氣候既然涼爽，地面又很有趣，所以我倒自願步行。遍植果樹的土人村莊，以及樹藝家或荷蘭退職官員的美麗別墅，點綴本區以悅目文明的氣象；而最足引人注意的卻是土臺墾殖的制度（system of terrace-cultivation），這種制度在此地極其流行，大約在世界上罕有其匹。各谿谷的斜坡一概墾成土臺，達到山腰的高處。這許多級的土臺環抱山坡的凹陷處，儼然成為魁偉的圓形劇場。這些土臺佔有好幾百方哩的地面，我們從此可以想見居民的勤勉同文明的來歷。土臺的範圍隨著人口增加而逐年推廣，都由各村居民在各頭目指揮之下協力墾闢而成；他們所以能夠實現這種大規模的墾殖，也就是憑藉著這項全村共同經營的制度。這項制度大約是婆羅門教徒從印度方面傳入的，因為他們的遺蹟絕無存在的地方，對於這項制度都是絕無所知。我初次看見這項墾殖形式原來是在峇里同龍目，因為我在後文（第三編第一章）將有詳細的敘述，所以在此處不必多說；不過在爪哇西部，因為地形較佳、草木較茂的緣故，這種墾殖形式所產生的結果是特別顯著而美麗的。爪哇境內諸山的下層斜坡既然具有這樣爽快的氣候同肥沃的土壤，而且生活費又是這樣便宜，生命財產又是這樣安全，所以多數的歐洲人從殖民地政府退職以後，往往僑居爪哇，不回歐洲去。他們分散的宅居在本島交通上比較便利的各地，對於土人的改進同全島的福利是很有貢獻的。

離開波衣登曹格二十哩，驛道渡越麥加門洞山（Megamendong Mountain），上升到四千五百呎左右的高處。這一帶地方的山景很是優美，山上各有大片的原生林，又有若干爪哇全島最古的咖啡栽植地，咖啡樹叢生成林，儼然和林木同樣的高大。在嶺尖隘口以下大約五百呎的地方，築有一所道路看管人的草舍，我把半所租用兩星期，因為這個地點彷彿是很有出息的採集地。我住下以後，立即發覺爪哇西部的產物顯然和東部不同；並且一切更為顯異的鳥類同昆蟲都可以在此地尋覓而得。剛在第一天，我的獵人就替我獵得雅致的黃綠相間的「咬鵑」（原註學名：**Harpactes Reinwardti**），同豔麗小巧的山椒鳥科一種（flycatcher，原註學名：**Pericrocotus miniatus**）——牠在叢林中間飛翔的時候，彷彿是一撮火燄——以及稀有古怪的黑紅相間的金鶯（oriole，原註學名：**Analcipus sanguinolentus**）：都是爪哇特有的種，而且似乎又只限於西部。

在一星期內我獲得二十四種鳥類，都是我在本島東部所不曾看見的鳥類；再過一星期這項數目又增加到四十種，並且幾乎一概都是爪哇動物誌上所特有的。大而美的蝶類也極其豐富。

在幽谷內，或偶然在大路旁，我捕得優異的「阿朱那鳳蝶」（Papilio arjuna），翅上似乎滿地都撒著金綠色的粉粒，而且凝聚為多條的長帶以及月形的斑點；我有時又看到結構精巧的「科溫鳳蝶」（Papilio coon）在陰暗的路徑上款款而飛（圖形見下章）。有一天，一個童子用手指鉗著一隻美蝶而來，絲毫沒有傷及蝶身。他看見這隻蝴蝶豎起翅膀站在路旁泥潦上吮吸液汁，所以乘機把牠捉住。許多熱帶的美蝶都有這種習慣，而且牠們往往吮吸得十分專心，以致容易被人們捉住。那童子所捉得的蝴蝶原來是一隻稀有古怪的「叉尾蝶」（Charaxes kadenii），牠的顯異處就是每一張後翅都有兩條彎曲的翅尾，這種翅尾的形狀和一個彎腳規十分相似。牠是當時我第一次看到的種，並且到現在還是英國所有採集品中唯一的代表。

從前我在爪哇東部，因為旱季的鬱熱乾

燥對於昆蟲生活極不相宜，使我大大受苦。而在此地，我又遇到極端潮濕陰雨的天氣，也是同樣的不相宜。我在爪哇西部內地前後一個月內，竟不曾有一天的真晴真熱。每天下午幾乎都要下雨，否則又有濃霧要從山上降下：都妨礙我的採集，而且標本又最不容易乾燥，因此我實際上並沒有機會可以獲得爪哇昆蟲學的良好標本。

我遊歷爪哇所得一項最有趣的意外事件，可以說是攀登判澤朗哥（Pangrango）同革對（Gede）兩山山頂的旅行。前者是一座死火山的尖圓峰，高約一萬呎；後者是活火山的噴火口，在同一山脈的較低部分。越過麥加門洞隘口約有四哩的契帕那斯（Tchipanas），剛好位在本山的山麓。此地有一所總督駐節的村屋及植物園的一個支處；這個支處的看管人用一張床款待我一夜。美麗的喬木灌木種得很多，又有大宗的歐洲蔬菜種著，以佐總督的肴饌。在植物園的四周有一條小急流，急流近旁種有許多蘭科植物，或著生在樹幹上，或懸掛在枝椏上，彷彿是一所有趣的露天蘭室。我心中想在山上暫駐二三天，僱了二個苦力挑行李，在第二天早上偕同二個獵人動身。

我們在最初一哩走過平曠的地域，逐漸穿入蔓延全山的森林，這種森林一直從五千呎左右的高處瀉下。其次一哩或二哩穿過一大片原生林，登上峻峭的斜坡，樹木極其高大，樹下的叢莽有美觀的草本植物，木狀羊齒，同灌木。路旁所生的無數羊齒極其顯異。這些羊齒的種類彷彿是無從計算，我時時停腳去欣賞若干新奇有趣的形態。我方才領悟園丁所告訴我的話，他說是在這一座山上已經找出三百種羊齒。到了午時相近，我們走到吉部朗（Tjiburong）的小片高原，位在本山峻峭部分底下，築有一所板屋以備行人留宿。近旁還有一道美麗的瀑布同一個稀奇的岩洞，我都沒有時間去問津。我們繼續登高以後，路徑漸漸狹窄，而且崎嶇峻峭，彎彎曲曲的繞上尖峰，峰上覆有整齊的岩堆，長著茂盛的植物，這些植物都略微短矮。我們挨過一條急流，流水幾乎達到沸點，外觀上最為奇特，在錯落的河床上起泡，發出一陣陣的蒸汽，被臨流的羊齒類同石松屬所遮隔，這些植物在此處特別發達。

大約在七千呎的高處，我們來到另外一所竹舍，位在一處叫做坎當巴達克（Kandang Badak）的地方——就是「犀牛野」（Rhinoceros-field）——這所竹舍就是我們的臨時寓所。此處有一小片墾闢地，地上有極多的木狀羊齒以及幾種規那樹屬（Cinchona）的幼植物。當時剛好有了大霧大雨，我在當天晚上不曾登上山頂，而在留駐期內我曾經往遊山頂兩次，革對噴火口一次。這個噴火口是一個半圓形的大裂口，周圍都是黑色陡峻的岩壁，岩壁的周圍有幾哩岩燼掩蓋的嶙峋斜坡。裂口並不很深；上面披露著多處的硫磺石，以及色彩駁雜的火山產品，又有幾處罅隙噴出不斷的煙和汽。而我覺得判澤朗哥的死火山尤為有趣。山頂是一片參差起伏的平原，上面有一條側生的深罅，旁邊有一個山脊。不幸我們駐在山上幾天，在頭上或腳下都時時有霧有雨，所以我不曾有一次可以看見山下的平原，或瞭望四周的風景。這次旅行雖有這種障礙，而卻使我非常欣喜，因為這是我生平第一次登上赤道附近的高山，親眼看到熱帶植物變為溫帶植物的變化。我下文要把自己對於這種變化在爪哇所觀察到的情形約略敘述一番。

在登山時候，我們最初遇到草本植物的溫帶形態，僅在三千呎的高度上，那裡開始長著草莓（strawberry）同堇菜（violet），不過草莓很不雅觀，堇菜只有淺色很小的花。醜惡的菊科（Weedy compositæ）也開始給予路旁的草類以歐洲的氣象。介在二千呎和五千呎中間，一切的森林同澗谷都披露著極端發達的熱帶植物。繁生的木狀羊齒有時高到五十呎，對於一般的外觀大有貢獻，因為就熱帶植物的一切形態而論，這些木狀羊齒當然是最顯異而且最美麗的。其中有幾處深谷已經把大樹淨除下去，從谷底達到谷頂都滿佈著這些羊齒；我們每逢走到山上的道路和這種深谷交叉的地方，這些羊齒的羽狀莖葉或高出眼上，或低在眼下，尤其顯出一種永久難忘的美景。闊葉的芭蕉科同蘘荷科有華美的叢葉，同光怪的繁花，而秋海棠屬同野牡丹屬也有雅致紛歧的形態——都在此處不斷的引起我們的注意。一簇簇的蘭科、羊齒類，同石松屬，填滿樹木和其他高大植物中間的空隙，生長在樹幹上，殘株上，同枝椏上，搖曳、懸掛、雜糅於其間，極其斑駁而繁雜。大約在五千呎處，我初次看見木賊屬植物（horsetails），而且和我們自己的種很是相似。在六千呎處有覆盆子（Raspberries）繁生；從此直達山頂計有三種可食的懸鉤子屬。在七千呎處柏樹方才出現，並且各種林木都縮小了形體，地面上又覆被著更多的苔蘚同地衣。從此往上而去，這些苔蘚越來越多，以致構成山坡的岩塊同岩燼都全部為它們所掩蓋。在八千呎左右，歐洲的植物形態方才極其繁多。有若干種的忍冬（Honeysukle）、「聖約翰草」（St. John'swort），同雪球（Guelder-rose）很是繁生；在九千呎左右，我們初次看見稀有美麗的「皇家櫻草」（Royal Cowslip，原註學名：Primula imperialis），據說，這種櫻草，除這一個山頂以外，在世界上再沒有別處可找。它有高硬的莖，有時高到三呎多，根出葉長到十八吋，莖上生有若干類似櫻草的環形花，替代著普通櫻草末梢上的一個花球。林木有了錯節，低矮到灌木的程度。這些林木向上蔓延到古噴火口的邊緣，而不曾跨越洞口伸展到山頂上去。我們在山頂找到一大片無林地面，地上有灌木狀的艾屬同鼠麴草屬的叢莽，和我們的青蒿同鼠麴

草相似，卻有六呎或八呎高；又有毛茛、堇菜、越橘、苦菜、蘩縷，以及白色黃色的十字花科、芭蕉，同一年生的草類，到處繁生著。凡有叢林同灌木的各處，都有「聖約翰草」同忍冬生長得極多，而「皇家櫻草」卻僅僅在叢莽的濕陰底下顯露著雅致的花。

從前有一位摩特力先生（Mr. Motley）曾經在旱季內遊歷本山，對於植物很是留意。他把高處更似溫帶的區域所有顯異的各屬，列成下表：堇菜屬兩種，毛茛屬三種，鳳仙花屬三種，懸鉤子屬八種或十種，櫻草屬、金絲桃屬、當藥屬、君影草屬、越橘屬、山躑躅屬、鼠麴草屬、蓼屬、實芰答里斯屬、忍冬屬、車前屬、艾屬、山梗菜屬、酢漿草屬、槲屬，同紫杉屬，各有若干種。有幾種更細小的植物——「優種車前」（Plantago major）、「披針形草」（lanceolata）、苦菜、同蔓蒿——都和歐洲的種剛好相同。

在赤道南方一個島上有這個孤立的山峰，山峰上面所發現的植物竟和歐洲的植物這樣密切相近，而且峰麓四周幾千哩的低地上卻都生長著性質完全各別的植物——這種事實的確是十二分奇特，並且到了晚近方才找到一種可通的解釋。騰涅立夫峰（Peak of Teneriffe）雖然更為高聳，並且更近歐洲，而卻沒有這一類的高山植物；再則波旁（Bourbon）同毛里西亞（Mauritius）諸山也都沒有。那麼，爪哇境內這個火山性的高峰不免有幾分例外了；但是類似的——若不是剛剛平行的——情形卻也有了幾項，我們可以從此更能了解這種現象所以發生的來歷。阿爾卑斯山同庇里牛斯山脈（Pyrenees）所有較高的山峰，都有許多植物絕對和拉伯蘭（Lapland）的植物相同，而在居間的各平原上卻又無處可找。在美國懷特山（White Mountain）山頂，各種植物都和拉布拉多境內的種相同。在這些情形上，一切普通的傳播工具都是無從下手的。這種植物大半都有沈重的種子，這些種子當然不能被大風吹送得怎樣遙遠；而且鳥類的作用也是同樣的不可能。要解決這個問題既然有這種大困難，所以有若干博物學家竟相信這些物種都是各自重複創造於這些遠隔的山峰上。但是地質學上斷定有一個新近的冰河時代，卻貢獻一個很滿意的解決方法，這個方法是現在一般科學家所公認的。在冰河時代，威爾斯境內諸山都填滿著冰川，中歐的多山部分以及美洲各大湖以北的大部分，也掩蓋著冰雪，所以當時這一切地域的氣候都和現在拉布拉多同格陵蘭的氣候相似，因此這一切地域在當時都覆被著同樣的北極植物。而在冰河時代完了的時候，這些地域的雪堆，以及山頂上降下的冰川，都要退到山坡上去，並且向著北極退去，因此各種植物也都隨同退去，而固著在目前雪線（snow line）的邊緣上。所以到了現在，還有相同的種可以在溫帶的歐洲同美洲境內高山的山頂，以及北極的荒涼地域，找尋出來。

其次，又有另外一宗事實存在，可以幫助我們進一步去解決爪哇境內高山植物的事件。在喜馬拉雅山的上層山坡，在中印度同阿比西尼亞（Abyssinia）的諸山山頂，已經發現若干植物，雖然不和歐洲諸山的植物完全相同，而卻是同屬的植物，植物學家都以為就是歐洲山上植物的代表；並且這些植物大半都不能存在於居間的暖平原上。達爾文相信這一類事實都可以用同樣的方法來解釋；因為在冰河時代的嚴寒當中，溫帶的植物形態大概要擴張到熱帶的範圍裡面來，而在冰河時代終了的時候，這些植物就要退到這些南方的高山上去，並且向北退到歐洲的平原同山阜上來。不過在這次情形內，冰河時代過去以後，環境的大變遷已經使得這些植物有許多都大大的改變形態，以致大家都把它們認作各別的種。此外還有一大宗性質相似的事實已經使達爾文先生相信溫度的低落，在從前有一個時期，曾經輔助幾種北溫帶的植物越過赤道而去（從最高的路徑），達到南極的地帶，因此現在在那裡也可以找到那些植物。這個信念所憑藉的證據，可以在《物種原始》第二章的後部分搜羅出來；我們現在都承認它是一種假設，但是這種假設可以使我們解釋爪哇火山上所以有歐式植物的來歷。

不過這種假設當然有人要反對，他們以為現在介乎爪哇和大陸中間的大海，當然已經阻礙冰河時代溫帶植物形態的傳播。假使我們沒有充分的憑據來證明爪哇在古時曾經和亞洲大陸聯合一氣，而且證明這種聯合又剛好發生於相當的時代，那麼這種反對或者的確是一種有力的反對了。這種聯合最明顯的憑據是：爪哇的大哺乳類如犀牛，虎，野牛，都在暹羅緬甸也有發現出來，這些動物當然不是為人類所輸入的。再則爪哇的孔雀以及其他幾種鳥類，也都是以上各地所共有；不過在多數的情形上，所有的種雖然密切相近，卻顯然互異——這就是表示分離以後已經經過久遠的時間（這種變化所必需的時間），卻又沒有久遠到造成一種完全的變化。那麼這一段時間就剛好和溫帶植物輸入爪哇以後所需要的那一段時間相符了。這些植物到現在幾乎一切都是異種；但是它們現在所處的環境已經和當時大不相同，並且有些植物或者已經絕種於印度大陸，因此爪哇物種所以各別的來歷自然獲得充分的解釋了。②

我在山上，對於自己較為專門的追求，絕少成功，這個緣故大概是在於天氣不太相宜，以及我的停留太為短促。從七千呎到八千呎的高處，我捕獲一種最可愛的小「食果鴿」（fruit pigeons，原註學名：**Ptilonopus roseicollis**），牠的頭上頸上純粹是鮮豔的粉紅色，和全身的綠色毛羽互相輝映；其次在山頂上種有草莓的地點，我又捕獲一隻暗色的畫眉（原註學名：**Turdus fumidus** 係鶇科的鳥類），牠的形態習性剛好和歐椋鳥相同。昆蟲的極端缺乏當然是由於天氣太濕；而且我在本次旅行內竟不曾獲得一隻蝴蝶；但是我覺得在旱季內倘若有一個星期留駐在本山上，一定可以報答採集家以各項博物學的標本。

我回到托厄哥（Toego）以後，想找尋另外一個地點去採集，就遷到向北幾哩的一片咖啡栽植地上，繼續在山上高處低處嘗試好幾次；但是我始終不曾找到稍稍豐富的昆蟲採集地，並且鳥類尤其比不上麥加門洞山的繁夥。天氣已經非常多雨；我看看濕季儼然插足進來，所以回到巴塔維亞把採集品裝包寄出以後，就在十一月一日動身乘坐輪船往邦加同蘇門答臘去。

---

②我現在已經達到這些事實以及同類事實的另外一個解釋，而且我覺得那個解釋更為完全並且更為可能（參看我的《島嶼生物》第十三章及《達爾文主義》〔*Darwinism*〕三六二頁到三七三頁）。

# 第七章
# 蘇門答臘　一八六一年十一月到一八六二年一月

從巴塔維亞開往新加坡的郵船把我載到民托（Minto）來，民托是邦加島的要城要港。我在民托留駐一二天，要覓定船隻渡過海峽，溯河而上，前往巨港（Palembang）。我在附近一帶散步幾次以後，看出這一帶地方丘陵起伏，而且滿眼都是花崗岩同鐵礬土合成的岩石，又有乾枯短矮的森林植物；但是我只能找到極少數的昆蟲。一隻寬敞的露天帆船載我來到巨港河的河口，我在一個漁村上僱得一隻划船乘到巨港去，大約有一百哩的水路。除開順風以外，我們只能隨著潮水前進；兩岸多是洪水氾濫的「尼帕濕澤」（Nipa-swamps），所以每逢我們不得已停船的時候，都是很難排遣的。十一月八日到了巨港以後，我寄寓在某醫生家裡，這個醫生是朋友給我寫信介紹的，因為我想和他商定一個採集的好地點。但是大家都確切對我說，我必須遠遠前去，方才可以找到一片燥林，因為在本季內，所有內地許多哩的地面都是氾濫著洪水的。因此我只好在巨港留駐一星期，以便決定自身將來的行動。

巨港是一個大城，沿著河流的美灣伸長到三四哩，而且河流又剛好和格林威治（Greenwich）近旁的泰晤士河同樣的闊大。但是河流的兩岸卻有許多房屋架在樁上，突入河裡來，因此河道狹了許多，並且這些房屋以內，又有一排屋舍造在大竹筏上，這些竹筏都用藤索縛到岸上或樁上，隨著潮水上升下降。兩岸的河邊大概都有這種房屋支搭起來，而且大半的房屋都是向著河身開張的商店，超出河面只有一呎，所以我們乘了一隻小舟，就可以往市場上買得本城一切出售的物品。本城的土人統是純粹的馬來人，他們這些人倘若找到可以架屋的河水，是決計不肯把房屋建築在燥岸上的；倘若遇到坐船可通的地方，也是決計不肯步行而往的。有一大部分人口是中國人同阿拉伯人，他們經營著一切的商業；唯一的歐洲人只有荷蘭政府的文武官吏。本城的城市位在本河三角洲的起頭處，介在城市和大海中間，很少有什麼地面高聳在高潮水線之上。從此前往內地一直有許多哩，凡主流及各支流的兩岸都很低濕，在濕季內河水氾濫得很闊。巨港建造在一片高聳的地面上，只有幾哩的範圍，位於河流的北岸。在一處離城大約三哩的地點，這片高聳的地面擁出一個小阜，阜尖被土人認作聖地，蔭庇著若干美觀的喬木，棲有一大陣松鼠，已經馴養到一半程度。每逢有人持出幾塊麵包屑或幾個水果的時候，這些松鼠就會跑下樹來，從那個人手中把麵包屑或水果銜去，而立即跑開。松鼠的尾巴直挺挺的豎在後面，全身的毛有灰色、黃色、棕色，一圈一圈的相間，極其輝煌而美麗。牠們帶有幾分鼠類的行動，從樹上下來的時候屢次停腳，拿著大黑眼認真張望，然後再敢前進。馬來人所具的常得野獸相親的態度，真是他們品性上一種宜人的特色，這種特色有幾分是原於他們步履的安詳，以及好靜而不好動。馬來的少年都遵從父兄的意旨，似乎絲毫沒有歐洲童子的頑皮傾向。假使在英國村莊附近，即使和教堂相鄰，那些馴養的松鼠能夠棲息在樹上連續得長久嗎？牠們不免要立即被擊被逐，或者被捕被幽於旋舞的籠中了。我從來不曾聽見有這種美觀的松鼠這樣馴養在英格蘭境內，不過我卻以為這件事情在任何私家的花園內也容易辦到，而松鼠也自然可以怡悅耳目而異於尋常。

經過多次探問以後，我方才知道從巨港上去一天的水路，就是一條行軍路的起點，這條行軍路伸長到若干山上，並行穿繞到明古連（Bencoolen），於是我就決意走這條路，要走到我找出一片採集地為止。從此我可以得到燥地同好路，而且可以避開水路，因為在本季內河水很急，泝流而上是很煩難的，而且兩岸一帶的地面都浸溺水中，對於採集者也大不相宜。我們在早上雖然動身很早，而卻要在晚上很晚方才趕到羅洛克（Lorok），就是大路起點所在的村莊。我在村內駐了幾天；但是鄰近一帶所有不在水下的地面都已經有人墾殖，唯一的森林卻在濕澤以內，在目前簡直無路可通。我在羅洛克所捕獲新奇的鳥類只有美麗的「長尾鸚」（parroquet，原註學名：Palaeornis longicauda）。村上的人都切實對我說，這一帶地方都和本村相同，即使走了一個多星期遠遠前去也是相同，而且他們彷彿想不到有什麼高出水面長著森林的地域，因此我方才覺得往前而去不免枉費工夫，因為我自己所能擺佈的時間倘若大半消磨在行動上，是很不經濟的。但是後來我畢竟遇到一個熟悉本地情形的人，而且他說的話也比較的容易通曉；他立即告訴我說，我如果要找尋森林，必須前往連旺（Rembang）區去，我又問明那一區和本村的距離大約是二十五或三十哩。

大路分為均勻的各站，每一站有十哩或十二哩；因為我不曾叫人前去給我預先僱好苦力，所以我每天只能走一站路。每個站上各有旅客寄宿的房屋，屋內設有廚房同馬房，並且時時有六個或八個人守候著。苦力的工資有固定的制度，四周各村的居民一概要輪流擔任苦力的服役，並且要輪流在站上守候，每次五天。這種擺佈對於行旅極其方便，而我所得的便利尤多。我每天早上走了舒服的十哩或十二哩，利用其餘的時間前往四周散步，並在村中或附近一帶考察一周；我有一所現成的房屋可以寄宿，省卻許多麻煩。我走了三天來到摩伊剌杜瓦（Moera-dua），就是連旺區第一個村莊，四周一帶乾燥而崎嶇，散佈著好一片森林，我因此決意暫駐幾天，到鄰近去嘗試一回。剛在路站的對面有一條深水的小河，以及一處洗澡的好地點；在村莊前面有一片森林，被大路穿了過去，有許多大樹遮蔭，是引誘我留駐的一部分原因；但是經過兩星期以後，我仍舊找不到一個昆蟲的好地點，並且只有極少數的鳥類和麻六甲普通的種不同。因此，我就前進一站走到羅波剌曼（Lobo Raman），此地的旅客宿舍單獨的建築在森林中，離開三個村莊各有一哩左右。這一層對我十分相宜，因為我到各處行走不致一舉一動都被大宗的男婦小孩所注目，而且我可以隨意交換的步行到各村及各村四周的栽植地去。

蘇門答臘馬來人的村莊很有幾分特別，並且十分美觀。一片幾畝的地面圍了一重高籬笆，地面上密密的建築著房屋，房屋的排列極其參差不齊。巍峨的椰子樹叢生在各屋中間，所有的地面受多人的踐踏，很是裸露光滑。房屋豎造在大約六呎高的樁柱上，上等的房屋都用木板構成，其餘的用竹構成。板屋總有雕刻的花紋，並有高聳的屋脊，以及撐出屋外的屋簷。三角牆的末梢以及一切主要的梁柱，有時雕刻著非常精緻的花紋，不過這種情形在迤西的米南加保（Minangkabau）那一區還要更多。屋內的地板都用竹片編成，有些搖動，屋內並無家具一類的器皿。沒有什麼椅凳，只有平正的地板攤著草薦，一家人都坐臥於薦上。村莊的外觀倒很潔淨，在主要的房屋前面時常有人掃地；不過穢氣極多，因為房屋底下都有一個發臭的汙泥孔，一切

汙水同廢物都從上面穿過地板傾倒下來。馬來人對於其他一般的事件上都極其清潔，有些事情並且在迷信上要清潔；至於這一項特別的不潔風俗——在馬來人中間這樣普遍的風俗——我以為顯然由於他們原是一種濱海嗜水的民族而來，這種民族本來在水上搭樁架屋，到了後來方才逐漸遷居內地，先從江河泝流而上，再進入乾燥的內地。因此這種民族一向有海居的習慣——又便利，又簡潔，而且習之既久，已經變成家庭生活的一部分——在當初遷居於內地的人當然要把它繼續保留起來；況且排水又沒有整齊的制度，所以在各村內部除任意傾倒以外，倘若去設置別的方法都是很不方便的。

在蘇門答臘這一切村莊內，我們要找尋食物是很困難的。我所遇到的時令並不是蔬菜的一季，所以我費了許多工夫方才找到若干奇形怪狀的薯蕷，但是找到以後又是堅硬難吃。家禽極其缺乏；水果只有最惡劣的一種香蕉。土人（至少在濕季）絕對以米食為主，剛好和愛爾蘭貧民以番薯度日一般。煮得很燥的一鍋飯，把鹽同紅胡椒用作菜蔬，一天吃兩次，就是他們的全部食物，而且在一年當中大部分都是如此。這原來是一種風俗，並不是貧苦的現象；因為他們的妻子兒女在手臂上從手腕到手肘都環繞著銀鐲，又有幾十顆銀幣串成一氣，或者環在頸上，或者懸在耳下。

我從巨港動身以後，沿途聽到一般人所說的馬來語逐漸的混濁起來，直到後來簡直十分難懂，不過有許多顯著的字連續複述出來，所以我還可以認定它是一種馬來語，還可以臆測到談話的主題。在幾年以前，本區的風氣是很壞的，旅客們時常要被劫被戕。各村中間的爭鬥也時常要發生並且斷送許多的性命，都是由於疆界或奸淫的爭論而起。自從本島分區受治於「督察官」（"controlleurs"）以來——他們依次巡視各村，察聽控案，處理爭端——這種事件已經絕無所聞。這是我親身所閱歷的荷蘭政府成績優良的許多實例之一。荷蘭人對於相隔最遠的領土施行嚴密的監督，創立一種適應土人本性的政體，改革惡習，懲治罪惡，而使政府自身到處受土人的推重。

羅波刺曼是蘇門答臘東端的中心點，向東、向北、向西，都距離大海一百二十哩左右。地面上並無山阜，而卻起伏不平，土壤大概都是紅色的脆泥，並無岩石。無數的小川小河交錯於其間，有空曠的墾闢地同一簇簇的森林均勻相間，這些森林或者原生，或者再生，都有很多的果樹；道路縱橫可以通到各方。總之，這一帶地方是博物學家所認為最有出息的地方，如果遇到一年當中更為相宜的時期，我認定它所貢獻的標本是格外豐富的；無奈現在剛是雨季，就是最好的地點也只有少數的昆蟲，而且樹上又沒有水果，所以鳥類也不很多。我採集一個月，僅僅添上三四種新種的鳥類，不過稀奇有趣的好標本我倒捕得不少。我對於蝶類的採集更為成功，一共捉得若干很新奇的佳種，以及許多稀罕的美蝶。我現在要把內中兩種蝴蝶敘述一番，這兩種蝴蝶雖然在各家採集品中很是普通，而卻含有極有趣的特點。

第一種是美麗的甌蝶（Papilio memnon），一種深黑色的鳳蝶，全身點綴著鮮明灰藍色的條紋同鱗片。前翅的伸長是五吋，後翅為圓邊形，而有扇形的隅角。雄蝶都是如此；而雌蝶卻很不同，並且極其紛歧，粗看不免把牠們認作若干各別的種。這些雌蝶可以分成兩組：一組是形態上和雄蝶相似的，別一組是各翅的輪廓完全和雄蝶不同的。第一組雌蝶的色彩極其紛歧，往往近於白色，而有暗黃色同紅色的種種條紋，不過這種異點是蝶類所常有的異點。第二組雌蝶卻非常特別，我們簡直不會猜作同種的蝶類，因為牠的後翅伸長出來，成為大羹匙形的翅尾，這種翅尾，在雄蝶或常態的雌蝶身上，簡直是連影子都找不到的。這些有尾的雌蝶並沒有暗色同鮮藍色的著色——這種著色是雄蝶及常態的雌蝶所常有的——而卻裝飾以白色或淺黃色的條紋同小塊，佔去後翅大部分的表面。這種奇特的著色使我發現兩件事情：第一，這種奇特的雌蝶在飛翔的時候，非常相似同屬異組（different group）的另外一種鳳蝶，即「科溫鳳蝶」；第二，我們從此獲得一個「擬態」的實例，和貝次先生（Mr. Bates）所美滿指證解釋出來的那些實例[1]相似。我們可取下文這項事實來充分證明這種「假冒」並非偶然的事情：就是在印度北部

---

①見於林尼安動物學社《紀事錄》（Trans. Linn. Soc.）第十八卷，四九五頁，及《亞馬孫河上之博物學家》（*Naturalist on the Amazons*）第一卷第二九〇頁。

甌蝶的兩種雌蝶

科溫鳳蝶

有一種鳳蝶（Papilio Doubledayi）在形態上相似科溫鳳蝶，所差的只在以紅斑點代替黃斑點，這種鳳蝶竟把科溫鳳蝶取而代之，但是後來又有和牠極端相似的種，或即甌蝶的變種——（Papilio androgeus）——生出有尾的雌蝶也有紅斑點。這種假冒的效用同理由，似乎在於被摹仿的鳳蝶具有某種原因不致為鳥類所攻擊，所以甌蝶的雌蝶及其同志者極力摹仿那些鳳蝶，也可以因此避免攻擊。此外還有兩種被摹仿的鳳蝶——Papilio antiphus 同 Papilio polyphontes——竟被這種鳳蝶（即 Papilio theseus）的兩種雌蝶摹仿得這樣相似，以致荷蘭的昆蟲學家得罕（De Haan）竟被哄騙，把牠們一併歸為同種呢！

此外還有一項最古怪的事實，和上文所說的兩組雌蝶相關；這項事實就是：無論那一種形態都會生育這兩種各別形態的後裔。有一隻母蝶所產的一窩幼蟲曾經在爪哇被一位荷蘭的昆蟲學家育養起來，竟發現若干雄蝶以及若干有尾或無尾的雌蝶，而且我們又有各項理由可以相信這種情形實在是一定不易的情形，至於性質上介在中間的形態是決計不會出現的。為指證這種現象起見，我求大家設想一個遠遊的英國人在某處遠島上娶有兩妻——一個是黑髮紅膚的印第安人，別一個是紅軟髮炭黑膚的黑種人；並且設想她們所生的子女並不是白種和棕種或黑種的混合種，雜有成分不同的父體和母體的特質，而卻是兒子一概都是白膚碧眼和父體一樣，而女子又一概都是和母體一樣。這一種情形就要被人家看作十分奇怪了；但是那些雌蝶的情形卻比這個還要奇怪一倍，因為牠們每一個母體不但能夠生出相似父體的雄蝶，以及相似自身的雌蝶，而且也能夠生出相似別一個母體的雌蝶，和自身竟完全不同！

我要大家注意的第二種蝴蝶就是「枯葉蝶」（Kallima paralekta），和英國「紫皇蝶」

（Purple Emperor）同科的一種蛺蝶，在大小上大略相等，或者略微大些。牠全身向上的一面是一種鮮豔的紫色，而雜有灰色的斑點，又有一條深橙色的闊帶橫穿前翅而過，因此牠飛翔的時候很是顯現。這種蛺蝶，在乾燥的樹林同叢莽內，倒是常見的蝶類，但是我屢次想捉牠都沒有成功，因為牠飛了一會以後，就要鑽進叢莽，雜在乾葉或枯葉中間，我無論怎樣小心的鑽進去，總找牠不著，直到後來牠忽然飛了出來，又再隱身在一處相似的地方。不過我畢竟僥倖找出這種蛺蝶所棲止的確實處所；我雖然有好一會看不到牠，後來卻發現牠還是逼近的在我眼前，只因牠棲止的姿勢非常相似一張枯葉著生在一條細椏上，所以竟蒙惑了十二分注視的眼睛。我在牠們飛翔的時候，把牠們捉來好幾隻，所以我能夠洞悉這種假冒所由產生的情形。

這種蛺蝶前翅的上角成為尖形，剛好和許多種熱帶的灌木喬木的葉尖相同，而後翅的下角又伸為一條短而厚的翅尾，在尖端上略微鈍些。在上下兩角中間直穿著一條暗色的弧線，剛好相當於樹葉的中肋，從這條中肋又向兩側射出若干歪斜的斑紋，剛好相仿於樹葉的側脈。這些斑紋在翅底向外的一側，以及向裡一側靠近中心同頂尖處，都是格外鮮明的；所有這些斑紋一概都用其他類似種普通所具的線紋同條紋構成，不過牠的線紋條紋更為修整伸長，把樹葉的脈絡摹仿得格外相似。全身腹面的著色很是紛歧，不過一切都是灰棕色或灰紅色，和枯葉的色彩相當。這種蛺蝶時常棲息在細椏上，已經成為一種習慣，牠雜在枯葉或乾葉中間，把各翅緊湊的閉合起來，使各翅總和的輪廓剛剛和一張大小適中的樹葉相同，而略微有些彎曲或皺縮。後翅的翅尾做成一枚美妙的葉柄，並且當牠用著中央一對腳站牢的時候，這種翅尾剛好觸到細椏上。至於那一對腳雜在四周的纖梗同鬚根中間，也是無從辨認的。頭部同觸角都向後隱匿在各

飛翔時與棲息時的枯葉蝶

翅中間，因為各翅的根腳處留著一條小裂罅，剛好容許頭部縮進裡面來。以上這些繁複的細節總合起來，就產生了這樣齊全美妙的喬裝，無論何人倘若看到牠，真要吃驚不小哩。再則這些蛺蝶的習性也剛好能夠利用這一切的特點，而且利用得這樣有成效，簡直使我們完全不致誤會這種「擬態」的奇特情形所抱的宗旨——就是顯然用為一種「保護」。牠的敏捷的飛翔，雖然在飛翔的時候足以使牠避免種種的危險，但是在棲息時候倘若同樣的顯現，就要不免於滅亡，因為熱帶森林裡面所繁生的食蟲鳥同爬蟲都容易來攻擊牠了。和這種「枯葉蝶」極端相似的，又有一種叫做木葉蝶（Kallima inachis），棲息於印度，很是繁殖，各家的喜馬拉雅山採集品都有這種木葉蝶的標本一同寄回本國來。我們考察這些標本的時候，可以看出牠們彼此之間各不相同，不過一切的變態都和枯葉的變相相當。凡黃、灰、棕、紅的各種色彩都可以找尋出來，而且有許多標本又有小黑點湊集而成的一簇簇斑紋，彷彿是生在樹葉上的黴菌，使得我們在起初倒當真以為黴菌生在蝴蝶身上呢！

假使這一種奇特的適應在世界上真是有獨無偶，我們就很不容易給它以任何的解釋。但是這一種適應的實例，雖然在已知的「保護的摹仿」當中，可以說是最完美的一個實例，而在自然界中和它相似的實例卻有幾百種，我們從此可以把它們所由逐漸發生的情形歸納為一種普遍的理論。「種變」的原理，以及「天擇」或「適者生存」的原理——達爾文先生在《物種原始》那一部名著裡面所闡發的原理——對於這一種理論實在貢獻以一個基礎；而且我自己曾經把這種理論應用於一切摹仿的要例，撰成一篇文章，載在一八六七年的《韋斯敏斯德評論年刊》（*Westminster Review of 1867*），題目叫做〈動物的擬態及假冒〉（*Mimicry, and other Protective Resemblances among Animals*），讀者如果對於本問題想更有所知，可以參考那篇論文。②

在蘇門答臘境內獮猴極多；我駐在羅波剌曼的時候，時常有獮猴來到宿舍近旁的樹木上，使我獲得觀察牠們跳躍狀況的好機會。「天狗猴屬」（Semnopithecus，犬猿科一屬）的兩種獮

②這篇論文現在已經收入我的《天擇與熱帶自然界》（*Natural Selection and Tropical Nature*）內，成為第三章。

猴最為常見——就是體態細小而有長尾的獼猴。因為不大有人持鎗射擊，所以牠們的膽子倒是很大，單有土人站在牠們眼前的時候，牠們竟安然停腳不動；我走出屋外觀看的時候，牠們睜著眼睛看我一二分鐘就要走開。牠們從一株樹的枝椏大步跳到另一株樹較低的枝椏上去，我們倘若在一隻強壯的領路猴大膽的跳過去以後，看著其餘的猴也都顫抖抖的隨著跳去，倒是十分有趣；而且末後的一二隻往往不能夠下了決心去跳，直到後來其餘的都走散了，方才自覺孤單可怕，於是拚命的把身子望空狂跳，往往要弄斷細椏跌下地來。

有一種很古怪的猿類，就是合趾猿（Siamang），也是很多，而比獼猴的膽子更小，慣棲於原生林中，不敢到村莊上來。這種合趾猿和「敏猿屬」（Hylobates）的猿類相近，而體軀較大，並且四肢上頭兩個手指合在一處幾乎到尖，也和那一屬的猿類大不相同。牠的行動比活潑的敏猿笨拙許多，慣在樹木的低處，不敢大步而跳；不過牠仍舊是很活潑的，而且利用牠的長臂——大約三呎高的成年猿總有五呎六吋的兩臂伸長——牠能夠在相隔很遠的樹木中間懸盪過去。我買得一隻小合趾猿，這隻合趾猿被土人捕獲以後，曾經把牠用索縛傷。當初牠倒很凶，想來咬人；我們把牠解開繩索，給牠兩條棍子在洋臺上面去懸掛，把牠用一條短繩縛在棍上，繫上一個鈴，使牠可以行動，牠就更為滿意，並且在那裡敏捷的懸來盪去。各種水果同米飯牠幾乎都會吃，我很希望把牠帶回英格蘭來，無奈剛剛在我動身以前，牠竟死了。當初牠有些厭惡我，我時常親身去餵養牠，想把這種厭惡除掉。有一天我餵養牠的時候，牠竟狠狠的咬我，以致我失了耐性，把牠狠打一頓，而我不免後悔，因為從那天以後，牠就越發厭惡我了。牠容許我的馬來童子同牠玩耍，並且牠能夠拿長臂從一棍盪到他棍，或者盪到洋臺的椽上，一口氣盪了幾點鐘，而且盪得這樣輕快，所以我們時時把牠認作娛樂的來源。我把牠帶回新加坡的時候，牠格外引人注目，因為馬來半島雖然有幾部分時常看到合趾猿，而在新加坡卻一向不曾有人看到活的合趾猿。

因為猩猩以棲息於蘇門答臘著名，而且從前在事實上也是最初在本島發現，所以我曾經多方探問猩猩的蹤跡，但是島上卻沒有一個土人曾經聽到有這種動物，而且荷蘭官員當中也沒有一個人知道此事。因此我們可以斷定猩猩現在沒有棲息在蘇門答臘東部的林原內，否則自然有人要看到牠；牠所棲息的地點大概只限於西北部一片極小的地面——那一部分地面現在還是完全為土酋所統治。蘇門答臘的其他大哺乳類，如象同犀牛，卻分佈得更為廣闊；不過象已經比前幾年減少許多，這種動物似乎在文明擴張之下，是匿跡得很快的。在羅波剌曼附近，象牙同象骨偶然在森林內還有找到，而活動物卻是無從看見。犀牛——「蘇門答臘犀」（Rhinoceros sumatranus）——到現在還是很多，我時常看到牠的腳跡同遺糞；又有一次驚動一隻覓食的犀牛，牠穿過叢林砰磅而去，我只能從濃密的莽叢中得見一瞥而已。我獲得一副十分完美的頭骨同若干牙齒，這些東西都是被土人拾起來的。

還有一種古怪的動物，我以前在新加坡同婆羅洲曾經遇到幾次，而在此地卻更為繁夥，這種動物就是貓猴（Galeopithecus, or flying lemur）。這種貓猴有一條闊薄膜環繞全身，一直伸張到趾尖同尾尖。這一條薄膜使牠能夠從一株樹上斜穿空中渡到另一株樹上去。牠懶於行動，至少在白天總是如此；牠短跑幾步爬到樹上以後，就要停腳一會兒，彷彿是疲倦一般。牠在白天抱在樹幹上休息；牠的紫綠合色或棕色的毛，錯雜以離奇的微白色斑點，和斑駁的樹皮色很是

相似，因此牠在樹上當然可以獲得一種保護。有一次在傍晚的時候，我看見一隻貓猴在一片曠地上跑上樹幹去，再斜穿空中渡到另一株樹來，落在樹腳相近的樹幹上，立刻又開始上升。我拿腳步量量這兩株樹中間的距離，知道是七十碼；而下降的呎吋，據我估計起來，只有三十五呎或四十呎，就是每五呎的距離，下降還沒有一呎。我以為這一層足以證明這種動物必定具有御風的能力，否則在這樣的遠距離，牠當然是不容易剛剛落在樹幹上的。和摩鹿加群島的「袋鼬」一般，貓猴主要的食物也是樹葉。牠有容積很大的胃，以及盤旋很長的腸。腦量很小，而生命最為堅韌，用普通的工具要殺死牠，是非常困難的。牠的尾能夠捲絡，大概牠吃樹葉的時候利用長尾護持身體。據說，牠每次只產一個幼兒，而我自身的觀察又把這一說證實，因為有一次我獵得一隻雌貓猴，竟有一隻盲目裸體的小動物緊緊抱住牠的胸膛，這隻小動物沒有毛而很皺，使我憶起有袋類的幼兒來，似乎牠要蛻變到有袋類一般。貓猴背上的毛，以及四肢上薄膜上的毛，都短矮而柔軟，在品質上和「珠灰鼠」（Chinchilla）的毛相似。

我從水路回到巨港來，在途中某村停留一天，水手們補葺小舟，那一天我可幸又獲得一種大犀鳥的雄者、雌者，同幼者各一隻。當初我吩咐獵手們出去打獵，等到我吃早餐的時候，他們回來，持上一隻美麗的雄犀鳥，就是 Buceros bicornis；有一個獵手說他自己在這隻雄犀鳥餵養一隻雌犀鳥的時候，把牠射擊而來，而那隻雌犀鳥卻是關閉在一株樹的樹洞內。我曾經不時在書上讀到這種古怪的習性，至此立即隨帶幾個土人，動身前往他所說的地點去。我們穿過一條溪流同一片濕泥地以後，找到一株臨水的大樹，在大樹的向下一側大約二十呎的高處，有一個小洞，洞內有一團汙泥一般的東西，他們說這一團東西就是這種犀鳥用來填塞樹洞的。過了一會，我們聽見洞內發出鳥類的噪聲，並且看到鳥喙的白尖伸出洞外。我以一枚盧比（rupee）作為報酬，要求他們上樹取下犀鳥和鳥卵或雛鳥；但是他們都聲言這事過難，不肯嘗試。因此我只好悻悻而回。大約在一小時以後，忽然來了一種驚人的噪聲，那隻犀鳥已經送了上來，又有一隻雛鳥，都是從洞內取得的。這隻雛鳥最是一種怪物，和鴿一樣大，遍體並無毛羽；牠的軀體異常肥軟，包以半透明的皮膚，所以看去彷彿是一袋肉凍插上頭腳一般，並不像一隻真鳥。

雄鳥把雌鳥同鳥卵一齊封藏起來，雌鳥在孵卵的全期都由雄鳥餵養，一直到了雛鳥長大為止——這種奇特的習性是若干種大犀鳥所同具的，並且是自然界裡面奇事之一，這些奇事都是「比小說更奇」的。

# 第八章
# 印度馬來群島的自然界

在本書第一編內，我曾經籠統的敘出某個結論所由產生的各項理由；那個結論就是：馬來群島的西部諸大島——爪哇、蘇門答臘，同婆羅洲——以及馬來半島同菲律賓群島，都在新近的古代方才和亞洲大陸分離。現在我要把這些島嶼——我把它們取名印度馬來群島——的自然界敘述一個大概，來表明自然界對於這個見解有多大的助力，以及它對於各島的過去同起源能夠有多少的知識供給我們。

對於馬來群島的植物界，我們目前所具的知識既然很不完全，而我自己又不曾加以充分的注意，所以我不能從此取得許多重要的事實。但是馬來式的植物實在是很重要的；而且呼克爾爵士曾經在《印狄加植物誌》（*Flora Indica*）上說，這馬來式的植物擴張到印度境內所有氣候上較濕潤較均勻的各部分。又說，在錫蘭、喜馬拉雅山，以及尼耳蓋利（Nilghiri）、卡細亞（Khasia）諸山所發現的許多植物，都和爪哇及馬來半島的植物相同。在馬來式植物的顯異形態當中，我們可以舉出藤類——「藤棕屬」（Calamus）的攀緣棕櫚，以及紛歧的高大棕櫚同無莖棕櫚。蘭科、天南星科、蘘荷科，同羊齒類，都是特別豐富，而鳳凰蘭屬（Grammatophyllum）

——著生的巨蘭，它的葉叢同花梗叢長到十呎或十二呎——又是特產的植物。此地又是奇異的瓶子草——豬籠草科——的出產地，這些瓶子草見於他處的只有錫蘭、馬達加斯加、塞席爾群島（Seychelles）、蘇拉威西，同摩鹿加群島各地的孤種。這些可貴的水果，如山竹果同榴槤果，也是本區的土產，在馬來群島以外罕有生殖。爪哇的高山植物足以表出本區和亞洲大陸古代的聯合，已經在前文有所提及；而和澳大利亞更奇更古的聯合，又被駱先生的京那巴魯山頂採集品所表示出來，——那京那巴魯山是婆羅洲境內最高的山。

植物跨越內海比動物要便利得多。較輕的種子容易被大風吹送而往，就中又有許多是特別相宜。還有別些種子能夠在水中漂浮多時不致受損，可以被大風同潮流一直漂到遠岸去。鴿一類的食果鳥也是傳播植物的工具，因為種子經過鳥類的肚腹以後都很容易發芽。所以生長在海岸上同低地上的植物都有廣遠的分佈，我們如果要斷定各島植物界的相互關係而求近於精確的程度，必須對於各島的物種具有廣博的知識。對於馬來群島的若干島嶼，我們在目前還沒有這樣完全的植物學知識；我們所以能夠證明爪哇和亞洲大陸古代的聯合，僅僅是憑藉著這項顯著的現象：就是在爪哇諸山的山頂上，發現北方大陸甚至歐洲境內所有的若干屬植物。但是我們倘若就陸上動物而論，情形就很不相同了。牠們跨越大海的工具大大的受了限制。對於牠們的分佈狀況，我們已經具有比較精確的研究；對於各島上哺乳類同鳥類這幾群動物，我們又具有比較完全的知識。而且這兩綱動物實在供給我們以本地域有機物分佈狀況的大半事實。

這兩綱動物棲息在印度馬來地域的已知數目很是不少，大概有二百五十種。就中除蝙蝠以外，其餘一切動物都沒有穿渡大海的什麼好工具，所以對於牠們的分佈狀況，我們倘若加以一

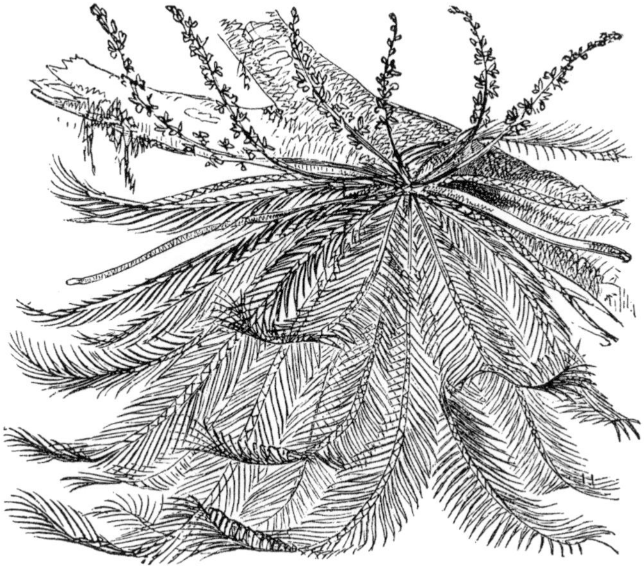

番考慮，當然可以大大的輔助我們來決斷這件事情：就是自從現有的物種初次出現以來，這些島嶼有沒有彼此聯合一氣？或者有沒有和大陸聯合一氣？

「猿猴類」（Quadrumana or monkey tribe）是本地域最顯著的特色之一。棲息在本地域的已知種類計有二十四種，而且這二十四種又是很均勻的分佈在各島上——九種發現於爪哇，十種於馬來半島，十一種於蘇門答臘，十三種於婆羅洲。魁偉類人的猩猩僅僅發現於蘇門答臘同婆羅洲；古怪的合趾猿（軀體比猩猩略微小些）於蘇門答臘同麻六甲；長鼻的獼猴於婆羅洲；但是以上各島都有長臂猿同獼猴的代表動物。類似狐猴的動物如Nycticebus、跗猴，同貓猴，在這一切島嶼上也都有發現。

在馬來半島所發現的猿猴類計有七種伸入蘇門答臘，四種入婆羅洲，三種入爪哇；又有二種入暹羅、緬甸，一種入北印度。除猩猩、合趾猿、眼鏡猴，同貓猴以外，所有馬來的猿猴類各屬一概在印度境內有十分相近的種來代表著，不過由於牠們大半的範圍都是有限的緣故，所以彼此絕對相同的種不免非常缺少。

有三十三種食肉類已經從印度馬來地域發現出來，就中大約有八種也見於緬甸同印度。這三十三種中間有虎，豹，虎貓，麝貓，同水獺；而馬來的食肉類二十屬中間，又有十三屬在印度境內都有多少相近的種來代表著。試舉一例：古怪的馬來狼獾（原註學名：Helictis orientalis）在北印度有一種密切相近的種——Helictis nipalensis——來代表。

有蹄類動物計有二十四種，內中大約有七種伸入緬甸同印度。一切的鹿都是特殊的種，內中只有二種從麻六甲蔓延到印度境內。以牛而論，則有一種印度的種伸入麻六甲，而爪哇同婆羅洲所有的爪哇牛又在暹羅緬甸也有發現。有一種在蘇門答臘發現的類似山羊的動物，也在印度境內有牠的代表動物；而蘇門答臘的雙角犀牛以及爪哇的獨角犀牛，雖然一向被大家看作兩島的特產動物，但是現在都的確存在於緬甸、庇古、同穆爾梅因（Moulmein）了。蘇門答臘、婆羅洲、同麻六甲所有的象，到現在也被大家認作和錫蘭、印度的象相同了。

其他哺乳類的各群一概複演著這個同樣的普遍現象。有幾種和印度的種相同。有許多種密切相近，或者有代表的形態；但是同時總有少數特殊的屬，由若干特產的動物構成。

蝙蝠大約有五十種，內中不到四分之一是印度的種；齧齒類有三十四種——松鼠、鼠等等——內中只有六種或八種是印度的種；食蟲類有十種，卻只有一種為馬來地域所特有而成為例外。松鼠極多，並且最為顯異，在二十五種以內只有二種伸入暹羅同緬甸。樹鼩類是古怪的食蟲動物，形態上和松鼠密切相似，這些動物幾乎只限於馬來諸島，例如婆羅洲的細小羽尾的Ptilocerus lowii 以及長鼻裸尾的 Gymnurus rafflesii。

馬來半島既然是亞洲大陸的一部分，所以我們對於馬來諸島在古代和大陸相連的問題如果想加以說明，最好是從研究半島和諸島共有的種入手。我們現在即使把蝙蝠剔開——因為牠們具有飛翔的能力——也仍舊有四十八種哺乳動物為馬來半島和三大島所共有。在這四十八種以內，有七種猿猴類——猿、獮猴，同狐猴——都是一生在森林中過活的動物，決計不會游泳，就是一哩的海面，牠們也不能夠穿渡的；又有十九種食肉類，內中雖然有幾種或者要游泳過去，但是我們萬萬不能假設這一大宗的種類都是泳過海峽而去，這個海峽除開某某一點以外，都有三十哩到五十哩闊；還有五種有蹄類包括著貘，以及兩種犀牛，一種象。此外還有十三種齧齒類同四種食蟲類，包括著一種鼩鼱，六種松鼠，這些動物倘若沒有憑藉，即使穿渡二十哩的海面，也要比別些更大的動物更為不可思議哩。

倘若我們再就相隔更遠的兩島也棲有相同的種而論，上文所述穿渡的困難還要大大的增加起來。婆羅洲和比利敦（Biliton）幾乎相隔一百五十哩，而比利敦和邦加又相隔五十哩，邦加和蘇門答臘也相隔十五哩；但是婆羅洲和蘇門答臘兩島共有的哺乳類竟多到三十五種。再則爪哇和婆羅洲相隔在二百五十哩以上，而兩島卻有二十二種共有的哺乳類，包括著獮猴、狐猴，野牛，松鼠，同鼩鼱。這些事實都是絕對的證明這許多島嶼在古代曾經彼此相連，而且和大陸相連。再則這一項事實——兩島或三島以上所共有的動物大半都是絕少變異，或者毫無變異，而卻往往絕對相同——又表示著各島的分類在地質學的意義上一定是新近的；這就是說，這種分離決計不是發生在「後期復新紀」（Newer Pilocene epoch）以前，因為到那個時期，陸上動物方才開始和現有的動物密切同化起來。

即使就蝙蝠而論，也足以發現一項附加的憑據，——如果這項憑據是必需的話——來證明這些島嶼如果在古代不是彼此相連，各島的動物就不能互相移殖，也不能和大陸互相移殖。因為飛渡一項如果是各島動物互相移殖的方法，那些能夠遠飛的動物當然是互相移殖的第一等動物，那麼分佈在全地域上的物種也當然是最一致了。但是事實上並沒有這樣的一致存在著：各島的蝙蝠都是各自不同，而且不同的程度幾乎——若非全然——和別些哺乳動物一般無二。舉例來說：婆羅洲境內已知的蝙蝠計有十六種，內中只有十種發現於爪哇，五種發現於蘇門答臘——和齧齒類的比例大略相同，那齧齒類當然是沒有移殖的工具的。我們從此可以知道目前隔離各島的海面足以阻礙飛翔動物的通路，而且我們必須用共同的原因來解釋這兩群哺乳動物——蝙蝠和齧齒類——的目前分佈狀況。我們所能想像的唯一充分的原因，就是這些島嶼都在古代曾經和大陸相連一處，因為這一種變動剛好和我們對於地球的過去歷史所明知的種種事實完全相符，並且又有這項顯異的事實可以證明這種變動為可能，就是：僅僅有了三百呎的海底的上升，就可以使那些隔離它們的闊海變成一片廣大的曲谷或平原，闊到三百哩，長到一千二百哩左右。

或者大家以為具有高度飛翔能力的鳥類不致為內海所限制，以為鳥類對於諸島過去的離合問題也不免沒有多多的貢獻。但是事實上並不如此。有一大宗的鳥類顯然和獸類同樣的為水界所嚴密限制；而且因為鳥類已經格外留意採集的緣故，我們可以有了格外完全的研究材料，而從此歸納起來的結果也可以格外的確定而滿意。不過有幾群鳥類，例如水鳥（aquatic birds），涉水鳥（waders），以及鷙鳥，都是漫遊的鳥類；但是其他各群，除鳥類學家以外，又是少有所知。因此我在下文祇就少數最著名最顯異的幾科申述一番，以為全綱所貢獻的種種結論的一個樣本。

印度馬來地域的鳥類和印度的鳥類密切相似；雖則大部分的種很不相同，而特殊的屬卻只有十五屬左右，並且沒有一科僅僅限於前一個地域。其次，我們倘若把本地域諸島和緬甸、暹羅、馬來半島各地互相比較，彼此的異點就要越發減少，我們當然要確認以上諸島和各地所有的鳥類都是由於古代陸地相連的緣故，所以發生這種密切的關係。在這些著名的各科以內——如啄木鳥，鸚鵡，咬鵑，鬚嘴杜鵑，魚狗，鴿，雉——我們發現了若干相同的種散佈於全印度，而遠伸於爪哇同婆羅洲，又有一大部分是蘇門答臘和馬來半島所共有。

以上這些事實的價值，必須等到我們論述澳洲馬來地域的時候，方才可以使大家充分明瞭，因為到那時候，大家就可以看出同樣的界限，已經完全阻礙了兩島中間鳥類的流通，所以爪哇和婆羅洲所棲息的陸上鳥類至少總有三百五十種，而內中只有十種向東流入蘇拉威西去。望加錫海峽（straits of Macassar）原來是沒有爪哇海（Java sea）這樣闊的，但是爪哇海所分隔的婆羅洲和爪哇卻至少有一百種共有的鳥類。

現在我要提出兩個實例，來表明動物分佈的知識可以披露地球過去歷史的意外事實。有一個邦加小岩島素以錫礦著名，它和蘇門答臘的東端只有一個十五哩闊的海峽互相分隔著。有一個荷蘭駐使曾經從邦加島把若干鳥類同獸類的採集品寄給來丁（Leyden），在這些採集品當中有好幾種動物和蘇門答臘鄰岸上的種不同。就中有一種動物就是松鼠——Sciurus bangkanus——和馬來半島、蘇門答臘、婆羅洲所分有的另外三種松鼠密切相近，而又顯然各別，並且剛好和後三種彼此間的各別一般。又有八色鶇屬（genus Pitta）兩種地棲的新奇畫眉，和蘇門答臘婆羅洲所共有的另外兩種相近而各別，而後兩種雖然分棲在這兩個遠隔的大島上，卻沒有什麼各別。這種情形剛好和曼島（Isle of Man）的情形相似，因為曼島產有一種特殊的畫眉及山烏，和英格蘭及愛爾蘭所共有的鳥類各別。

這些古怪的事實似乎表示著邦加成為孤島的時期，要比蘇門答臘同婆羅洲早些，並且又有若干地質學上同地理學上的事實可以證明這一層很是可能。雖然在地圖上，邦加顯然和蘇門答臘這樣相近，但是邦加卻不是從蘇門答臘新近分離出來而上升到水面上的；因為和邦加相近的巨港一區原來是一片新陸地，是一百哩遠的高山上流下來的急流所沖積而成的濕澤。邦加卻反而和麻六甲、新加坡，以及居間的林真島（Island of Lingen）相同，也是由花崗岩同鐵礬土構成；而這後三處地面似乎都是古代馬來半島的延長部分。婆羅洲同蘇門答臘的河流既然已經把居間海填補得這樣久遠，所以我們可以斷定居間海在新近的古代比較現在總要深些，並且這幾個大島除開馬來半島間接的來把它們聯合起來以外，大概從來沒有直接的聯合一處。它們聯合一處的時候，或者一概都已經棲有同種的松鼠及八色鶇；不過當地下暴動發生出來，而蘇門答臘諸火山也隨著上升的時候，邦加這個小島或者已經首先分離，因此它的產物由於孤立的緣故，或者在各大島的分離還沒有完成以前，已經逐漸改變形態。但是蘇門答臘的南部既然向東伸展而構成邦加的狹海峽，所以有許多鳥類同昆蟲以及幾種哺乳類不免要穿渡海峽而去，以造成目前產物上一般的類似，同時有幾種原有的動物卻停留在邦加島上，以各別的形態顯出各別的起源。我們如果不去假設這一類變動已經發生於地文學上的話，那邦加一島竟有鳥類同哺乳類特殊物種的問題就要無從解決；何況這一層——就是這類假設的變動，總不至於和一眼看見地圖就胡亂臆測的，是同樣的不可能——我在上文又已經約略說明呢。

我們現在再取蘇門答臘和爪哇這兩個大島來做第二個實例。這兩個島既然這樣相近，而且穿過兩島的火山帶又賦予兩島以這樣一致的外觀，那麼這兩個島確鑿是新近分離的見解自然是很容易發生的。而爪哇土人的見解還要進了一步；因為他們對於兩島破裂的災變確鑿有一種傳說，並且把那次災變的時期指定在一千多年以前。所以我們比較兩島的動物，以考察這種見解究竟有什麼根據，的確是很有趣的事情。

這兩個島的哺乳類至今還沒有盡量的採集，不足以造成很有價值的一般的比較，並且有許多的種都是籠裡的活標本，這些標本的產地往往誤列——把標本買來的島、代替標本由來的島。我們單單把分佈狀況更為確知的各種動物考慮一番以後，知道蘇門答臘在動物學的意義上和婆羅洲更為接近，而和爪哇卻更為疏遠。類人的大猿，象，貘，同馬來熊，都是前兩島所共有而為後一島所獨無。棲息於蘇門答臘的三種長尾的「天狗猴屬」（Semnopithecus），有一種伸婆羅洲，而爪哇的兩種卻都是特殊的。巨大的馬來鹿（原註學名：Rusa equina）以及細小的 Tragulus kanchil（麝科動物），也是蘇門答臘和婆羅洲所共有，而不曾伸入爪哇——在爪哇有馬來麈（Tragulus javanicus）來補充。只有虎這種動物確鑿是蘇門答臘和爪哇所共有，而為婆羅洲所獨無。不過這種動物本來是善於游泳的，牠當然可以穿渡巽他海峽（Straits of Sunda）而往，否則在爪哇和大陸分離以前或者已經早有棲息，而婆羅洲卻由於某種不可知的原因以致絕跡。

在鳥類學上，因為我們對於爪哇同蘇門答臘的鳥類比較婆羅洲的鳥類更為熟悉的緣故，不免有幾分猶疑的性質；但是可以曉得爪哇的分離更古，因為爪哇有許多鳥種都是其他兩島所沒有的。爪哇具有七種特殊的鴿，而蘇門答臘只有一種。爪哇的兩種鸚鵡有一種見於婆羅洲，而不見於蘇門答臘。蘇門答臘的十五種啄木鳥只有四種見於爪哇，而卻有八種發現於婆羅洲，十二種於馬來半島。爪哇境內所發現的兩種咬鵑都是特殊的，而棲息在蘇門答臘的咬鵑卻至少有兩種見於麻六甲，一種見於婆羅洲。又有一大宗的鳥類如巨大的鸞雉，背上似火的雉類，有眼狀斑的雉類，有鳥冠的鷓鴣（原註學名：Rollulos coronatus），細小的麻六甲鸚鵡（原註學名：Psittinus insertus），巨大而戴盔的犀鳥（原註學名：Bucerotus galeatus），雉狀的地棲鳲鳩（原註學名：Carpococcyx radiatus），玫瑰冠的蜂虎（原註學名：Nyctiornis amicta），巨大的闊喙鳥（原註學名：Corvdon sumatranus），以及綠冠的闊喙鳥（原註學名：Calyptomena viridis），並其他許多的鳥類，同見於麻六甲、蘇門答臘同婆羅洲，而完全絕跡於爪哇。反過來說，爪哇所有的孔雀以及綠色的莽叢鶉雞，兩種藍色的地棲畫眉（原註學名：Arrenga cyanea及Myophonus flavirostris），粉紅頭的美麗家鴿（原註學名：Ptilonopus porphyreus），三種闊尾的地棲鴿（原註屬名：Macropygia），並其他許多有趣的鳥類，在馬來群島當中也是沒有別處可找的。

再就昆蟲而論，也供給我們以相似的事實，凡是我們獲得充分材料的各地都是如此；不過由於爪哇的採集品特別豐富的緣故，不免要有偏重爪哇的流弊。但是這種流弊似乎不致發生於真正的鳳蝶科，因為鳳蝶有巨大的身材同鮮豔的色彩，往往比別些昆蟲容易惹人注目。就我們已知的情形而論，計有二十七種從爪哇來，二十九種從婆羅洲來，只有二十一種從蘇門答臘來。有四種完全限於爪哇境內，而只有兩種是婆羅洲的特產，一種是蘇門答臘的特產。不過我們如果要表明爪哇的孤立情形，不如把這三個島互相對比，以顯出每一對島各各有多少共有的種。其法如下：

婆羅洲⋯⋯⋯二九種 }
蘇門答臘⋯⋯二一種 } 二〇種是兩島共有

婆羅洲⋯⋯⋯二九種 }
爪哇⋯⋯⋯⋯二七種 } 二〇種是兩島共有

蘇門答臘⋯⋯二一種 }
爪哇⋯⋯⋯⋯二七種 } 一一種是兩島共有

我們對於蘇門答臘的種倘若自認沒有完全的知識，我們就可以看出爪哇更為孤立，而其他兩種卻是彼此更為接近，因此完全證實鳥類同哺乳類分佈狀況所貢獻的結果，而且這件事情也從此具有八九分確定性：就是爪哇一島首先和亞洲大陸完全分離，至於土人所傳爪哇和蘇門答臘在晚近分裂的故事是毫無根據的。

我們講到這裡，已經能夠以某種諒必率把各島往事的順序追溯出來。開始於這個時期的——在那個時期，爪哇海、暹羅灣、同麻六甲海峽的全部還是陸地，並且和婆羅洲、蘇門答臘、爪哇合成亞洲大陸一大片向南的伸長陸地——第一樁動作大約就是爪哇海同巽他海峽的陷落，這種陷落都是隨著大陸南端爪哇火山的活動而起，而卻造成爪哇島的完全分離。當爪哇蘇門答臘火山帶的活動力正在逐漸增高的時候，陷落的陸地也是隨著逐漸加多，到了後來，先是婆羅洲，後是蘇門答臘，也都完全分離了。從第一次暴動發生以後，或者有若干次分別的上升下降曾經發生，而這些島嶼或者也已經不止一次的互相聯合而又分離，並且不止一次的和大陸聯合而又分離。因此，移殖的連續風波不免變更了各島的產物，而造成分佈狀況上的種種變例，這些變例倘若用單次的上升或下降來解釋，實在是異常困難的。婆羅洲的地形——由放射狀的山脈以及相間的沖積大谷構成——暗示著它自己在古代一定是比現在陷落得更多（當時它的輪廓大約有幾分相似蘇拉威西或濟羅羅），而且這個大島增加到現在的面積，也一定是由於水成物質填補各處的海灣而成，一面又由陸地的逐漸上升來輔助它。蘇門答臘也顯然由於東北一帶海岸上的沖積平原造成以後，已經增加許多的面積。

在爪哇的產物上有一個特點很是費解：就是境內發現若干的種或組（group），和暹羅一帶或印度各地所有的相同，而是婆羅洲同蘇門答臘所沒有的。在哺乳類當中有一種「爪哇犀」（Rhinoceros javanicus）就是一個最顯著的實例，因為婆羅洲同蘇門答臘所發現的是一種各別的種，而爪哇的種卻發現於緬甸，甚至於孟加拉。在鳥類當中有一種細小的地棲家鴿 Geopelia striata，及一種古銅色的怪鵲 Crypsirhina varians，是爪哇和暹羅所共有；其次，在爪哇又有這幾屬——就是 Pteruthius，Arrenga，Myiophonus，Zoothera，Sturnopastor，及 Estrelda——的鳥類都在印度各處發現最密切的類似種，而卻不曾聽見有什麼類似種棲息於婆羅洲或蘇門答臘。

這種古怪的現象只能用這個假設來解釋：就是隨著爪哇分離以後，婆羅洲曾經大部分都陷落於海底，而且在第二次上升的時候卻有一段時期和馬來半島蘇門答臘相連，而不和爪哇或暹羅相連。凡是地質學家都不難承認上文所說的這些變動是可能的事情，因為他們都知道地層所以扭捩突兀的由來，都知道地面的升降往往相間發生，不止一次二次，而至於幾十次或且幾百次。在婆羅洲同蘇門答臘境內所留存的廣漠煤床——這些煤床的起源都是十分新近，以致黏板岩內所含多量的樹葉，簡直和目前地面上森林的樹葉難以區別——一概可以證明那些地面的變動確實已經發生。無論對於地質學家或博物學家，這件事情都是很有興趣的，就是：把這些變動的順序理出一個概念來，並且把這些變動怎樣影響於動物分佈的實際狀況也找出一個解釋來——而這種分佈的狀況往往呈出非常奇特而矛盾的現象，我們倘若不把這些變動加入考慮當中，簡直不能想像這種現象的所以然呢。

# 第三編
# 帝汶群島

# 第一章

# 峇里與龍目　一八五六年六月七月

在爪哇東邊的峇里和龍目這兩個島，真是特別有趣。就馬來群島全部而論，只有這兩個島至今還保存著印度的宗教。這兩個島是東半球動物學上兩大分部的兩個極點，因為它們在外觀上和地勢上雖然這樣相似，而在天然產物上卻大不相同。我既在婆羅洲麻剌甲新加坡各處度過兩年，方才循著往望加錫的航程上順便去遊歷一番。假使我能夠從新加坡直接往望加錫去，我大概決計不會有這一番的遊歷，那麼，我在東方全部遊行所獲種種重要的發現，就不免有幾種要遺漏了。

我乘坐一隻中國商人的雙桅船，船名日本薔薇（Kembang Djepoon），船員都是爪哇人，船長是英國人。我們從新加坡開船以後，過了二十天，在一八五六年六月十三日，拋錨於峇里北岸伯勒林（Bileling）的一個危險的泊船所。我和船長及中國押貨客一同上岸以後，立刻看見一幅新奇有趣的景象。我們先往中國「邦達」（Bandar）——即高等商人——的屋裡去，看到一大批土人都穿著好衣服，並且身邊都有「馬來短劍」（krisses），露出象牙的或黃金的大劍柄，或美麗的漆成木紋而加以磨光的木柄。

中國人已經拋棄他們本國的服裝，採取馬來的格式，和島上的馬來人簡直難以區別——這就是馬來種和蒙古種密切相近的一種表示。在屋旁芒果樹的濃蔭底下，有若干女商人賣著棉貨；因為此地的婦女都替丈夫做買賣，做工——這一種風俗是回教的馬來人絕對沒有的。茶，果，糕餅和糖果送到我們面前，問了我們許多問題，問及我們的業務和新加坡的商業狀況，過後我們就去散步，把本村瀏覽一回。村中很是荒涼凄寂；一條條的狹巷夾在高泥牆中間，泥牆包圍了竹舍，我們走入幾家竹舍，都受和善的接待。

我們留在此地兩天。我在這兩天內走到附近一帶去捕昆蟲，射鳥，並視察地面的豐瘠。我不免又驚又喜；因為我往爪哇遊歷還要再遲幾年，所以我跨出歐洲以後還不曾看到這樣美麗的、墾闢的地域。一片略微有些波浪形的平原，從海岸伸展到內地大約有十哩或十二哩，有一帶優美的山阜鑲著邊緣，阜上或有樹木，或已墾種。點綴各方的房屋和村莊，都被椰子棕櫚，羅望子，和別些果樹的密林標誌出來；介在這些密林中間伸張著葱鬱的稻田，採用一種精良的灌溉方法，這種方法即在歐洲也引為誇傲的。全地面隨著地形的高下劃成大小不等的田區，大的面積，有許多英畝（acres），小的卻只有幾「方桿」（perch）；每一田區各自成為平面，而比四周的幾個田區卻高出或低下幾吋或幾呎。這些田區都可以任意灌水或排水，利用著許多的溝渠或小河，把山上流下的河流一概導入這些河渠來。田上現在都長著早晚不等的作物，有的已經可以收割，這些作物都很茂盛，做鮮豔的綠色。

小巷和大路的兩旁往往蔓生多刺的仙人掌與無葉的大戟屬，但這一帶地方既已墾闢到這種程度，故除海岸以外，已無多大空隙可以留下原生的植物。我們看見爪哇牛的許多馴養的佳種，或受半裸體的童子驅策著，或在草地上拴著。這些馴牛魁偉而美麗，全身做淡棕色，但四肢卻是白色，後部也有顯異的卵形一塊的白色。據說山上仍有同種的野牛發現。在這樣璺闢的地方，我在博物學上本不期望做出多大的事業，並且我又不曾明知道這個地點對於動物分佈的解釋上有何等的重要，以致此後絕無所遇的若干種標本，我都不曾留意採集。其中有一種是頭部做燦爛的黃色的「織巢鳥」（weaver bird），牠們在海岸近旁的若干樹木上，建築了用打數計算的瓶狀巢。牠們就是 Ploceus hypoxanthus，為爪哇的土產；而此地剛好是牠們向東擴張的邊界。我射下一隻「鶺鴒畫眉」（wagtail-thrush），一隻金鶯，和幾隻歐椋鳥（都有標本保存），都是爪哇所發現的種，內中有幾種又是爪哇特有的種。我獲得若干美蝶，全身的白地上有豐富的黑斑和橙斑，在村巷中最為繁夥。其中有一新種，我叫牠做 Pieris tamar。

離開伯勒林以後，兩天舒服的航程送我們到龍目島上的安帕喃（Ampanam）來，我留在此地等候船隻要渡往望加錫去。我們欣賞峇里和龍目孿生的火山美景，這兩處火山大約各有八千呎高，在太陽上山與下山時顯出壯麗的風景，那時它們從山腳四周的雲霧中聳峙而上，山腳的雲霧射出千變萬化的色彩：真是熱帶上白天最有趣的時間。

安帕喃的港灣——即泊船所——很是寬廣。在本季內既可遮護流行的東南風，故平鋪如湖。火山性的黑沙岸很是峻峭，時時受重浪的沖擊，在春潮發生的時期，海浪尤為厲害，以致船隻往往不能停泊，而鬧出許多重大的意外事件。在我們拋錨的地方，離岸大約有四分之一哩，我們看不見有什麼波浪，但稍微近岸一些就有波浪出現，並且依次增高得很快，一下子就成為巨浪，顛簸而往，均勻相間的衝撞岸上，發聲如雷。有時候，在安靜中忽然起了一陣大風，波浪隨著洶湧起來，那狂暴的力量竟把一切拖在岸上不夠高的小船打做碎片，並且攆走若干疏忽的土人。這種猛浪大約總有幾分是起源於南方大洋的狂濤，及穿過龍目海峽的急流。這些急流出沒無常，以致在港灣內預備下錨的船隻，有時忽然被掃而去，退入海峽裡面，過了十四天還不能駛回港灣來！又有水手們所叫做「捲浪」（ripples）的在海峽內也很厲害：海水逐漸的沸騰，起泡，而且跳躍起來，好像瀑布底下的急瀨；船隻受其衝盪，簡直無法可施，那些小船往往因此在青天白日之下，竟遭沒頂之患。

我一切箱篋和我自己既然平安地渡過這種猛浪以後，方才放下心來，而土人看了這種猛浪，卻懷著幾分得意，說是「他們的大海常常是飢餓的，要吞沒一切它能捕捉的東西」。我承卡忒先生（Mr. Carter）殷勤的接待——他是英國人，是一個「邦達」，就是港灣上有執照的商人——在我停留的期間，他款待我，並且極力幫助我。他的住宅，棧房和營業部同在一個圍場內，四周圍著一重高籬笆，屋子一概用竹造成，屋頂用草蓋成，這竹和草是唯一可用的建築材料。而且這種材料現在也很缺乏，因為在幾個月以前，有一次大火曾在一二點鐘內焚燬了全城的房屋，所以恢復全城的需要極其浩大。

第二天我去訪問S先生，他也是一個商人，住在相離七哩左右的地方，我帶有好幾封給我介紹的信。卡忒先生好意的借我一匹馬，有一個住在安帕喃多年的荷蘭青年自願做著嚮導，和我同去。我們最初穿過幾處城郭，沿著一條介在泥牆中間的壁直的大路，以及介在高樹中間的優美的樹蔭路而行；隨後走過許多稻田，灌溉的情形和我從前在伯勒林所看見的恰好相同；後來走過近海有草的沙地間，或沿著海岸而行。S先生殷勤地接待我，他在住宅內騰出房子給我居住，說是鄰近一帶也許有合用的採集地。我們吃過一早的早餐以後，隨帶鳥鎗和昆蟲網，出門搜尋。我們來到幾個低阜，看去好像最是合用，但一連走過若干濕澤，沙灘——沙灘上叢生著粗糙的篩草——草地和墾殖地，卻找不到許多的鳥類或昆蟲。我們在路上看見路旁有一二副人類的骸骨，連同衣服，枕蓆和蒟醬匣圍在一小圈籬笆內，這種人在生前不是被刺，就是伏法。我們回到家中，看見一個峇里頭目和一班手下人剛來看訪S先生。品位較高的那些人坐在椅上，其餘的都蹲踞在地板上。那頭目傲然要求了啤酒和白蘭地，與手下人一同喝酒，他們對於啤酒一項顯然是出於好奇心，因為這種酒似乎對他們很不合味，但他們喝白蘭地倒很起勁。

我回到安帕喃以後，專在鄰近一帶射擊鳥類，射了幾天。舉行會市的樹蔭路的兩旁，有許多優美的無花果樹，樹上棲有濃橙色的美麗的金鶯（原註學名：Oriolus broderpi），是本島及附近的松巴哇弗洛勒斯諸島的特產。在全城四周，古怪的 Tropidorhynchus timoriensis 極其豐富，與澳大利亞的「僧鳥」相近。土人叫牠們做「揆赤揆赤」（Quaich-quaich），因為那高強奇特的叫聲，似乎用各種各樣頗為入耳的音調複述了上面這幾個字。

我們每天看見許多男孩沿著大路，傍著籬笆和溝渠，用黏鳥膠捕捉蜻蜓。他們持著一條小棒，小棒上幾條細椏的尖頭都塗有許多膠質，只要稍微一碰就把蜻蜓捉來，他們把蜻蜓的翅膀扯去，拋入一只小籃內。田稻開花的時候，蜻蜓非常的多，故在頃刻之間可捉幾千隻。這種蜻蜓放在油內和葱頭小蝦一同煎了起來，有時單用蜻蜓煎起來，被土人認作一種大珍饈。在婆羅洲蘇拉威西及其他許多島上，蝴蝶和黃蜂的幼蟲或者取來生吃，或者和蜻蜓一樣的煎熟吃。在摩鹿加群島上，棕櫚甲蟲（palm-beetle 原註：米象屬）的蠐螬常被攜往市場，盛在竹管內，賣作食品；又有許多種有角的「扁鬚甲蟲」（Lamellicorn beetle），略微在餘燼上炙了一回就拿來吃。因此，昆蟲的特別豐富，對於這些島上的居民很有用處。

在此地鳥類既然不多，並且屢次聽說港灣南端的拉布安特靈（Labuan Tring）有大片未墾的地面，鳥，鹿和野豬都很多，故我決意帶同兩個傭人往那裡去，那兩個傭人就是婆羅洲來的馬來童子阿理，和慣剝鳥皮的麻剌甲葡萄牙人麥紐爾（Manuel）。我僱了一隻本地的小船載運我們和我們小量的行李，沿岸一天的划槳拉縴就送我們到目的地來。

我帶有一封往訪一個帝汶的馬來人的介紹信，借得他住宅的一部分用來住宿做工。他的名字是「印契道德」（Inchi Daud）——即大衛先生（Mr. David）——待人很有禮貌；不過他的供應自有限制，他只能騰出接待室的一部分給我。這是全所竹舍的前一部分（用一具大約六級的梯走上來，梯級相隔很闊），可以瞭望港灣的美景。我立即從事各種可能的擺佈，然後開始工作。四周一帶優美而新奇，許多陡峻的火山阜包藏了許多平坦的谿谷，或曠朗的平原。阜上掩蓋著竹，灌木和多刺樹木等類的矮林，平原上點綴著幾百株高大的棕櫚樹，又有許多處有茂盛的灌木林。鳥類繁夥而有趣。我到現在方才初次看見許多澳洲的形態，這許多形態都是本島以西的諸島所沒有的，細小的白鸚很是豐富，牠們高聲的叫啼，顯現的白色和美黃色的鳥冠是本地風景上一種重要的特色。此地就是地球上發現本科鳥類極西的所在。Ptilotis 屬的幾種蜜雀，以及奇異的營塚鳥（原註學名：Megapodius gouldii），也是旅行者在向東旅程上初次所遇到的鳥類。而營塚鳥更可注意。

營塚鳥科這一小科的鳥類，發現於澳大利亞及其四周諸島，而遠伸於菲律賓群島及婆羅洲西北部。這些鳥類和鶉雞相似，但絕不孵卵，卻和鶉雞及其他鳥類不同。牠們把所產的卵埋在沙土或垃圾內，由太陽或發酵所生的熱度來孵化。牠們的顯異處在於很大的腳和彎曲的長爪，原來Megapodius這一屬大半都把一切垃圾，枯葉，棒條，土石，枯木等等搔爬一處，造成大塚，往往有六呎高，十二呎闊，在大塚的中心埋著牠們的卵。土人看了這些大塚的情形，能夠斷定塚內是否有卵；他們盡力搜尋這些鳥卵，因為這些紅棕色的鳥卵（和鴿的卵一樣大）被他們認作一種大珍饈。據說，這些營塚鳥往往協力造塚，同在一處產卵，故有時在一個塚內可以找到四五十顆卵。在濃密的叢林內到處可以看見這些大塚，在那些不明來歷的外來人看來，以為這種隱僻的地方，為何堆積著這樣整車整車的垃圾，真是莫名其妙；他們即使向土人探問一番，得了這些垃圾堆統由鳥類堆成的答語，還是疑信參半。在龍目所看到的種類大約和小牝雞一樣大小，全身由暗橄欖色和棕色相雜而成，是一種雜食的鳥類，吞嚥墮地的水果，蚯蚓，蜈蚣之類，但牠的肉倘若煮得相宜，倒是潔白而有香味。

綠色的大鴿，肉味更美，且更繁殖。這些美麗的鴿比我們最大的馴鴿都要大些，成群的棲在棕櫚樹上，棕櫚樹在目前都叢生著大串的果實——圓形的堅果，大約有一吋的直徑，包以一層乾燥的綠皮，含有小部分的果醬。就這種大鴿的口喙和頭部看來，似乎絕對不能吞嚥那種大果，也不能從大果內取得什麼養料；但我所射下的大鴿往往在膆囊內都有幾顆棕櫚果；當大鴿落在地上時，牠的膆囊通常都要迸裂。我在此地獲得八種，魚狗內中有一種很美麗的新種，谷爾德先生（Mr. Gould）給牠取名「林棲鴗」（Halcyon fulgidus）。這種魚狗常棲在離水很遠的叢林內，似乎以地上的蝸牛和昆蟲為食物，在地上啄食這些小動物的狀態，和澳大利亞的笑鴗相同。還有一種美麗細小的紫橙兩色的種（原註學名：Ceyx rufidorsa）也棲在相似的地點；牠敏捷的飛射過去，彷彿是火燄一般。我在此地又初次遇到美麗的澳大利亞的蜂虎（原註學名：Merops ornatus）。這種雅致的小鳥棲在曠地的小椏上，向四周認真的張望，時時飛射出去，捉牠所看見飛近的昆蟲，而回到原椏上吞嚥下去。牠的尖長的曲喙，尾上兩根狹長的毛羽，全身美麗的綠羽雜以頸上鮮豔的棕色，黑色和藍色，真是博物學家初次所看見的一種最優雅且最有趣的東西。

但在龍目一切鳥類當中，為我所最留意搜尋的卻是美麗的地棲畫眉（原註學名：Pitta concinna），我每逢捕得一隻，總自覺十分可幸。這些畫眉僅在叢林密集的乾燥平原內方可找得，這種平原在本季內到處覆有濃厚的枯葉。牠們很是怕人，我們要想打中一鎗非常為難，我經過多次試驗以後，方才發現了一個方法。牠們慣在地面上跳東跳西，啄食昆蟲，稍有驚動，立即鑽入濃密的叢林內，或者貼近地面帶飛而逃。牠們相間的發出雙音調的特別叫聲，容易為我們所辨認，並且牠們在枯葉中間跳躍而過的腳步聲，也是歷歷可聞。

因此，我所採用的方法就是沿著各處狹徑小心地行走，每逢聽到畫眉來近的聲息，就不聲不響的站住，間或發出一種輕微的嘯聲，極力摹仿那畫眉的音調。這樣等候了半小時以後，我往往看見那美麗的畫眉在叢林內跳躍而過。我也許一時又看不見牠，後來我舉鎗預備鳴放的時候，也許再看見牠一眼，把牠捕獲。牠上部是濃厚的嫩綠色，頭部是黑玉色，每一隻眼上各有一條藍棕兩色的條紋，尾根上和兩肩上有許多條燦爛的銀藍帶，下部是精緻的淺黃色，而有一條濃厚的深紅帶，這一條帶在肚腹上以黑色鑲邊。美麗的草綠色的家鴿，細小的紫黑兩色的「啄花鳥」（flower-pecker），巨大的黑色鳲鳩，金屬色的「得龍哥」（king-crow，即普通的drongo），金色的金鶯，及優美的莽叢鶉雞——我們所有各種家禽的原始種——都是我在拉布安特靈所留意到的主要鳥類。

莽叢的大特色在於多刺：灌木有刺，蔓草有刺，連竹也有刺。各種植物統是參差屈曲的生長著，而且糾纏一處，所以攜鎗或網，或眼鏡，要想穿過這種莽叢，都是辦不到的，至於捕捉昆蟲更不消說了。這種莽叢就是那畫眉慣藏的地點，因此，我們射死畫眉以後，要想取牠又是一件難事，倘若沒有戳傷皮肉，扯破衣服的代價，簡直不能奪得這個獎品。乾燥的火山性土壤和乾燥的氣候，好像適合於這種短矮多刺的植物，因為土人都切實的對我說，這些植物和松巴哇的多刺植物相比簡直要等於零，那松巴哇的地面至今還覆蓋著火山的灰燼，這些灰燼都在四十年前為坦博拉的大爆發所噴射出來。

再就無刺的灌木喬木而論，最豐富的就是夾竹桃科，那各色各樣的二裂果往往具有誘惑的外觀，到處懸在路旁，彷彿引誘那些不知毒性的疲勞的旅行者來送死一般。其中有一種特別有了金橙色的輝煌光滑的果皮，在外觀上足以匹敵那「西方金蘋果園」（Hesperides）的金蘋果，對於許多鳥類——上自白色的白鸚，下至黃色微小的繡眼兒——都具有大吸引力，這些鳥類飽啖了這種果實破裂時所披露的深紅色種子。行李葉椰子（Corypha）的一種大棕櫚——土人叫它做「加篷」（Gubbong）——是這些平原上最顯異的特色，一共有好幾千株，可以分作三類——有的生葉，有的開花結果，有的枯萎。高聳的圓柱莖，大約有一百呎高，二三呎的直徑；樹葉碩大而做扇形；一面開花，一面就要落葉；在全部生存期內只開一次樹梢的穗形花，結成大簇綠色光滑的圓形果，大約有一吋的直徑。果實成熟脫落以後，樹身就要枯萎，再過一二年方才倒下。就中生葉的樹比開花結果的樹多得許多，而枯樹只是疏散的點綴於其間。有果實的樹就是上面說過的那些綠色大食果鴿的聚集處。但整群的獮猴（爪哇猴）往往也佔據樹上，撒下一陣陣的果實，一遇驚擾，就要喧譁叫啼，而在枯葉中間逃走的時候，也發出偌大的樹葉聲；同時群鴿的叫聲也隆隆震耳，好像野獸的咆哮。

我在此地的採集工作，感受異常的困難。一間小小的房子既要用作餐室，臥室，工場，又要用作儲藏室，解剖室；房內沒有櫥，架，桌，椅；螞蟻群集於各處，狗，貓和家禽可以隨意進來。再則這一間房子又是東家的接待室，我必須顧到東家和來賓的便利。我的主要家具只有一只箱子，被我用作餐桌，用作剝鳥皮時的座位，又用作剝下待乾的鳥類的收藏器。為求避免螞蟻起見，我們費了若干手續借得一條舊凳，把四隻凳腳插入盛水的椰子殼內，以免除那些妨害物。而這一只箱和這一條凳就是我們安置物品的唯一處所，並且通常都被兩只昆蟲箱和一百左右待乾的鳥皮所填塞著。所以這一層是容易推想得到的：每逢龐大的或異常的動物採集了來，「放到那裡去?」這個問題倒是無從解答。況且一切動物的質料若要完全弄乾，總需一段時間，在這段時間內都要發出一種不快的氣味，格外可以引誘螞蟻，蒼蠅，狗，鼠，貓和別些惹厭的動物，我們必須加以特別的小心和時常的監視；無奈在上述情形之下，又是無從下手。

大家讀到這裡，對於這一層的原因總可以明瞭了幾分，就是：以有限的工具從事考察的一個博物學家——像我自己一般——所做的事業，總比大家或他自己所期望的要減少了許多。把許多鳥獸的骨骼和爬蟲類魚類保存在酒精裡面，且把大動物的毛皮，奇特的水果，木材和最古怪的製造品，商品，也保存起來：自然是有趣的事情。但處在上述情形之下，要把這些東西加到我自己所特別嗜好的採集品上面去，卻是不可能的。在小舟上旅行的時候，既有同樣的或且更多的困難，而在旱路上旅行的時候，這些困難也不能減少。因此，我只得把採集的標本絕對限制到自己所能時常照料的若干群動物，以便自己費盡辛苦所獲的東西不致喪失或腐敗。

麥紐爾在下午坐下剝鳥皮的時候，他的周圍往往有一小群馬來人和薩薩克人（Sassaks，龍目土人稱呼）。他往往帶著教師的神氣，對他們談論種種事情，他們欣然側耳傾聽。他很喜歡談論「天意」（special providences），他相信他自己每天可以用作「天意」的題目。他往往說道：「今天阿拉真是仁慈」，因為他雖是一個基督教徒，卻採用回教的說法，「他已經給我們若干美鳥；我們若沒有他就不能做事。」於是有一個馬來人就要接下去說：「那是一定的，鳥雀正和人類相似；牠們有牠們註定的死期；死期到了，誰都救不了牠們，倘若死期沒有到，你也殺不了牠們。」這個主見說出以後，大家加以呢喃的承認，叫出幾聲：「部圖爾！部圖爾！」（就是「不錯，不錯」）於是麥紐爾就要說出他自己某次打獵失敗的長篇故事——怎麼樣看到一隻美鳥，怎麼樣尾追牠，忽然失了牠，又找到牠，對牠放了二三鎗，但總不曾打中牠。於是有一個馬來老人就要說道：「啊！牠的死期不曾到，所以你總不能殺牠。」這一條教義很可以寬慰那拙劣的射手，很可以解釋種種的事實，但總不能十分滿意。

這一層在龍目是一致相信的：就是有些人能夠變身為鱷去吞噬敵人；又有許多奇怪的故事說到這種變法。所以我在一天晚上聽見有人說起下面這樁古怪的事實，不免驚訝起來。當時在座的眾人對於這樁事實既無任何的反對，我且收錄在此，當作本島博物學上的一個貢獻。住在此地多年的一個婆羅洲的馬來人對麥紐爾說道：「本地有一件奇怪的事情——鬼的缺少。」麥紐爾問道：「何以見得？」那馬來人說：「這是你知道的：在我們西方各地，假使有人死了或被殺了，我們就不敢在晚上走過死人所在的地方，因為那地方總有各種鬼聲。但在此地被殺的人既多，而屍體又暴露於野上和路旁，可是我們在晚上挨著屍體走過去，卻沒有聽見或看見什麼東西：這種情形和我們的故鄉截然不同，你是明知的。」麥紐爾說：「我自然是明知的呀。」因此，大家斷定龍目若非完全無鬼，總是少鬼。不過據我看來，這種證據純粹是反面的證據，我們如果認它已經充分成立，在科學的審慎上就不免有所欠缺了。

有一個晚上，我聽到麥紐爾、阿理和一個馬來人同在戶外交頭耳語，時時說到「馬來短劍」，割喉嚨，人頭，等等。後來麥紐爾走進來，帶著十分莊重驚訝的面色，用英語對我說道：「先生——必須小心呀——此地沒有安寧了——要割喉嚨了。」我加以一番盤問，發覺那馬來人曾對他們報告拉惹下令本村呈獻若干人頭，充作寺院祭品，以求穀米的好收成。另有二三個馬來人和布吉人及我們的東家帝汶人都來證實這個報告，聲言此事逐年按期舉行，大家務須謹防，絕對不可隻身出外。我聽了以後，完全認作笑話，並想曉勸他們認作一種謠言，但不見效。他們大家都認自己的生命在危險中。麥紐爾不肯獨自出門射擊，我只得每天早上都去陪伴他，但我不久即在叢林內撇開了他。阿理不敢獨自出門尋柴；除非隨帶長矛，即往屋後相離幾碼的井上取水也不肯去。我始終認定這種命令並沒有發佈或接收，認定我們盡可放心。過了不久，果然得到一項充分的證據：有一個美國兵從一隻泊在本島東邊沿岸的兵船逃了出來，隻身步行，來到安帕喃，沿途受了極大的優待。在各處地方，凡是出於自願所供應他的膳宿，都不肯收受絲毫的報酬。我對麥紐爾指出這樁事實的時候，他卻答道：「他是一個惡人——從兵船逃出來——沒有一人能信他的話」；因此，我只得聽憑他憑空懷了喉嚨難保的驚慌。

有一種現象曾在此地發生，我們可以從此推測安帕喃的猛浪的來歷。某天晚上，我聽到一種奇異的隆隆聲音，同時覺得房屋略有搖動。我想這也許是雷聲，一面問道：「這是什麼？」我的東家印契道德答道：「這是一次地震」；又對我說及小震是偶然要有的，但大震則絕無所聞。這次的現象發生於下弦的日子，本是低潮的時期，海浪大都最為輕微。後來我在安帕喃探問一番，方才知道地震並無發生，只有一個晚上曾有一次猛浪撼動了房屋，且在次日又有一次高潮，潮水浸溺了卡忒先生的房屋，為前此所未見。這種異常的大潮往往相間發生，大家並不十分在意；但我經過詳細的探問以後，知道那次猛浪的確發生於我在拉布安特靈覺得地震的那天晚上——兩地相隔的距離差不多有二十哩。這種現象似乎表示著：尋常的巨浪雖可歸源於南方大洋的狂濤——這種狂濤會合在狹海峽內，為近岸海底的特別形狀所利用——但在天氣清明之時所有偶然發生的猛浪和高潮，卻可歸源於這顯著的火山地帶大洋的洋床微微的上升。

# 第二章　龍目——居民的風俗

我既在拉布安特靈製成一宗很優美有趣的鳥類採集品以後，辭別和善的居停印契道德，回到安帕喃，等候一個機會往望加錫去。開往望加錫的船隻卻不曾到此，故我決意往本島內地再做一次旅行，有羅斯先生（Mr. Ross）相陪，他是英國人，生於基隆群島（Keeling Islands），現奉荷蘭政府之命，到此解決一個不幸破產的教士的事件。卡忒先生好意的借我一匹馬，羅斯先生帶有他的土馬夫。

我們的路程有好幾哩通過一帶十分平坦的地方，到處都是廣泛的田稻。壁直的大路有高樹鑲邊，往往成為優美的樹蔭路。路上先則鋪沙，繼則鋪草，偶然或有河流和泥孔。大約走了四哩以後，我們來到馬塔蘭（Mataram），就是本島的首府，拉惹的駐節處。這是一個大村，內有廣闊的街道，街道兩旁各有堂皇的列樹路，和藏在泥牆後面的低屋。王城以內不許低級的土人騎馬行走，我們的侍者——一個爪哇人——只得牽馬步行，我們緩緩騎馬而過。拉惹與高僧的住宅有顯異的紅磚柱，堆砌得很是講究；而王宮本部和尋常的房屋沒有多大的區別。在馬塔蘭前面和它相近的就是卡朗加散（Karangassam），在本島不曾被峇里人征服時，為土拉惹——即薩薩克拉惹——的駐節處。

走過馬塔蘭不久以後，地面逐漸升高，成為微微的波浪形，間或擁出低阜朝著本島南北兩部的兩個多山地帶而去。我到了此地方才初次看見世界上一種最奇怪的墾殖制度的真相，那墾殖的情形可以匹敵我們所稱述的中國人的勤勉，而且據我看來，在這一片地面上所施的勞力，的確要超過歐洲文明各國對於任何面積相等的地面所施的勞力。我騎馬穿行這一片園圃的時候，心中非常驚異，並且簡直不能理解這樁事實：在這個遼遠無名的島上，除少數商人以外，一切歐洲人都受極端排斥的島上，竟有好多百方哩參差起伏的地面這樣精巧地墾成土臺，闢成平面，並且這樣周密地造成水道，到處都可任意灌水或排水。各處的土臺依照地面傾斜的情形為轉移，有幾處含有許多英畝，別幾處卻只有幾方碼。土臺上耕作的情形彼此不同；有的留著殘根，有的正在耕地，有的長著早晚不等的稻。這裡有幾片茂盛的煙草；那裡有胡瓜，甘薯，薯蕷，豆或玉蜀黍，顯出斑駁的景致。有幾處，溝渠已涸；有幾處，小河交叉於大路，並散佈於預備播種的各地。各土臺的邊緣鑲著整齊的水平的土岸，一級一級的高上去；有時圍抱了一個陡起的圓丘，彷彿是一座堡壘；有時環繞了一個深谷，構成大規模的圓形劇場的座位。每一條小河川都已經改換了河床，並不沿著窪地流下，而卻在大路升高到折中處和大路交叉著，可是河流的兩岸都有滿佈古代的樹木和苔蘚的石塊，具有天然河流的外觀，顯出開鑿甚古的證據。我們由此往前，風景生出變化：或有陡起的岩阜，或有深峻的澗谷，或在村落近旁有一簇簇的竹和棕櫚；而在遠方又有一帶優美的高山，其中龍目峰（Lombock Peak）高到八千呎，就是諸山的絕頂，做了這一片地面——無論就人事的趣味或風景的美麗說，都是罕有其匹的地面——的相當的背景。

我們在頭一段大路上遇到好幾百婦人，她們荷著米，水果和蔬菜往市場去；在第二段遇到延長不斷的馬匹載著裝袋的米或連穗的穀，往安帕喃港口而去。路上每隔幾哩，在樹蔭下面或小棚底下，有許多人坐著賣甘蔗，棕櫚，酒，米飯，醃蛋和油煎的車前，以及別的幾種土食品。在這些攤頭上，一便士可以買得合意的一餐，但我們卻只喝了一些棕櫚酒，這種甜酒是白天炎熱中的一種最甘美的飲料。我們大約走了二十哩以後，來到一個高燥的地域，水量既是缺少，耕種的地方只限於河岸上小片的平地。這一帶地面也和以前一樣的美麗，而性質卻是不同；到處是短草泥的波浪形的丘陵，間以優美的喬木林和灌木林，有幾處是森林，有幾處又是曠地。我們只穿過一小片真正的森林，頭上有高樹遮蔭著，四周的植物濃密而幽暗，和曠野的鬱熱相比真是格外宜人。

後來，過了正午大約一小時，我們到了目的地——庫旁村（Coupang），靠近本島的中心——而走入一個頭目的住宅的外天井來，我的朋友羅斯先生對這頭目曾有一面之緣。我們在一個草棚底下被邀入座，下面有了竹鋪的高地板，原是接見來賓的地方。我們將馬匹安頓在天井的茂草上吃草，一直等到頭目的馬來翻譯員出來，他問了我們的業務，說是「判巴克爾」（Pum-buckle，即頭目）剛剛往拉惹家去，不久就要回家。我們因為還沒有吃過早餐，向他要求一點吃的東西，他答應趕快去辦。可是過了二小時左右以後，方才有一點東西拿來，一個小托盆端來兩小碟飯，四個小煎魚和一點蔬菜。我們這樣吃了早餐以後，周遊本村一次，再走了回來，沿途和一班圍繞我們的男人男孩攀談，和一班在門縫上或其他縫隙上窺探我們的婦人女子交換眼色同笑臉，來娛樂我們自己。有兩個取名穆薩和易薩（即摩西和耶穌）的男孩兒做了我們的好友，還有一個取名卡昌（即一顆豆）的頑皮孩兒做出種種怪臉和摹仿，使我們大家發笑。

後來大約在四點鐘的時候，判巴克爾方才露面，我們對他說明自己要想和他同住幾天，以便捕弋鳥類並遊覽各地。他對這一層似乎有些為難，問我們是否帶有「阿那克阿功」（Anak Agong，即天子）所出的信，這「阿那克阿功」就是龍目拉惹的稱呼。我們以為這種手續無關緊要，所以不曾措辦；他就突然對我們說，他必須往報拉惹，再可定奪。一點鐘一點鐘挨了過去，一直挨到晚上，他還不曾回來。我方才想到我們已經被他疑作懷有惡謀，因為判巴克爾顯然怕他自己受累。他是一個薩薩克親王，雖是現任拉惹的擁護人，卻和上次作亂的幾個頭目有了關係，那次叛亂剛在幾年前平定下去。

大約五點鐘的時候，一匹馱貨的馬馱著我的鳥鎗衣服到來，我的傭人阿理和麥紐爾也步行同來。太陽下山了，天氣過一會兒也黑暗了，我們都沈悶地坐在草棚底下，並無一人照料，腹內很是飢餓。我們還是一點鐘一點鐘等候著，直到九點鐘左右，那判巴克爾，拉惹，幾個僧人，和一班隨員方才到來，圍著我們坐下。我們行了握手禮，沈默了幾分鐘。於是拉惹開口詢問我們要什麼東西；羅斯先生回答他的問題，極力想使他們明瞭我們是什麼人，為什麼而來，並且明瞭我們並無惡意，明瞭我們不曾請求「阿那克阿功」出信的緣故，只在我們認作這種手續無關緊要。他們聽了以後，用峇里語談論一番，再問及我的鳥鎗，問我有什麼火藥，用什麼子彈；又問我射鳥有什麼用處，怎樣保存射下的鳥類，在英格蘭拿這些鳥類幹什麼事。每逢我解答一次，他們都低聲鄭重的談論一次，我們雖則不懂，卻可猜測其主旨所在。他們顯然十分懷疑，並且絲毫不信我們所說的話。於是他們盤問我們是否真是英國人，而不是荷蘭人；我們雖然極力申說我們的國籍，但他們似乎並不信任我們。

可是過一點鐘左右以後，他們卻送上一點晚餐（和早餐相同，但沒有魚），隨後又送上一點用糖煮成的稀薄的咖啡和南瓜。於是續開第二次會議；各種問題再問一番，各種答語也再評論一番。中間難以討論種種比較輕微的論題。我的眼鏡（中凹的鏡片）連續被三四個老年人試了一回，他們不能明曉自己所以不能戴這眼鏡看東西的緣故，顯然又對我加上一層懷疑。我的鬍子也成了一個讚賞的題目，並且屢次問及身體上的特點，問及歐洲社會上絕對不去提及的特點。直到後來，大約在晚上一點鐘的時候，全體人員起立作別，他們在大門上談論幾時以後，方才大家走開。只有那個翻譯員同幾個男孩男人留在我們旁邊，我們要求他指示我們一個睡覺的地方。他聽了以後，似乎十分驚異，說是據他看來，我們宿在草棚底下總算好極了。天氣很是寒冷，我們只穿薄衣，並且不帶氈毯，但我們費一點鐘的唇舌所獲的結果卻只是一條蓆子和一個枕頭，及一些舊簾圍掛草棚的三邊，稍稍遮隔了寒冷的微風。我們很不舒服的過了晚上其餘的時間，並且決意在早上動身回去，不願再受這種鄙陋的待遇。

我們在破曉時起來，但等候了一點鐘相近，方才看見翻譯員出來。我們向他要求一點咖啡；且因阿理跛腳，我們缺需一匹乘馬，我們又想向判巴克爾告別，故求親見判巴克爾。那翻譯員彷佛駭怪這種聞所未聞的要求，就避入裡天井去，隨手鎖了門戶，聽憑我們自作道理。過了一點鐘仍舊沒有一人出來，我只好吩咐傭人裝置馬匹，預備動身。剛在那時，翻譯員騎馬而來，看見我們預備動身，不免驚駭起來。我們問道：「判巴克爾在那裡？」他說：「到拉蒽家裡去了。」我說：「我們要去了。」他就說：「喔！請不要去，且等一等；他們正在商議，並且有幾個僧人要來看你們，又有一個頭目已往馬塔蘭去請阿那克阿功允許你們停留。」從此我們的事件告一段落。再費唇舌，莫非再多耽擱，並且再經八個或十個鐘頭的商議也斷難忍受；因此，我們立刻動身，那可憐的翻譯員看著我們的固執和匆忙，幾乎哭了出來，他再三對我們說：「判巴克爾不免十分傷心，拉惹也不免十分傷心，只要我們等候一番，一切都有辦法。」我給阿理以我的馬，我自己步行動身，但他後來卻騎在羅斯先生的馬夫背後；天氣雖熱，人馬雖疲，我們卻安然到家。

我們在馬塔蘭訪晤「加斯替加狄奧卡」（Gusti Gadioca），他是龍目的一個親王，卡忒先生的朋友，曾許我觀看他的本地鎗。他取出兩支鎗給我看，一支六呎、一支七呎長，各有相稱的大口徑。鎗管扭曲而完美，但不及我們的精緻。精製的鎗床伸長到鎗管的尖頭。表面上大半都嵌有金銀的飾物，但鎗機卻從英國的毛瑟鎗取來。可是「加斯替」切實對我說，拉惹確有一人製造鎗機和來福鎗管（rifled barrels）。他再領我們往看製鎗的工場和使用的器械。一所開朗的草棚和一對泥土的小鎔鐵爐是我們看見的主要物件。風箱用兩個竹筒做成，裝有用手抽送的活塞。活塞的四周厚厚的鑲著毛羽的寬鬆填料，所以抽送很是輕便，用作氣門可生固定的吹氣。兩個竹筒有一個管嘴相通，一邊的活塞上升，一邊的活塞同時下降。放在地上一塊長方形的鐵就是鐵砧，又有一個小小的虎頭鉗裝置在外邊一株樹的凸根上。以上這些物件，加上幾把銼刀幾個鐵鎚，的確就是一個老工人用以製鎗的唯一器械，拿粗鐵和木料一手製成這些好鎗。

我很想知道他們穿鑿鎗管的情形，這種鎗管似乎十分真實，並且據說很是合用；而問了加

T. Baines.

斯替以後，卻得到這個費解的答語：「我們用著一只盛滿石塊的籃。」我因為絕對不能想像他所說的意思，就問他可否借看，於是圍在我們四周的男孩中就有一個被他差去取籃。那個孩兒去了不久就取得這個最奇特的穿孔機器回來，於是加斯替就把機器的用法給我解釋一番。這個機器單是一只堅固的竹籃，穿過籃底有一條大約三呎長的棍子直豎的插著，這條棍子用幾條棒橫穿竹籃把它扶定，這些棒用藤攀過籃頂縛牢。棍子的下端裝有一個鐵環，鑿有一個方孔，孔內插著鋼鐵的四角形穿孔器。要穿孔的鎗管直豎地插入地中，穿孔器插入鎗管裡，穿孔器的直柄——即上面所說的棍子——在頂端處裝有一段橫竹，這段竹在折中處鑿成一個孔，套在直柄上成為十字形，籃裡盛滿石塊使生所需的重量。兩個男孩旋轉那橫竹。這些鎗管用若干段大約十八吋長的鐵管做成，這些鐵管先穿出小孔，再套在一條壁直的鐵桿上鎚合一氣。然後把整支的鎗管用逐漸加大的穿孔器製造出來，在三天以內可以完工。全部的工程他既然用這樣直率的態度解釋出來，我當然可以確信他所敘述的程序就是實際採用的程序；不過我們考察他們所製優美完好而合用的鎗枝的時候，我們簡直無從窺測這樁事實，就是：這些好鎗自始至終多用這樣簡陋的一套器械做成，這套器械簡直不夠一個英國的鐵匠用來做馬蹄鐵。

我們旅行回家的第二天，拉惹來到安帕喃的加斯替加狄奧卡家裡吃酒。拉惹來到不久，我們就去見他。我們看見他在一個大天井裡坐在一株有蔭的樹下一條薦子上；他的一切隨員三四百人都環著他蹲坐地上成一大圈。他穿著馬來裙和綠色短衣。他大約有三十五歲的年紀，生成一副宜人的面貌，帶著有機智而無決斷的神色。我們鞠了躬，靠近我們所認識的幾個頭目坐在地上，因為拉惹坐著的時候，不許有人比他站得或坐得更高。他先問我是什麼人，問我在龍目要做什麼事，再請我取出一些鳥類給他看看。因此，我差人取來一箱鳥皮和一箱昆蟲，他仔細看了一番，似乎十分驚異這些動物竟可這樣完好的保存起來。於是我們攀談一回，談及歐洲並俄羅斯戰事——對這些事情一切土人都喜歡聽。我屢次聽說拉惹有一所別墅叫做加囊薩立（Gunong Sari），至此乘機求他許我往遊，並許我去射幾隻鳥，果然立刻承他許可。我謝了他，我們就此告辭。

過一點鐘以後，他的兒子帶著一百左右隨員來訪卡忒先生。這班隨員坐在地上，他自己走進麥紐爾正在剝鳥皮的草棚裡來。再過幾時他走入屋裡去，叫人佈置一張床睡了一下，再喝些酒，過一二點鐘以後，加斯替家裡送上晚餐，給他和八個高貴的僧人及親主同吃。他對著飯祝福一番，開始先吃，於是其餘的人也跟著同吃。他們用手取飯滾成飯球，蘸了肉汁，攙以各式煮法的小片的肉及雞，敏捷地吞嚥下去。少年拉惹吃飯時，有一男孩給他扇著。他是一個大約十五歲的少年，卻已有了三個妻子。他們都掛有馬來的彎曲短劍，並且滿口誇美短劍的好看和值錢。有一個拉惹的同伴掛有一柄短劍，裝著金子的劍柄，嵌有二十八粒鑽石及幾粒別的寶石。他說這柄短劍價值七百鎊。他們短劍的劍套都用有裝飾品的木料和象牙做成，有一邊往往鑲金的。劍口上都用白色的金屬嵌成美麗的花紋，並且都保護得十分周到。他們各人的短劍一概插在背後的腰衣裡面，通常這柄短劍就是他財產上最貴重的物件。

過了幾天以後，我們談論已久的加囊薩立的旅行果然實現。加入我們團體的又有一隻載米運往中國的漢堡船（Hamburg）的船長及押貨客。我們所騎的馬是一批駁雜的龍目馬，要想找尋必需的馬鞍等項倒不容易；我們大半都需自己配製馬肚帶，馬韁繩，或馬鐙皮帶。我們走過馬塔蘭的時候，我們的朋友加斯替加狄奧卡加入團體裡來，他騎著一匹優美的黑馬，也和一切的土人一般，並無馬鞍或馬踏鐙，僅用一幅美麗的鞍布和高度裝飾的馬轡繩。

大約沿著有趣的僻路再走了三哩，我們就走到目的地。我們從一個尚稱優美的砌磚大門走入，有面目可憎的印度神像支托大門。裡面就是一個圍場，有兩口正方形的魚池及若干優美的樹木。我們再穿過一個大門，走入一個花園裡來。右邊有一所磚屋，帶幾分印度的格式，築在一個高高的土臺上；左邊有一口大魚池，池水為一條小川所供給，這小川從一個用磚同石精製而成的巨鱷口中吐出，流入池內。池的邊緣用磚砌成；池的中心擁出一所怪誕而美麗的亭閣，上面裝飾著奇異的石像。池內蓄著佳魚，每天早上聽見木鑼的聲音都出來就食，那木鑼掛在旁邊就是為此。我們敲了木鑼以後，立刻有一陣魚從池內叢生的大堆水草裡面鑽了出來，沿岸跟隨我們求食。同時有幾隻鹿也從鄰近的一處樹林裡面走出來，牠們罕受射擊而常得飼養，已和馴鹿相近。花園四周的叢莽和樹林似乎有極多的鳥類；我就去射下幾隻，竟獲得優美新奇的魚狗（「林棲鴗」）及古怪好看的地棲畫眉（原註學名：Zoothera andromedia）。這種魚狗簡直名不副實，並不常往水邊，也不捕魚。牠常在低濕的叢林裡啄食地棲的昆蟲，蜈蚣和細小的軟體動物。我覺得這一次的遊覽很是可喜，並且從此以後我更看重本島居民的審美觀念，不過他們所有建築物和雕刻品的格式，卻比爪哇那些宏壯的遺蹟惡劣得多。我必須在此稍述他們的品性和風俗。

龍目的土人叫做薩薩克人。他們是一種馬來民族，在面貌上簡直和麻剌甲或婆羅洲的土人沒有什麼大差別。他們是回教徒，構成全島人口的大多數。但治者階級卻是鄰島峇里的土人，信奉婆羅門教。政體雖是君主專制，而政府的舉措卻比馬來諸邦所常見的似乎更為高明而寬和。征服本島的就是現任拉惹的父親，島上的居民對於他們的新統治者似乎已很融洽，那些統治者並不干涉他們的宗教，並且比從前的土酋的徵收賦稅大約也並不加重。島上現在的法律很是嚴厲；犯了偷竊就要處死。卡忒先生報告我說，從前有人由他家裡偷去一只金屬的咖啡鍋子。那人被捉以後——鍋子歸還——交給卡忒先生自由處罰。土人都請卡忒先生當場把他處死。他們說：「你若不殺死他，他要再來劫你。」卡忒先生竟放他回去，只警告他說，他若第二次闖進家裡來，定要用鎗對付。過幾個月以後，那人果然又偷去卡忒先生的一匹馬。馬匹雖然歸還，而竊賊卻沒有捉到。這是一種通例：凡在晚上有人發覺竊賊躲在人家屋裡，除非是屋主自己知道，都可把竊賊殺死，把他的屍體拋在街心或海濱，不致有人過問。

男人非常嫉妒，對待妻子很嚴。已婚的婦人即在劇痛的時候，也不許從陌生人手裡接受一支雪茄煙或一枚蒟醬葉。有人報告我說，幾年前有一個英國商人娶了一個好家庭出身的峇里婦人同居——這種結合被土人認作十分光榮的事。某次宴會時，這女人犯了法律，因為她從男人手裡接受一朵花或別的小物件。後來拉惹聞悉此事（那女人和拉惹的某幾個妃嬪有了親誼），立刻差人到英國商人家裡來，飭他交出女人，因她必須處死。那英國人百般哀求，並自願償付拉惹要科他的多少罰金，但都無效，後來他就決意除了被迫以外，斷不把她交出。拉惹不願用強迫的手段，因為他當然認定此事一半雖為他自己的體面而做，卻有一半是為英國人的體面而做的；因此他一時丟開此事不提。但過幾時以後，他又差了一個隨員到英國人家裡來，招呼那女人到門口上，對她說，「拉惹送你這個」，就刺死她。通姦的處罰更為殘酷：凡通姦的男女都要背靠背地縛著投入海中，給那時時狙伺著的大鱷來吞噬。我在安帕喃的時候，曾有這種死刑執行；但我剛好往內地旅行，直到此事完結以後，方才回來，竟失了一個敘述這樁凶事來助讀者興趣的機會。

一天早上，我們坐下早餐的時候，卡忒先生的僕人忽然通報我們村中有「阿摩克」（Amok）——就是有一男人要「橫衝直撞的殺人」。於是我們圍場的大門一齊緊閉起來；但過了一會，我們卻聽不見有什麼，就跑出外邊來，方才知道是由於一個奴隸逃走的緣故，發生一種訛傳的恐慌，聲言說他要「阿摩克」了，因為他主人要賣他。在頃刻以前，有一男人曾在賭桌上被殺，因為他輸了半塊多錢，就開始要「阿摩克」了。又有一男人在被戕以前，一共殺死或戳傷十七人。在他們的爭鬥當中，這些人有時全體同意來「阿摩克」，他們不顧死活的衝撞而前，對於那些不和他們一樣興奮的人是很可怕的。在從前的時候，這些人被大家看作為國捐軀的英雄或神人一般。但在現在，大家單說他們是「阿摩克」。

這種風氣在東方最著名的地方就是望加錫。據說，在那裡平均每一個月總有一次或二次，並且每一次要死傷五人，十人或二十人。這種風氣是蘇拉威西土人具有民族性的——所以又是有光榮的——自殺的方法，也是他們解除苦惱的流行的方法。就自殺而論，羅馬人伏劍，日本人剖腹，英國人以手鎗轟腦：都和蘇拉威西土人不同。布吉人——即蘇拉威西土人——的自殺方法，對於自殺者有許多便宜。凡一男人自覺為社會所欺侮——或者負債不能清償，或者被擄為奴，或者賭輸了錢，把妻子和孩兒都輸作奴婢——看見自己沒法挽回了，就會不顧死活起來。他不去忍受這些殘酷的欺侮，卻要向人類來報復，而獲得一種英雄似的死。他抓住劍柄，停了一會，再拔出劍來，刺入一個男人的胸膛。他向前跑去，手中拿著血劍，逢人便刺。於是滿街高喊著：「阿摩克！阿摩克！」長矛、短劍，和刀、鎗紛紛持出抵抗他。他直衝而前，如醉如狂，盡量的殺人——不論男人婦女和小孩——後來方在惡戰當中死在眾人手下。這種興奮的心理只有那些做過「阿摩克」的人最為熟悉，不過無論何人只要發過狂暴的脾氣，或者做過激烈的興奮的體操，都可以想像到幾分的程度。它是一種神志昏迷的痲醉，一種暫時的發狂吸收了一切的思想和力量。那麼，我們怎能怪那佩劍，不學沈思鬱慮的馬來人呢？當他不照法律去報復私怨，而擅殺仇人的時候，倘若他想解除種種無可抵抗的苦惱，或想避免絞刑吏的殘忍與對眾正法的恥辱，他總願有這種轟轟烈烈的死，而不願淒涼艱苦而死的。不論他想解除苦惱或想避免慘刑，他總情願去「阿摩克」。

龍目與峇里兩島貿易上的主幹就是穀米與咖啡；穀米產於平原，而咖啡則產於山阜。穀米的大宗出口運往馬來群島的其餘各島與新加坡，甚至中國，而且通常在港口上總有一隻或幾隻裝米的船。穀米由內地用馬匹運到安帕喃，這種馬匹差不多每天總有一批來到卡忒先生的天井上。土人賣米所受的錢只是中國的銅錢，一千二百文用作大洋一圓。每天早上須有兩大袋的銅錢預先數好便利的數目以便給發。由峇里出口的有大宗乾牛肉和牛尾，從龍目出口的有許多鴨和馬。龍目的鴨種是特異的：鴨身扁長，聳身而走，與企鵝幾乎相同。牠們通常是淡紅的灰色，大陣的養著。賣價很便宜，米船的水手們是大宗的消費者，他們叫這種鴨做「貝力兵」（Baly-soldiers），但在別處往往叫做「企鴨」（penguin-ducks）。

我的剝製鳥類工人葡萄牙人斐喃得斯（Fernandez），現在很堅持地要和我解約回新加坡去；

一部分是由於思家，但大部分是由於——我相信——這個觀念，就是：他的性命在這些殺人不眨眼的未開化民族中間很是危險。這一層對我損失很大，因為我已預先給他足足三倍於平常三個月的工資，而這三個月內有一半費在航程上，其餘一半費在一處不需有他相助的地方，因為那地方絕少昆蟲，我自己可用全副精神來射擊剝製。斐喃得斯去了幾天以後，有一隻開往望加錫的小雙桅船進口，我就乘坐而往。我在下文要敘述自己所聽到的現任拉惹的一樁故事，用作自己描寫這幾個有趣島嶼的一個適當的結尾；這樁故事是否完全真實，雖不可知，但它的確可以指證土人的品性，可以用作介紹本地風俗上幾種細節的工具——這些細節我在上文還不曾提及。

# 第三章
# 龍目——拉惹調查戶口的方法

龍目的拉惹很有識見；他所用調查戶口的方法很可顯出他的識見。讀者須知拉惹的主要稅收由人頭稅的穀米而來；島上無論男婦小孩每人每年須納小量的穀米。無論何人當然都願繳納這種稅，因為稅既很輕，而土地又肥，人民的境況很佳；但這種稅須經多人之手方可解入中央政府的倉庫。村民收穫已完，納穀於「卡帕拉坎篷」（Kapala kampong）——即村正；有時候村正不免憐恤窮人病人，准他們短少，有時候又不得不買好那些懷恨他的村民；並且他自已的穀倉須比鄰居更為豐盈，以保持他自己的體面，故他轉解到本區「威多諾」的穀數總比實數減少許多。那些「威多諾」當然也要替自己打算，因為他們都負著債務，他們看看轉解拉惹的穀這樣多，以為從中取去一點不算什麼稀奇。其次，那些「加斯替」——即親王——收到威多諾所解的穀以後，也要同樣的替自己打算，因此在收穫終結以後，官穀全部解到中央的時候，拉惹收入的穀數總是逐年減少下去。某區的疾病，某區的疫癘，及某區的歉收當然各自聲辯為糧穀減少的原因；但當拉惹親往某處山麓打獵，或往遠地會見某「加斯替」的時候，他總看見各村都有稠密的人口，並且看見他們都豐衣美食，熙來攘往。他又留心到屬下的頭目們和官吏們所佩的短劍都逐漸講究起來：黃木的劍柄換作象牙，象牙的劍柄換作金子，並且嵌有燦爛的鑽石和翡翠；故他很明白糧穀的去路。但他不能證明它，只好暫時緘默，心下決意要把戶口調查一次，以便洞悉人口的數目，不致受欺於屬下的官吏。

但有一層困難，就是怎樣去調查人口？他不能親往各村各戶去計算；倘若下令那班官吏去代辦，他們又要立刻發覺此事的來由，那麼，戶口調查的結果當然和他去年所徵的糧穀剛好相符。所以要實現他的宗旨，務須不令一人能夠猜到戶口調查的緣故；但要做到這一層，又須不令一人能夠發覺戶口調查這一件事。這當然是一個難題；拉惹想了又想，但總不能解決；因此，他十分懊惱，每天只與寵妃在一處吸吸煙，嚼嚼蒟醬，無意做事，並且無意吃東西；即使去鬥一回雞，也不關心自己的第一等雄雞究竟輸贏如何。他懊惱了好幾天，滿朝的官吏都怕拉惹著了魔；並且有一個倒楣的愛爾蘭船長，他生有一雙可畏的斜眼，剛在那時為了一船米到城裡來，幾乎送掉自己的性命，幸虧他是初次帶到拉惹面前，所以蒙了王恩，被扣留在一隻船上，同時他自己的船停在港口。

可是有一天早上，大約過了一星期的連續懊惱以後，忽然有一種歡喜的轉機，因為拉惹召集馬塔蘭城裡——他的京城——的一切頭目，僧人，和親王到朝廷來；當他們大家會在一處，心中懷著迫切期望的時候，他對他們這樣說道：「這許多天我心裡很是懊惱，卻不知道所以然的緣故，但到現在，這種懊惱已經掃除，因我已得一夢。昨天晚上阿貢火山（Gunung Agong）——那大火山——的神靈對我顯現，並且告訴我說，我必須到那山頂上去。你們大家都可與我同去，一直去到山頂相近的地方，但升到山頂的時候，我必須單身而往，那大神靈再要對我顯現，要告訴我一樁對我對你們並對全島人民極關重要的事情。你們大家都該回去把這一層宣揚於全島，且使各村供給夫役淨除一條大路，以便我們穿過森林，登上大山。」

因此，拉惹要在大山頂會見大神靈的消息滿佈於全島；各村發派夫役，淨除叢林，架造橋梁於山澗上，剷平崎嶇的地方，以備拉惹行走。遇有峻峭嶙峋的岩石，就去另闢佳徑：有時沿著急湍的乾涸河床，有時沿著黑岩的狹岡；在某處砍下一株大樹，用來跨過一個裂縫，在某處造成許多梯步，升上懸崖的滑面。監工的頭目們依照路徑的性質，預先安排每天路程的距離，在清流的岸邊及樹蔭的近旁，選定宜人的地點，建造草棚和竹舍，用棕櫚葉蓋成屋頂，以便拉惹與隨員到每天路程的終點可在這裡歇宿。

一切佈置妥當以後，親王，僧人，和主要人物晉見拉惹，報告預備的情形，並探問他的登山日期。他定下一個日子，下令各地有爵位有職權的人都來陪伴他，以便致敬那囑咐他舉行此事的大神靈，並表示他們服從他的命令的誠意。於是全島各地都有一番大預備。大家宰殺肥美的牲畜，醃成臘肉；收拾豐富紅胡椒與甜番薯；攀上巍峨的「匹囊樹」（pinang-trees），取下芬芳的蒟醬果，把蒟醬葉縛成一束一束，各人都把煙袋和「宜母子匣」（lime box）滿滿的裝好，以便在路上不會缺少嚼蒟醬的任何材料。在指定動身的前一天，全島大大小小的頭目都到馬塔蘭來，帶同他們的馬匹和僕人，以及臥薦和糧草。他們在馬塔蘭附郭大路旁邊的「窩靈金樹」（Waringin-trees）下搭起帳幕，燒著火燄來嚇退晚上要出現於幽暗的樹蔭路上的惡鬼和妖怪。

到了早上，他們排成大隊，導引拉惹向著大山出發。拉惹的皇親貴戚騎著黑馬，馬尾掃刷地面；他們不用馬鞍與馬踏鐙，只坐在鮮豔的鞍布上；馬銜用銀做成，馬轡繩用斑斕的繩索做成。其餘爵位較低的人騎著色彩駁雜的小駿馬，與登山的旅行是很相宜的。不過大家（連拉蕙也如此）都赤著腳膊，只穿鮮豔的棉布腰衣，及一件綢緞的或棉布的短褂，頭上纏有一塊很大的手巾，摺疊得很是講究。各人背後都有一二個僕人拿著他的蒟醬粉和蒟醬匣，騎在馬上追蹤而前；又有大隊的僕人預先往前而去，或在前面等候後面的人上來。有爵位的人們總有幾百，他們的隨員竟至幾千，全島的人民都怪著後來究竟生出什麼大事。

頭兩天，他們沿著好路行走，穿過許多村莊，村莊內都已打掃乾淨，窗口上掛出鮮明的布疋；拉蕙蒞臨的時候，村民一律蹲踞地上對他致敬，一切騎馬的人都下馬蹲踞地上，並且每走過一個村莊，總有許多人加入旅行隊來。在他們停下過夜的地方，人民早在屋前大路的兩側豎起木樁。木樁的頂尖一一剖成椏叉，椏叉上放著小泥燈；各木樁中間接連地插著棕櫚的綠葉，這些綠葉上有滴滴的暮露，與閃爍的燈光互相輝映。村中只有少數人在那天晚上睡到天明，因為各家都開著一個小談話會，消耗大宗的蒟醬果，各人憑著己見猜測這次事件所生出的結果。

第二天，他們離別了最後的村莊，進入大山四周的曠野上來，在竹舍裡憩息著，這些竹舍建在一條溪流的兩岸上。拉蕙的獵人拿了又長又重的鎗，往四周的樹林內找尋野牛與鹿，在早上一早帶回鹿肉和野牛肉，差人預先帶往前面去預備中餐。第三天，他們盡了馬力遠遠往前而去，在高岩的岩麓上支搭帳幕，只有狹小的路徑介在這些高岩中間可以通上山頂。在第四天早上拉蕙動身的時候，只有一小隊的僧人和親王並他們的貼身隨員陪伴著他；他們辛辛苦苦的走上崎嶇的山徑，有時由他們的僕人背了上去；他們一直走上高樹林，再穿過灌木林，走到山上高處黑色的火燒岩。

他們走近山頂的時候，拉惹吩咐他們大家從此止步，同時他自己前往本山的尖峰上去會見那大神靈。因此，他只帶同兩個替他拿蒟醬粉及蒟醬的男孩往上而去，不久走到巨岩中間的山頂，站在深坑的邊緣，深坑裡時時發出煙與汽。拉惹要了蒟醬粉，吩咐兩個男孩坐在一塊岩石底下，眼睛向山下看去，不准走動一步，一直等到他回來為止。他們既已疲倦，太陽又是溫暖宜人，頭上的岩石遮隔了冷風，所以他們不久就沈沈入睡了。拉惹稍稍走上幾步，走到另外一塊岩石底下，他既已疲倦，太陽又溫暖宜人，故也沈沈入睡了。

在下面等候拉惹的官員，想他在山頂上已有多時，想那大神靈總有許多話要說，也許那大神靈把他永久留住，也許他下山來走錯了路。他們正在討論應否上去找他的時候，忽然看見他同著那兩個男孩下山而來。他遇到他們的時候，現出莊嚴的神色，並不說什麼話；於是大家一同下山，大隊的人馬與從前來的時候同樣的回去；拉惹回宮，各頭目回村，人民回家，各各報告他妻子兒女以一切經過的情形，卻仍舊不知道將來有什麼一回事。

過了三天以後，拉惹召集馬塔蘭的僧人，親王，及重要人物，來諦聽那大神靈在山頂上所告訴他的話。他們會集一處，嚼過蒟醬與蒟醬粉以後，拉惹把經過的情形告訴他們，他在山頂曾經墮入心神恍惚的境地，那大神靈對他顯現，臉上發出金光，並且說道：「拉惹呵！大疫大病及瘧疾將要降臨於大地，降在人馬及牲畜身上；但你與你的人民既已服從我，親到我大山上來，我願教你以你與龍目一切人民避免這次大疫的方法。」於是大家都急切地要諦聽他們自己救拔災難的方法。拉惹靜默一會以後，再告訴他們說——那大神靈曾經囑咐他鑄造十二柄神聖的短劍，為鑄造這些短劍起見，須由各村各區各各解上一束的針，各村人民每一人須納一針。無論那一村若有惡疾發生，須有一柄短劍送往；無論那一村如果各家都納確數的針，村中的疾病便可停止；倘若所納的針數與人口數不符，造成的短劍就要不靈。

因此，各親王各頭目各各差人回村，去傳佈這個奇怪的消息；大家急忙去收集確數的針，生怕缺少一針就要累及全村。於是各村的頭目先後解上一束一束的針；那些和馬塔蘭相近的各村首先解到，其他遠處的各村最後解到；拉惹親自撿收一束一束的針，小心的藏在內室，藏在一只樟樹做的箱子內，那箱子的鉸鏈與鉤釦都是銀子做的；每一束針都標明那束針所由來的村名和區名，以便檢查全國的各村已否遵行大神靈的囑咐。

拉惹看見全國的各村都已解到以後，就把這許多束的針分作相等的十二捆，吩咐馬塔蘭的最好的鋼匠帶同鎔鐵爐，風箱，和鐵鎚到宮裡來，在拉惹眼前，並在眾人面前，鑄造那十二柄短劍。短劍鑄成以後，用新鮮的綢緞裹好，慎重地保藏起來，以待不時之需。

拉惹率領百官前往大山的旅行剛在起東風的時令，那時龍目全島是沒有雨的。到了短劍鑄成以後，不久就是田稻收穫之期，各村各區的頭目都依照各村的人口，解上他們的糧穀。對那些稍微比全數缺少一點的頭目，拉惹並不說什麼話；但對那些只解全數的一半或四分之一的頭目，他就寬和地開口說道：「你所解上你那一村的針比某一村的針要多得多，可是你所解上的糧穀卻比那一村少些；你且回去調查一下，看誰沒有納穀。」因此，第二年所徵的糧穀大有起色，因為他們都怕拉惹要嚴辦那些第二次再吞沒國稅的頭目了。於是拉惹很是富裕，從事添招兵士，並以珠寶的首飾分贈於妃嬪，又向白種的荷蘭人買入精良的黑馬，且在兒女生下或成婚的時候，設筵相慶；故馬來各民族的「拉惹」或「蘇丹」（Sultans）在權勢上，並沒有一個比得上龍目的拉惹。

那十二柄神聖的短劍也大有用處。不論那一村若有一點疾病發生，都以一柄短劍送往治病。有時候，疾病果然去了，那柄短劍受了隆重的敬禮送回宮中，那一村的頭目們進京稟謝拉惹。有時候，疾病並沒有去，大家就認定那一村所納的針數不免有錯，以致神聖的短劍不能見效，於是那柄短劍由頭目們送回宮中，雖則懷著滿腹的憂慮，卻仍用著隆重的敬禮——因為這種過失安知不是他們自己的過失呢？

# 第四章
# 帝汶　庫旁：一八五七到一八五九年　得力：一八六一年

帝汶島大約有三百哩長，六十哩闊，似乎成了一大帶火山性島嶼的極點，那一大帶島嶼開始於向西二千多哩以外的蘇門答臘。可是本島卻和這一帶所有別的島嶼顯然不同，因為境內除了中心附近的帝汶峰（Timor Peak）在從前是活火山以外，並沒有什麼活火山，而且帝汶峰也已被毀於一六三八年的那次爆發，自從那次爆發以後一向都是安靜的。在帝汶全島的其他各部，的確沒有什麼新近的火成岩，故本島簡直不能認作一個火山性的島嶼。實際上它的位置剛剛跳出這個大火山帶以外，那火山帶從弗洛勒斯經過溫拜（Ombay）味忒（Wetter）伸張到班達。

我第一次往遊帝汶是在一八五七年，留在庫旁（Coupang）一天，庫旁是本島西端的荷蘭要城；後在一八五九年五月又再往遊，在庫旁一帶住了十四天。在一八六一年春季，我在得力（Delli）度了四個月，得力就是本島東部葡萄牙各殖民地的首城。

庫旁附近一帶，似乎都在新近的時代方才上升成陸，由珊瑚岩的一個崎嶇表面構成，那珊瑚岩聳出陡峻的岩壁，介在海濱與城市中間，城內紅瓦白牆的低屋，使本城的外觀與荷蘭人的其他東方殖民地十分相似。植物是到處稀疏矮小的。夾竹桃科與大戟科的植物很是豐富；但可稱作森林的植物卻是沒有，地面的景象焦枯荒涼，與摩鹿加群島或新加坡的長青高林截然相反。植物上最顯著的特色，在於扇形葉的美麗棕櫚（原註學名：Borassus flabelliformis）的繁殖，普通所用的堅固耐久的水桶都由這種棕櫚葉做成，比別種棕櫚葉做成的好得許多。棕櫚酒及棕櫚糖也由這種棕櫚做成。並且用這種棕櫚葉蓋成的普通屋頂，可以用到六七年無須更換。我在城市附近，看出高潮標以下有一所毀屋的基址，分明表示著新近時期的陷落。地震並不厲害，而且極其稀少輕微，故主要的房屋概用岩石築成。

庫旁的居民，除土人以外，有馬來人，中國人，與荷蘭人；故有許多奇異複雜的混合種。有一英國商人僑居於此。捕鯨船及澳大利亞的船隻，時常到此裝貨取水。土著的帝汶人很是奇特，我們只須略加考察，就可看出他們和馬來人全然不同，而和阿魯群島及新幾內亞的真正巴布亞人則極接近。他們的身軀很高，具有種種明顯的特點，鼻子很大，略帶彎鉤，頭髮鬈曲，皮膚通常是暗棕色。婦女們談話的態度，高聲嬉笑，露才揚己，那有經驗的觀察家聽了以後，即使不曾看見她們，也可以斷定她們不是馬來人。

我留在庫旁的時候，有一個做官醫的德國人阿倫特先生（Mr. Arndt）邀我住在他家裡，我欣然接受下來，因為我打算在此只做一次短期的考察。起初我們用法國語對談，後來因他說不上來，我們不知不覺的變成馬來語；以後我們滔滔不絕的討論文學上，科學上，及哲學上的種種問題，都用那種半野蠻的語言，一面隨意攙用法國字或拉丁字去填補它的缺陷。

我在鄰近各處散步幾次以後，看見昆蟲和鳥類很缺乏，所以我決意往帝汶極西的舍馬奧島（Semao）去住幾天，因為我聽說那裡有一帶森林，產有庫旁所找不到的鳥類。我費了若干手續，僱得一隻舷側裝有橫架的獨木舟，渡海而往，大約有二十哩的路程。我到了以後，看見地面上樹木很多，都是灌木及多刺的莽叢，而不是林木，且因旱季很長，到處焦灼乾枯。我留在奧依薩（Oeassa）村，村中有著名的胰皂泉。有一胰皂泉在本村中央，由一泥土的小圓錐體沸湧而出，四周的地面向這圓錐體高聳而上，有如小規模的火山。泉水含有胰皂的氣味，倘有油膩的物質放在水中洗滌，立即發出多量的胰皂泡。水內含有鹼質與碘極多，以致四周一帶的植物被它毀滅。本城貼近有一處最優美的泉水，為我見所未見。這泉水藏在若干岩盆裡面，各岩盆以狹小的澗流相通，在相當的處所築有潔淨的圍牆，成為優美的天然浴池。泉水甘美而澄清，岩盆的邊緣叢生著巍峨的榕樹，岩盆受其遮蔭，故能時時涼爽，而風景也因此越覺美麗了。

村屋小巧古怪，為我所未曾見。屋宇概作卵形，圍牆用密集的柵欄做成，大約有四呎高，中央聳出一個高高的圓錐形屋頂，用草蓋成。唯一的開口處就是一個大約三呎高的門口。居民與帝汶人相似，有鬈曲的或波狀的頭髮，銅棕色的皮膚。上流社會人似乎帶有某種優秀民族的混合，在面貌上已有很多的改變。我在庫旁看到若干從西方薩伏島（Savu）來的頭目，具有各種與馬來種或巴布亞種都不相同的品質。他們最像印度人，具有優秀的面貌，正直的狹鼻，潔淨的棕色。婆羅門教既在古時擴張於爪哇全島，且在目前還存在於峇里與龍目兩島，故在從前曾有若干印度人來到本島，或出於偶然，或由於避難，因而留居於此：當然是可能的事情。

我住在奧依薩四天，找不到什麼昆蟲，只找到少數新奇的鳥類，遂回到庫旁等候下次的郵船。我在中途險遭不測。我乘坐一隻深凹的棺材形的小船，船中裝滿我的行李，以及運往庫旁市場的蔬菜，椰子，和別的水果；我們駛出若干路來到一個興波作浪的海面時，看見船裡有水進來，卻又沒法把它排出船外。因此，我們的船陷入水內更深，兩旁的海面幾乎和船舷相併，那些划船的人當初雖說沒有什麼妨礙，至此都著慌起來，掉轉船身想退回舍馬奧的岸邊，那岸邊和我們相隔不遠。我們揭開幾件行李以後，船裡的水雖有一點可以排出船外，終究敵不過漏進船裡的水，且當我們靠近岸邊的時候，除了陡峻的岩壁被大海的狂濤所衝撞外，我們簡直找不到別的東西。我們沿岸駛了幾時以後，方才找到一個小灣，把船駛入，拖到岸上，取空船貨，在船底上找出一個大孔，這個大孔原來用一個椰子殼的塞子暫時塞住，現已脫了出來。假使我們在船隻離岸更遠時方才發現這個漏孔，我們當然只好把大半的行李拋出船外，而且我們自己的性命也要難保了。我們佈置妥當以後，重新開船，到半路上又遇到一種猛烈的洋流與洶湧的逆浪，以致第二次又幾遭不測，並且使我發誓不再乘坐這種狹小可憐的船隻。

過了一個星期，郵船還不曾到港，我在這一個星期內盡力去搜尋鳥類，其中有若干種是很有趣的。這若干種裡面有五種鴿，分作五屬，大半都是本島特殊的種；又有兩種鸚鵡，一是美觀紅翅的闊尾種（原註學名：Platycercus vulneratus），與澳大利亞種相近，一是 Geoffroyus 屬的綠色種。還有那 Tropidorhynchus timoriensis 竟與龍目島上一樣的繁夥喧鬧；而 Sphaecothera viridis——一種古怪的綠色金鶯，有裸出的紅色眼圈——被我捕得，更覺可貴。此外還有若干種優美的磧鶸，鶯科（warblers），及鶲科（flycatchers），就中我捕得一種精緻的藍紅兩色的 Cyornis hyacinthina；但我在採集品內卻認不到有丹皮爾所說及的種。他似乎在帝汶很受小歌鳥的繁夥的感動；他說：「這些美麗的小鳥當中有一種，我那班人叫牠做「鈴聲鳥」（ringing bird），因為牠叫出六個音調，每一個音調都要依次的叫了兩聲，開頭很高很尖，而結尾很低。

牠約與百靈鳥一樣大小，有細小尖銳的黑喙及藍色的翅膀，頭部與胸膛做灰紅色，頸上有一圈藍色的條紋。」在舍馬奧境內獼猴極多。牠們都是普通的兔唇猴（爪哇猴），這種獼猴，在馬來群島的西部一切島嶼上，到處都有出現，也許是為土人所傳播的，因為他們往往帶著活猴到各地去。另外還有若干鹿，但這些鹿是否與爪哇的鹿同種，卻不能斷定。

我在一八六一年一月十二日到了得力——帝汶島上葡萄牙各殖民地的首城——受大尉哈脫（Captain Hart）的好意接待，他是一個英國的老僑民，經營土產的商業，並在諸山的山麓一片田產上種植咖啡。他給我介紹於基赤先生（Mr. Geach），他是一個礦師，曾在最近兩年內到此探尋銅礦以便開採。

得力是一個最可憐的地方，連荷蘭殖民地內最下等的市鎮都比不上。房屋都是泥牆的茅舍；砲臺只是一個泥土的圍場；海關與教堂也用同樣的材料築成，既沒裝飾，又不潔淨。全城的外觀與土人的陋鎮相仿，四周並沒有耕種或文明的景象。只有「總督」（Governor）的衙署略微講究一點，卻也是一所粉白的平屋而已。但有一事卻顯出文明的氣象。文官身穿黑色與白色的西裝，武官身穿華美的軍裝，簡直觸目皆是，與本城的情形很不相稱。

城市的四周有一帶濕澤及泥灘，對於衛生很不相宜，外來人到此宿了一夜也許就得了寒熱病，而且往往很重。哈脫大尉為避免這種瘧疾起見，常在他的栽植地上過夜，那栽植地大約離城二哩，位在低丘上，基赤先生也有一所小舍在此，承他好意的邀我同住。我們每到傍晚騎馬而往；過二天後，我的行李一一送到，我在附近一帶也已看遍可否採集的地點。

頭幾個星期，因為身體不好，不能遠出。這一帶地方都長著低矮的多刺灌木及亞拉昆亞護謨樹屬，只在一個小谷內有一條溪流從山上流下的地方，才有若干優美的喬木灌木遮蔭溪流，成了一個十分宜人並且可供登臨的地方。四周各處有繁夥的鳥類，種類也很複雜；但色彩華美的卻是不多。實際上除了一二種例外，本島的鳥類在美觀上簡直比不上大不列顛的鳥類。甲蟲極其缺乏，在採集家看來也許可以說它沒有，因為少數隱晦乏味的種是不值得他去搜尋的。就中稍稍顯著的或有趣的昆蟲只有蝴蝶，種類雖比較的稀少，數目卻充分的繁多，並且含有新奇的或稀罕的種類。溪流的兩岸就是我最好的採集地，我每天沿著陰涼的溪流走上走下，大約走上一哩以後，就變成陡峻的岩坡。我在此地捉得稀奇美麗的燕尾蝶（swallow-tail butterflies）——Papilio ænomaus與Papilio liris。這兩種鳳蝶的雄蝶很不相同，在事實上分隸於二屬的兩組（sections），而雌蝶卻極其相似，飛的時候完全沒有區別，放在陳列所裡在未受教育的人看來也是沒有區別。此外還有別的若干美蝶報答我在此地的搜索；就中我可特別提出Cethosia leschenaultii來，牠的深紫色的翅膀鑲有這種樣子的邊緣，以致初看很像我們的彩蝶（Camberwell beauty），實則兩者是分隸於兩屬的。最繁夥的蝴蝶是粉蝶科的白蝶與黃蝶，內中有若干我在龍目和庫旁已有看到，而其餘卻是我一向不曾看到的。

在二月初旬，我們部署一切，要往一個取名巴立巴（Baliba）的村莊去住一星期。那村莊與此地大約相距四哩，位在高山上，超出海面有二千呎。我們把行李及一切必需品都放在馱貨馬上運去；雖則依照我們所走的路徑計算，只有六七哩的距離，我們倒費了半天方才走到那裡。我們所走的路只是一些轍路，有時走上峻峭的岩級，有時走入狹隘的溝壑，這些溝壑一向受馬蹄的磨陷，而且我們必須舉起雙腳架在馬頸上，以免軋碎。在這些地方的某幾處，馬背上的行李必須卸下；在別幾處，行李又被撞下來，有時候，上升或下降的路徑這樣峻峭，我們只得下馬步行。我們這樣走上走下，走過許多重裸出的山阜，山阜上掩蓋著小石礫，點綴著由加利（Eucalypti），使我追想到從前讀過的澳大利亞內地某幾部分的情形，而想不到是馬來群島。

村中只有三所房屋，圍牆很低，建造在幾呎高的樁柱上，高聳的屋頂用草蓋成，披掛到離地三四呎處。有一所不曾造好的房屋給我們使用，這所房屋背後還有一部分開口。我們在屋裡配置一張桌子，幾條凳子，及一幅簾子，把中心圍好的一部分用作臥室。我們向下看見得力與得力前面的大海。四周一帶起伏而空曠，只在那些凹地內才有幾片森林；走遍帝汶東部的基赤先生對我切實的說，這幾片森林是他在本所看見的最茂盛的森林。我希望在此地找尋一些昆蟲，竟大失所望，這大概是由於氣候潮濕的緣故；因為太陽升上很高以後，霧才散開，通常到午時雲又遮蔽天空，故每天罕有一二點鐘以上的陽光。我們往各方找尋鳥獸，卻也十分缺乏。在我們路上，我曾射下優美的白頭鴿（原註學名：**Ptilonopus cinctus**），及美麗的「小刷舌鸚」（lorikeet，原註學名：**Trichoglossus euteles**）。我從由加利的花上又捕得這兩種鳥類的少數幾隻，並類似的小刷舌鸚（學名：Trichoglossus iris）。此外捕得別的若干細小而有趣的鳥類。普通的印度莽叢雞（原雞）供給我們幾次的美餐；但我們找不到鹿。山上更高的地方生長著豐富的好番薯。我們每隔一天屠宰一隻綿羊，在這很涼的天氣內——整天宜於烤火的天氣——吃羊肉的胃口倒很不錯。

得力的歐洲僑民雖有半數繼續的害瘧疾，葡萄牙人雖已佔領本地三百年，但至今還不曾有一人在這些美阜上建起一所房屋來，這些美阜假如有路通達，從城內騎馬而來大約只需一點鐘；

再者在較低的平地上，也可找出差不多相等的好位置，從城內來只需半點鐘。那上等的番薯與小麥繁殖於三千呎到三千五百呎高處的事實，表示這一帶地方只消耕種得宜定有很大的出息。從一千呎到二千呎的高處，咖啡大概可以繁殖；介在咖啡與小麥中間的好幾百方哩的地面，一切需要這種中間性的氣候的植物也可以繁殖；無奈至今還不曾有人想來造一哩的大路，或墾一畝的栽植地！

在帝汶的氣候上一定有一種十分異常的所在，方才可使小麥在這樣適中的高度上繁殖。這種小麥具有上等的品質，做成麵包以後，和我所嘗過的各種麵包一般無二；並且大家都公認這種麵粉與歐洲或美洲運來的麵粉一般無二。這班土人從事種植（完全出諸己意）這些外國種的農作物，如小麥與番薯，又把這些農作物放在馬背經過最危險的山徑一批一批運出來，並且在海濱上賣得很便宜：這種事實很可以表示好路造成，土人得到教誨，鼓勵，及保護的時候，本島的發達就有很大的希望。再者綿羊也在山上養得很好；良種的駿馬，馳名於馬來群島全部，也帶著一半野性；所以本島雖則這樣荒涼，這樣缺乏熱帶性的植物，而供給歐洲人以相需最切的各種物品，卻彷彿以本島為特別相宜，因為這幾種物品在其他諸島都是不會有出產的。現在歐洲人對於這幾種物品既在東半球無從購買，故只能仰給於西半球。

我友基赤先生最後報告島上絕無值得開採的礦物以後，在二月二十四日離開帝汶。葡萄牙人因此大為懊惱，因為他們一向斷定銅礦很多，而且至今仍舊認作如此。從渺茫的遠古以來，那土純銅彷彿在得力以東大約三十哩的海濱上一處地方一向有發現出來。據土人說，他們找到這種純銅都在一個深坑的坑床內，並且好多年前曾有一個船長得去幾百磅。但到現在，純銅顯然很少，因為基赤先生住在島上兩年，竟一點沒有找到。有人曾取幾磅重的一塊給我看，外觀上與澳大利亞的大金塊相似，只是質料上以銅代金而已。土人與葡萄牙人當然以為這種銅塊所由來的地方一定還有銅塊；並且他們又有一種報告或傳說，說那深坑頂尖有一塊山幾乎全是純銅，其價值當然很巨。

經過幾許困難以後，開採那銅山的公司組織成功，新加坡一個葡萄牙商人出資大半。他們既然這樣相信有銅存在，以為先去查勘一番未免耗費時間與金錢，即向英格蘭聘請一位礦師，並須由他帶同一切必需的器具，機器，實驗室用具，若干機器師，及兩年所需的各項材料，來開採一片已經發現的銅礦。職工與材料運到新加坡以後，改僱船隻轉運帝汶來，經過長期的航程，花去大宗的費用，方才到達。

於是指定一天來「開礦」。哈脫大尉陪伴基赤先生同往，做他的翻譯員。總督，統帥（Commandante），審判官，及本地一切要人偕同基赤先生的助手和一批工人大模大樣的往礦山去。大家走上澗谷時，基赤先生沿途考察岩石，都看不見有銅的模樣。他們一直往上而去，但除幾處極壞的生礦的痕跡以外，仍舊沒有別的東西。後來他們當真走到銅山上來了。總督勒馬不動，各官員圍成一圈，他就對他們開口演說——說是他們所期望長久的一天果然到了，帝汶地下的寶藏從此可以發現了——他用葡萄牙語說了一大批這類誇口的話；說到後來，轉向基赤先生請他指出最好的地點給他們立刻動工來發掘生銅塊。基赤先生既已仔細考察沿途的深坑與懸崖，明知這一帶地方的性質與構造，故直截了當的告訴他們說，山上並無銅礦的痕跡，動工也是無益。聽眾彷彿受了雷殛一般！那總督還認作自己聽錯。後經基赤先生重述一次，總督嚴厲地說他弄錯，他說，他們大家都知道山上確有豐富的銅礦，他們求他礦師指點的只是怎樣去採銅才是頂好的方法，並且無論如何務須請他在一處動工。這一層基赤先生拒絕了他，一面想解釋這些深坑所開鑿的深度比他自己許多年所做的工程已經大些，他不願意在這種無謂的嘗試上浪費金錢或時間。這些話既譯給他聽以後，總督看看沒法可想，就不聲不響的掉轉馬頭，騎馬而去，留著我友獨自來在山上。他們大家都相信此中定有詭計——這英國人只是不肯採銅，他們自己已經殘酷地被賣。

於是基赤先生寫信通報他的僱主新加坡商人，後來決定由那商人把各項機器運送回國。基赤先生再在島上探礦。當初本島的政府從中作梗，完全禁止他的行動；但到後來仍許他在島上遊歷，他帶同助手費去一年以上查勘了帝汶的東部，有幾處要渡過一重一重的大海，各處重要的山谷無不攀登而上，卻找不到有什麼礦可償開採的用費。生銅礦在幾處地方確有存在，但在品質上總是太壞。就中最好的銅礦如果生在英格蘭，也許可獲厚利；但在這種荒涼的內地，既要造路，又需要從外地輸入一切適用的勞工與材料，反而虧本了。金礦雖有發現，但數量既少，品質又壞。有一處純石油的美泉發現於遼遠的內地，在本島未經開闢以前簡直也沒有用處。這一樁事實對於葡萄牙政府真是一種難堪的失望，因為他們早已認定開礦為確定的事項，已約定荷蘭的郵船在得力停泊；又有若干船隻已由澳大利亞裝載雜貨被誘而來，他們期望這些貨物暢銷於本島各處新礦區的居民。但土銅塊的來歷還是一個啞謎。基赤先生已在本島各方考察一周，不曾發現它們的來源；故這些銅塊很有幾分像是古代含銅地層的岩屑，實際上並沒有比澳大利亞或加利福尼亞的金塊豐富些。後來懸出重賞，徵求土人找尋銅塊並指示銅塊找來的確實地點，

J. Baines

但仍無效。

帝汶的山居土人為巴布亞種的一族，身材頗為纖長，頭髮蓬鬆而鬈曲，皮膚是暗棕色。他們的長鼻有凸出的鼻尖，這重鼻尖為巴布亞人的特徵，在馬來種的各民族中是絕對沒有的。海濱的土人與馬來人，或印度人，葡萄牙人已有很大的混合。他們的普通身材比較的短些，頭髮做波狀而不鬈曲，面貌的特色也比較的少些。房屋建築在地上，而山居土人卻架造在三四呎高的托柱上。普通的衣服為一條長布，在腰間扭了一匝，被到膝蓋為止，如附圖所表的一般，這附圖由一照片摹成。圖中兩個男人都拿著他們通用的傘子，以全張扇形的棕櫚葉做成，縫合各小葉的摺縫以免撕裂。在下雨時，他們張開這種傘子，擎在頭上，成斜坡形，遮護背脊。細小的水桶也用全張沒縫的棕櫚葉做成，又有有蓋的竹筒大概盛著出賣的蜂蜜。通常他們都提著一個古怪的袋，用一塊正方形的牢牢織成的布，以繩連接它的四角做成，往往裝飾著許多細珠與流蘇。在右方那人背後靠在屋側的，就是當作水缸用的竹筒。

此地有一種流行的風俗叫做「坡馬力」（pomali），剛與太平洋島民（Pacific islanders）的「塔部」（taboo）相當，也受土人同樣的尊重。這種「坡馬力」被他們用在最普通的事件上，他們用幾張棕櫚葉插在園外當作「坡馬力」的標誌，可以保存園裡的產品不致被偷，與我們的陷人阱，彈機鎗（spring gun），或惡狗的嚇人告白竟有同等的效力。死人被安置在一個離地六呎或八呎的臺上，有時露天，有時蓋以屋頂。死屍留在臺上，要等到親屬有能力舉行宴會時，方才埋葬。帝汶人往往喜歡做賊，但不嗜殺人。他們時時互相爭鬥，並乘機拐騙別的民族沒保護的人們來做奴隸；但歐洲人卻可安然在島上各處行走。除了城內少數半白種的土人以外，在帝汶全島並沒有土人的基督教徒。土人至今保持獨立的態度，厭惡並且蔑視那些要來統治的人，不論是葡萄牙人或荷蘭人。

帝汶的葡萄牙政府真是可憐已極。他們似乎絕不關心於地方上的改良，至今佔領三百年，並沒有在城外造好一哩的大路，並沒有一個歐洲人單獨的僑居內地。政府裡一切官員盡力壓迫，劫掠土人，可又不留意本城的保衛，以防帝汶人或來攻擊。軍官的知識非常淺陋，甚至收到一個小臼砲及一些開花彈以後，沒有一人能夠知道它的用法；並且某次土人作亂（我在得力時），有一個軍官希望奉命出戰，竟立刻因此得罪！而聽憑亂黨佔據離城三哩以內的一個重要關口，他們把守在那裡可以擋住十倍的官兵。結果：山上的糧食沒有運下來，城中起了饑荒，總督只得差人向帝汶的荷蘭政府請求接濟。

就目前的狀況而論，帝汶對於它的統治者荷蘭人及葡萄牙人簡直害多益少，即在將來，若不改革制度，也當然繼續如此。倘有幾條好路通入內地多山的各區，又有調和的政策與嚴格的正義以待遇土人，再輸入爪哇與北蘇拉威西所行的良好的墾殖制度，也許可使帝汶變成一個有出息的並且有價值的島嶼。海濱的濕原現已種有茂盛的田稻，各處的低地也有繁殖的玉蜀黍；這都是目前土人普通的糧食，與一六九九年丹皮爾遊歷本島時相同。目前所種的小量咖啡具有優美的品質，很可以增殖到任何的程度。綿羊也很茁壯，即使羊毛沒有多大用處，而羊肉既可供應捕鯨船的享用，又可運輸於鄰近的各島，已很有價值了；何況羊種改良以後，羊毛很可變成產品呢。馬匹的茁壯尤其可驚；小麥盡量種植起來，也許可供馬來群島全部之用，只要政府盡力去誘掖土人擴充小麥的墾殖，一面築成好路，以便運輸就夠了。

在這種制度之下，土人自然會明瞭歐洲人的政府對他們很有益處。他們會開始去儲蓄金錢，並且財產既能安全，他們立刻會有種種新需要與新志趣，而成為歐洲貨物的大宗消費者。這種制度，對統治者，在利益上當然比各種苛捐雜稅有更固定的來源，並且在效果上也當然比一向證明為最無效的冒牌軍治更能產生和平與服從。但要創立這種制度，卻需即時的投資（這一層無論荷蘭人或葡萄牙人似乎都辦不到），及一批忠實負責的官員（這一層至少葡萄牙一國似乎就難供給）；所以帝汶將有許多年保留著目前這種不良狀況，怕是難免的事實吧。①

得力城內道德的墮落，正與巴西的遼遠內地相同，凡在歐洲無可寬恕的罪惡，在此地都不以為奇。我在得力時，地方上很有人談論並且相信兩個官員曾毒死與他們通姦的婦女的丈夫，毒死以後立刻與那婦人雙宿雙棲。但這種罪惡卻沒有一人表示反對，甚且並不認作罪惡——以為那丈夫既是低等的雜種人，當然應該讓給他們的上官享樂。

就我自己所看見的以及基赤先生所描述的判斷起來，帝汶的原生植物實在是貧乏而且單調的。一帶一帶的低阜到處蓋著矮小的由加利，間或長成巍峨的林木。與由加利混在一處而數目較少的，就是亞拉毘亞護謨樹屬及芬芳的檀香木，至於那些升高到六七千呎光景的高山，不是蓋著粗草，就是童山了。較低的地面上有複雜的草狀叢林，曠朗的荒地上到處蓋有蕁麻似的野

①佛白斯先生（Mr. H. O. Forbes）在一八八三年往遊得力時，因有一個比較肯負責的總督，已有小小的進步。

薄荷。纏繞在叢林中間的卻有美麗的「冠狀百合」（crown lily）——Gloriosa superba——披露著壯麗的繁花。一種野葡萄樹也有發現，生著大串不整齊的有毛葡萄，含有極壞而極甜的氣味。在有些植物較多的山谷內，有刺的灌木與攀緣植物非常繁殖，以致叢林內不容人們鑽入。②

土壤似乎很是磽瘠，主要的成分為溶解的黏板岩；裸出的土地與岩石幾乎到處都是。暑季有了大旱，以致平原上大半的河流一概乾涸，地面變成焦枯，樹上完全落葉，有如我們的冬季。在高山上從二千呎到四千呎的高處，氣候比較的潮濕得多，故番薯及其他歐洲物產可以全年生長。除了馬匹以外，帝汶的唯一出口貨幾乎只有檀香木和蜂蠟。檀香木（原註學名：Santalum sp.）是一種小樹，生長在帝汶的高山上以及別的遠東許多島嶼上，但不常有。木材為美黃色，具有馬名的可愛的香氣，非常經久。這種木材劈成小塊的木頭，運到得力來，以輸入中國為主，在中國的寺院或富戶內用來焚燒。

蜂蠟更是一種重要的有價值的產品，為野蜂（原註學名：Apis dorsata）所製成。這種野蜂造出大蜂窠，從高樹的高椏上懸掛空中。這些半圓形的蜂窠往往有三四呎的直徑。有一次，我看見土人取蜂窠，十分有趣。一天，我在常去採集昆蟲的山谷內，看見一株高樹底下有三四個帝汶男人和男孩，我仰頭一望，看見一條高高的橫椏懸有三個大蜂窠。這株大樹挺直而光滑，

②佛白斯先生在帝汶東部殷勤地採集六個月的植物，所獲的顯花植物大約有二百五十五種——就一個熱帶島而論確是一個極少的數目。到本島遊歷過的，在一八〇三年有植物學名家布拉文（Robert Brown），嗣後又有許多大陸的植物學家與採集家，但到現在全島已知的植物數目還沒有一千種。

並無枝椏，一直高到七十呎或八十呎，方才生出那蜂窠所在的橫椏。因為這些人顯然要取蜂窠，我就等著要看他們的行動。先有一人取出隨身帶來的一株小樹或草藤的一條長莖，把它撕裂開來，看去很是黏韌。他用棕櫚葉把它裹好，再用一條細長的草藤把棕櫚葉紮牢，做成一個火把。他把身上穿的長布緊緊的纏在腰部，另取一布裹起頭部，頸部，及身上，牢牢的縛在頸上，剩著臉，臂，及腿完全裸露。他腰帶上又掛有一捲細長的繩索。他做這些預備時，有一同伴早已斫取一株八碼或十碼長的堅固的草藤，以一頭吊起那個火把，把火把的下頭點著，吐出一股不斷的煙。剛在火把上面，又用一條短繩吊有一把庖刀。

那獵蜂人把那吊火把的草藤抛繞大樹的樹幹，每一隻手捏牢草藤的一頭，再把草藤向上抛去，高出他自己的頭上一點，拿雙腳抵住樹幹，身子向後挺著，開始走上樹幹去。他利用樹皮的皺紋或樹幹的盤曲來助他自己上升，每找到一處赤腳站得穩固的所在，就把堅韌的草藤抛上幾呎：他那種絕妙的技能真是可驚。我仰頭看他敏捷地走上樹去，高出地面三十，四十，五十呎，幾乎看得眩暈了。我總怪他怎麼能夠升上他頭上那幾呎直滑的樹幹，可是他照舊穩定地走上去，彷彿走上扶梯一般，直到後來，與群蜂只隔著十呎或十五呎。他停了一會，把那懸近腳跟的火把略微向著群蜂搖盪一下，因此，火把的煙氳氳在他同牠們中間。他再往前走去，在一分鐘內走到橫椏底下來，忽而莫名其妙地翻在橫椏上面，看他雙手握住草藤的兩頭是不曾有什麼閒空的。

這時候群蜂開始受驚，整陣嗡嗡的飛揚在他上面，他把火把移近自身一點，從容地拂去臂上腿上的蜂。他沿著橫椏伸直身體向最近的蜂窠爬去，把火把搖盪在蜂窠底下。蜂窠受到火煙時，色彩由黑轉白，變化得非常古怪，群蜂飛揚，罩在那人身上和身旁，成了一片黑雲似的。那男子伸直身體仆在橫椏上，用手拂除蜂窠上的餘蜂，拿起庖刀從貼近橫椏的薄片上割下蜂窠，取出腰上的長索吊牢蜂窠放下地來。這時候他滿身是蜂；他怎麼能夠忍受蜂刺，繼續工作，毫不驚慌：簡直使我費解。群蜂顯然不為火煙所愚，並不遠避；並且他工作時，只有這樣小小的一股火煙當然不能保護他的身體。在那相同的一株樹上，還有另外三個蜂窠，一一被他割取下來，供給他們一班人以蜂蜜及幼蜂的美餐，並一宗值錢的蜂蠟。

蜂窠既然放下兩個以後，降下地面東西亂飛的蜂很多，狠狠的要來刺人。有些飛到我身邊來，我因此立刻被螫，只得逃走，一面用昆蟲網打蜂，並捉來做標本。有幾隻蜂跟蹤而來，至少跟了半哩，鑽入我的頭髮裡，勇猛進攻，百折不撓，因此，我越發驚異那班土人怎麼會不受害？我想行動的鎮定大約就是最好的防禦方法。蜂站在那無抵抗的土人身上，正與站在樹上或別的無生物上一般，大約不會去螫他。不過他們總不免時常受螫，只因他們受慣這種痛苦，並且要忍受這種痛苦來學成一個獵蜂人，故能鎮定到那種程度。

# 第五章
# 帝汶群島的自然界

就馬來群島的地圖看來，從爪哇到帝汶這一帶密切相連的島嶼，在天然產物上似乎絕不致大不相同的。在氣候上與地文學上固然有種種差別，但這種差別與博物學家所根據的劃分並不相符。在這一帶島嶼的兩極端中間，氣候上的差別很大：西端非常潮濕，只有短期無定的旱季；而東端卻乾燥焦枯，只有短期的濕季。但這種變化大約發生於爪哇中部：爪哇東部與龍目帝汶實有同樣顯異的節季。在地文學上也有一種差別；但這種差別卻發生於這一帶島嶼的東端，因為爪哇，峇里，龍目，松巴哇與弗洛勒斯所有顯著的火山，到了東邊極端轉向北方，穿過加農阿匹（Gunung Api）以達班達，遺下帝汶一島只在中心相近有一個火山峰；帝汶全島的主要部分統是古代的水成岩構成的。這幾種差別與天然產物上所有顯著的變化並不相符，因為天然產物的變化發生於龍目海峽，就是分隔龍目與峇里的海峽；並且這個變化，就數量說既然很大，就性質說又很重要，實在是全地球動物分佈狀況上一項重要的特色。

寄居峇里多年的荷蘭博物學家左令革（Zollinger）報告我們大家說，峇里的產物完全與爪哇相似，凡在峇里所發現的動物都有棲息於爪哇。我往龍目去的時候，中途停在峇里北岸幾天，所看見的一些鳥類都具有爪哇鳥類學上顯著的特色。就中有黃頭的「織巢鳥」（學名：Ploceus hypoxanthus），黑色的畫眉（學名：Copsychus amœnus），玫瑰色的「鬚嘴杜鵑」（barbet，學名：Megal æma rosea），馬來的金鶯（學名：Oriolus horsfieldi），爪哇的地棲歐椋鳥（學名：Sturnopastor jalla），及爪哇的三爪啄木鳥（學名：Chrysonotus tiga）。我渡過一個闊不到二十哩的海峽來到龍目以後，當然希望自己可再遇到這些鳥類的若干種；但我留寓龍目三個月，竟連一種都沒有看見，卻找出一套完全不同的鳥類，大半都是爪哇及婆羅洲蘇門答臘廝六甲各地所絕對找不到的。舉例來說：在龍目最普通的鳥類有白色的白鸚，及繡眼兒科——即蜜雀——的三種，牠們所隸屬的各組都是馬來群島的印度馬來地域所完全沒有的。從龍目再渡到弗洛勒斯帝汶以後，在天然產物上與爪哇各別的程度越發增高起來，並且我們發現這些島嶼簡直自成一組，因為所有的鳥類雖與爪哇及澳大利亞都有關聯，而卻都是十分各別。除了我自己的龍目與帝汶的採集品以外，我的助手阿倫先生又在弗洛勒斯製成一宗良好的採集品；我們拿這幾宗採集品及荷蘭各博物學家所獲的少數種類研究起來，很可以明瞭這一組島嶼的自然界，並可從此獲得幾項極有趣的結果。

直到現在為止，這些島嶼上所發現的鳥類計有下列的數目：龍目六十三種，弗洛勒斯八十六種，帝汶一百一十八種；全組島嶼共有一百八十八①種。內中只有二三種似乎起源於摩鹿加群島，其餘一切種類雖則含有足足八十二種，除出這一小組島嶼以外，簡直無處可找，但一概可以分別追源於爪哇或澳大利亞，彼此之間若非直接相同，就是密切相近。全組島嶼的鳥類並沒有一屬是完全特殊的，也沒有一屬是顯然有特殊的種來代表的：這一樁事實很可以表示它的動物界絕對有其來歷，且其起源不能追溯到地質學上一個最新近的時代以前。有許多種鳥類（例如大半的涉水鳥，許多種猛禽，若干種魚狗，燕，及其他少數鳥類）在馬來群島所分佈的範圍非常廣闊，我們當然不能追源於某處某處。這樣的鳥類，依我計算起來，共有五十七種，此外又有三十五種雖為帝汶組所特產，卻與分佈很廣的形態相近。除出這九十二種以外，還留下靠近一百種的鳥類，我們現在要考慮這一百種鳥類與其他各地的鳥類所發生的關係。

就我們目前所曉得的來說，各島所有特產的鳥種如下：

| | | | | |
|---|---|---|---|---|
| 龍目 | 四種 | 分隸兩屬 | 一屬是澳大利亞的 | 一屬是印度的 |
| 弗洛勒斯 | 十二種 | 分隸七屬 | 五屬是澳大利亞的 | 二屬是印度的 |
| 帝汶 | 四十二種 | 分隸二十屬 | 十六屬是澳大利亞的 | 四屬是印度的 |

以上各島所有特產的鳥種的實際數目，我並不是假設它從此可以完全準確地斷定下來，因為上表所列各島互相懸殊的數目，顯然由於帝汶的採集品比弗洛勒斯更為廣泛，而弗洛勒斯又比龍目更為廣泛；但有一樁事實卻比較的更可依據，並且更饒興趣，就是我們由西往東的時候，在比例上，澳大利亞的形態大大的增加起來，印度的形態大大的減少下去。我們可把各島所有

①松巴哇一島現已加上四五種新種，看季勒馬德（Guillemard's）的《馬奇紮的游弋》（*Cruise of the Marchesa*）卷二，三六四頁。

分別與爪哇及澳大利亞相同的鳥種列成下表，來表明上面這一樁事實：

| | 龍目 | 弗洛勒斯 | 帝汶 |
|---|---|---|---|
| 爪哇的鳥類 | 三十三種 | 二十三種 | 十一種 |
| 澳大利亞的鳥類 | 四種 | 五種 | 十種 |

我們從此可以明白看出鳥類移殖的路徑，這種移殖已經進行了幾百年或幾千年，並且至今仍在繼續進行下去。從爪哇移殖而來的鳥類在最接近爪哇的那個島上是最多的；其餘每有一個海峽與別一個島相隔，都發生一種障礙，因此，移殖到第二個島上的鳥類就比較的減少②了。大家不免留意到這一層：從澳大利亞移殖而來的鳥類的數目比爪哇來得少了許多；並且初看來，我們不免猜測這一層的原因在於分隔帝汶與澳大利亞的闊海。但這種猜測實在是鹵莽的，並且——我們在下面就可看見——也是靠不住的。除了這些與爪哇及澳大利亞同種的鳥類以外，還有別的一大宗鳥類與爪哇及澳大利亞的特殊種類密切相近，我們必須先把這些鳥類考慮一番，方才對這一件事情好下一個結論。現在把它們與前表所列的併在一處，列表如下：

②棲息在這些島上的鳥名見於一八六三年《倫敦動物學會的紀事錄》。

| | 龍目 | 弗洛勒斯 | 帝汶 |
|---|---|---|---|
| 爪哇的鳥類 | 三十三種 | 二十三種 | 十一種 |
| 與爪哇鳥類密切相近的鳥類 | 一種 | 五種 | 六種 |
| 總數 | 三十四種 | 二十八種 | 十七種 |
| 澳大利亞的鳥類 | 四種 | 五種 | 十種 |
| 與澳大利亞鳥類密切相近的鳥類 | 三種 | 九種 | 二十六種 |
| 總數 | 七種 | 十四種 | 三十六種 |

我們從此可以看出那些彷彿從爪哇及澳大利亞移殖而來的鳥類的總數幾乎彼此相等，不過其中卻有這一層顯著的差別：就是，從爪哇來的鳥類所含較大的成分是與爪哇現有的鳥類相同的，而從澳大利亞來的所含較大的成分卻與澳大利亞現有的各別，只是密切相近而已。這一層也須留意：這些代表的或相近的鳥種，從澳大利亞向後退遠一步，數目也就減少一步，而從爪哇向後退遠一步，數目反而加多一步。這有兩個理由：第一，從帝汶依次數到龍目時，各島的面積減少得很快，以致鳥種的數目也依次減少下去；第二，更重要的一個理由，帝汶與澳大利亞相隔的距離已經截斷新種移殖的路徑，以致種變有了進行的時機，而龍目與峇里及爪哇的相近卻容許新種陸續地輸入，因此，新種與舊種攙雜的結果阻礙了種變的進行。

為求我們對於這些島嶼的鳥類的來歷可得一個格外簡明的見解起見，且讓我們把這些島嶼看作整個來討論，這樣一來，也許可使它們分別與爪哇及澳大利亞的關係格外明瞭些。

帝汶組諸島共有：

爪哇的鳥類⋯⋯⋯三十六種
密切相近的鳥類⋯十一種 ｝從爪哇移殖的⋯⋯四十七種

澳大利亞的鳥類⋯⋯⋯十三種
密切相近的鳥類⋯三十五種 ｝從澳大利亞移殖的⋯⋯四十八種

我們從此可以看見隸屬澳大利亞的一宗鳥類與隸屬爪哇的一宗在數目上非常相符，但這兩宗內部區分的情形卻剛好相反，爪哇的一宗有四分之三是相同種，四分之一是代表種，而澳大利亞的一宗卻只有四分之一是相同種，四分之三都是代表種。這是我們研究這些島嶼的鳥類所能抽取的一樁最重要的事實，因為這樁事實可使我們對於這些島嶼的許多過去的歷史獲得一個很完全的線索。③

種變的進行是遲緩的。我們對於種變怎樣發生的見解雖則不免彼此不同，而對於上面這一層，我們大家的意見是一致的。所以這一樁事實——就是：這些島嶼所有澳大利亞的種已大半

③自本文撰成以後，在本組島嶼所已發現的鳥類的新種極其稀少，並且對於爪哇與澳大利亞兩地域的分配又極其均勻，所以這些新種對這裡所下的結論不致發生影響。

發生變化，而爪哇的種卻幾乎完全不曾發生變化——就可以表示這些島嶼的動物先從澳大利亞移殖而來。不過這一層如果真有其事，當時的地形一定和現在是大不相同的。現在分隔帝汶與澳大利亞的是一片近三百哩的汪洋大海，而聯絡帝汶與爪哇的卻有一帶破裂的陸地，其中互相分隔的各海峽並沒有一處闊到二十哩左右以上。所以就現在說，爪哇的天然產物要伸張於這些島嶼的全部，顯然有大大的便利，而澳大利亞的天然產物若要渡海而來，卻不免有大大的困難。那麼，為解決天然產物上這個當前的問題起見，我們當然應該假設從前的澳大利亞與帝汶比現在要接近得多；而且這個假設的可能性又因下面這一樁事實大大的增高起來，就是：沿著澳大利亞西北兩方的海岸，在大海當中伸張著一片海底上的海岸，內中有一處與帝汶海岸相距只有二十哩。這樁事實表示北澳大利亞新近的陷落；從前的北澳大利亞大概要伸張到這一片海岸的極邊。而介在這一帶海岸與帝汶中間就是一片極深的深海。

我並不認為帝汶在從前曾與澳大利亞實際相連，因為澳大利亞所有很繁殖且很顯著的許多組鳥類，竟有這樣大宗的數目為帝汶所無，而且澳大利亞的哺乳類又沒有一種進入帝汶；假使這兩個地方確曾實際相連，當然不致如此。這幾組鳥類，如「澳椋鳥」（bower bird，原註屬名：**Ptilonorhynchus**，園丁鳥科的一屬），黑紅兩色的白鸚（屬名：**Calyptorhynchus**），藍色的歌鶺（屬名：**Malurus**），「鵙鴉」（**crowshrikes**，屬名：**Cracticus**），澳洲伯勞（屬名：**Falcunculus** 及 **Colluricincla**），以及別的許多鳥類，在澳大利亞到處都很繁殖；如果帝汶曾與澳大利亞聯合一處，或只消有一段時期與澳大利亞接近到二十哩以下的相隔，那許多鳥類當然已經擴張到帝汶來了。再者澳大利亞所有最顯異的許多組昆蟲也並沒有一組發現於帝汶。以上這些情形都表示帝汶與澳大利亞一向就有一個海峽相隔，但這個海峽曾在某一時期縮小到大約二十哩的闊度。

不過這一組島嶼在這一邊雖有這種海面的縮小確曾發生，但在相反的那一邊更須有一種更大的隔離確曾存在，否則從這兩邊移殖而來的相同種及代表種的數目，就應該各更為相等了。這固然是真的：在澳大利亞一邊這的海峽由於陷落而逐漸加闊以後，可以阻止物種的移殖及攙雜，因此種變的進行已得充分的時機；而從爪哇那一邊卻有新種不斷地輸入，因此物種上不斷的攙雜，已經阻礙種變的進行。但這個見解不能解釋全部的事實；因為帝汶群島的動物界所具的品質，不但被它所「有」的形態表示出來，而且也被它所「無」的形態表示出來；我們從它所「無」的一方面，可以發現它動物界的品質與澳大利亞更為接近，與印度馬來更為疏遠。足有二十九屬在爪哇很繁殖或不很繁殖的鳥類，並且內中又有大半是分佈很廣的鳥類，完全為帝汶諸島所無；而在澳大利亞散佈著的各屬鳥類，卻只有十四屬左右是帝汶諸島所無的。這顯然表示帝汶諸島直到新近為止，一向都與爪哇有一種廣闊的隔離；而且這一椿事實——就是：峇里與龍目兩島都是小島，又是火山性的小島，並且所有變異的形態又比其他諸島少些——更可表示這兩個島有一種比較新近的起源。在帝汶與澳大利亞最為接近的時候，峇里與龍目的地面大概為一個廣闊的內海所佔領；而當地下火的作用正在逐漸堆成目前峇里與龍目這兩個肥島的時候，澳大利亞的北部沿岸大概也在陸續沈陷於大洋底下。只有這種樣子的變動才能使我們了解這椿事實所以發生的原因，就是：帝汶組的鳥類，就全部看來，雖與印度馬來及澳大利亞幾乎是同樣的接近，但本組所有特殊的種卻在品質上大概與澳大利亞接近。而且也只有這種樣子的變動，才能使我們了解這樁事實所以存在的理由，就是：這許多印度馬來的普通形態，雖能經過爪哇伸入峇里，而絕沒有一種代表的形態傳播到峇里以東諸島。

帝汶島的哺乳類與本組其他各島相同，非常缺乏，只有蝙蝠是個例外。蝙蝠頗為豐富；至今當然還有許多種類不曾發現。在帝汶已知的十五種蝙蝠當中，有九種出現於爪哇或爪哇以西諸島，有三種是摩鹿加種，內中大半都出現於澳大利亞，至於其餘的幾種卻是帝汶特有的種。

陸棲哺乳類只有六種：㈠普通的獼猴，即爪哇猴，出現於一切印度馬來諸島，從爪哇經過峇里龍目，伸張到帝汶。這種獼猴常往河邊，也許隨同洪水漂流的樹木可由一島漂到他島去。㈡ Paradoxurus fasciatus，是一種麝貓，在馬來群島的大部分都很普通。㈢一種「帝汶鹿」（Cervus timoriensis），與爪哇及摩鹿加的種即使各別，也是密切相近。㈣一種野豬，「帝汶豬」（Sus timoriensis）；與摩鹿加種的有些種類大概是相同的。㈤一種「鼩鼱鼠」（shrew mouse）——Sorex tenuis——被大家認為帝汶特有的種。㈥一種東方䶄——Cuscus orientalis——在摩鹿加群島也有出現，但彼此的種也許各別。

以上六種哺乳類，並沒有一種是澳大利亞的種，並沒有一種與任何澳大利亞的形態略有接近：這很可以證明帝汶絕不曾與澳大利亞相連的見解；因為這兩個地方果曾相連，袋鼠或別的有袋類差不多當然要出現於帝汶了。但有少數的幾種哺乳類卻又的確存在於帝汶——尤其是鹿——倒使我們不容易解釋出來。不過我們必須這樣考慮著：就是在從前幾千年，或大約幾十萬年當中，這些島嶼及其中間諸海曾屈服於火山行動之下。那陸地曾被擁起又再沈陷；中間的各海峽曾被縮小或擴大；其中有許多島嶼也許曾被聯合又再剖分；狂暴的噴流一次一次毀滅各地的高山與平原，漂流整百整百的林木出海而去，與爪哇境內在火山爆發時所曾發生的情形相同；並且這種事情也並不是不可能的，就是：在從前每一千年或一萬年當中，曾發生一次結合以上各種情形的變動，使得當時有二三種陸棲動物可由一島移殖到他島去。只有這一種的變動，可供我們解釋帝汶大島目前所棲息的一宗零落的哺乳類。其中有一種——就是鹿——也許是被人類輸入的，因為馬來人時常畜養馴麑；並且一種動物移殖到氣候上植物上絕不相同的地域——如帝汶與摩鹿加群島——以後，也許不需一千年，或且五百年，就可發生種種新品質。我還不曾說到馬，因為帝汶的馬雖然時常被大家認作野獸，卻是毫無根據的。帝汶馬每一匹各有一個主人，正如南美洲田莊上的牛一樣，完全成為家畜了。

我對帝汶動物界的起源說了這樣一大篇，因為我覺得這是一個最有趣並且最有益的問題。我們能夠把一個地域的動物這樣明顯地追溯到兩種確鑿的起源，有如我們對於本地域一般的，真是不多；而這些動物又能供給這樣確鑿的證據，來證明牠們輸入本地域的時間，狀況，及成分的，尤其不多。我們在本地域上面找出一組縮小體的「大洋群島」（Oceanic Islands），這些島嶼雖與鄰近的兩大陸這樣切近，卻從不曾與大陸相連；且其產物又具有真正「大洋群島」的種種特徵，所含的變化很是微細。這些特徵是：除了蝙蝠以外，缺乏一切的哺乳類，卻發現鳥類，昆蟲類，及陸上介殼的特殊的種，這些特殊的種雖為他處所無，卻與近地的種顯然相關。澳大利亞的哺乳類完全缺乏，只有少數從西方流落而來的動物，這幾種動物，我們可用上文所說的情形來解釋它。蝙蝠頗為繁殖。鳥類有許多特殊的種，但與鄰近的兩大陸都有確定的關係。昆蟲所有的關係又與鳥類相似。舉例來說：鳳蝶科有四種是帝汶特殊的種，另有三種同時出現於爪哇，一種出現於澳大利亞。就那四種特殊的說，有二種確是爪哇種的變相，其餘似乎與摩鹿加及蘇拉威西的種相近。已知的極少數的陸上介殼，概與摩鹿加或蘇拉威西的種相近或相同，可謂古怪之極。善於漫遊的粉蝶科（白蝶及黃蝶）——牠們時常飛到曠地上，比較的容易被風吹送出海——與爪哇，澳大利亞，及摩鹿加群島各地的種似乎都有關聯，其關聯的程度也大約相等。

這種情形與達爾文先生的理論——關於從不曾與大陸相連的「大洋島」的理論——確已相反，因為這裡面暗示著這些島嶼的動物界由於「碰機會」而來。達爾文先生所主張的是：自然界絕沒有「碰機會」的事情。但就我上文所申述的情形而論，我們卻有一種最確實的證據，可以指證「碰機會」這一層就是動物界移殖於帝汶諸島所曾採用的方式。這些島嶼的動物界顯出一種混雜的品質，剛好指示著這種樣子的起源。無論假設這些島嶼曾與澳大利亞或與爪哇相連，都不免引出種種極無謂的困難，並且那一群最出名的動物（鳥類）所包含的種種古怪的關係，也要因此無從解釋了。再就反一面說，那四周諸海的深度，海底上海岸線的形狀，以及大半島嶼的火山性：一概都指示著一種孤立的起源。

我在結束以前，必須附帶聲明一句，以免誤會。我說帝汶從不曾與澳大利亞相連，是僅僅指地質學上新近的時代說的。在中生代，或且近生代的漸新紀或次新紀，帝汶與澳大利亞也許聯合一處；不過即有聯合，那聯合的一切記載也已被隨後發生的陷落所埋沒了；並且我們解釋任何地域的目前陸棲動物的時候，也只消去考慮那地域從最後一次升上水面以後所曾發生的那些變動。從這樣的最後一次上升以後，我覺得帝汶從不曾與澳大利亞聯合一處，是很可相信的一樁事情。

# 第四編

# 蘇拉威西

# 第一章
# 望加錫㈠　一八五六年九月到十一月

我於八月三十日離開龍目，三天到了望加錫。我滿心歡喜的跨上岸來，因為我從二月起設法直到如今方才如願，並且我希望在這地方遇到極多新奇有趣的事物哩。

蘇拉威西這一部分的海岸泜窪平坦，整排的樹木和村莊遮隔了內地，只有偶然的缺口露出大片荒濕的稻田。在背景上有幾個不很高的丘阜可以看見；只因每年在這時期常有薄霧籠罩地上，故這半島中心的一帶高山或南端馳名的逢替尼（Bontyne）山峰，我都無從辨認。望加錫泊船所內停有一隻精美的四十二砲軍艦，這是防守地方的；又有一隻小軍艦和三四隻小快艇，這是搜捕那些騷擾這些海面的海盜的。另有幾隻裝置橫帆的商船，和二三十隻大小不等的本地普牢船。我帶了介紹信去訪問荷蘭人麥斯曼先生（Mr. Mesman）和丹麥人某某店主，他們兩人都能說英語，而且都答應幫我尋覓適宜的地點。同時我自己搬到一個俱樂部住下，因為這裡是沒有旅館的。

望加錫是我第一個遊歷到的荷蘭市鎮，比我從前在東方所遊歷過的一切市鎮都要雅致些，潔淨些。荷蘭人在此定下若干很好的規條。一切歐洲人的房屋必須保留潔淨的白粉牆，各家於下午四時必須在門前路上灑水。街道上不准堆積垃圾，一切汙物都由小陰溝送入大陰溝，再由漲潮的潮水把大陰溝的汙物洗刷到海裡去。鎮中最主要的是一條沿海的狹長街道，專門做著買賣，大半都是荷蘭商人和中國商人的店鋪同棧房，以及土人的小商店或商場。這一條大街向北伸長一哩有餘，漸次伸展到土人的住屋，往往簡陋不堪，但和街道排成直線，通常又有果樹點綴，故外觀上倒還潔淨。街上時時擁擠著大批的布吉人和望加錫人，他們穿著約十二吋長的布褲，只從臀部遮到大腿折中處，那鮮豔的格子布做成的普通馬來裙，或束在腰間，或披在肩上，各人的穿法很是紛歧。和這一條大街互相平行的還有兩條短街，為荷蘭人舊城的所在地，四周有好幾個城門。這兩條短街統是私人的住宅，南邊盡頭有一個砲臺，一所教堂，又有和短街成為直角的一條馬路通到海濱，這是總督與主要官員的房屋所在地。在砲臺以南沿著海濱又有一條長街，街上統是土人的茅舍和商人的村屋。全部市鎮的四周展佈著平坦的稻田，這些稻田現在已經裸露，乾燥，而惹人厭，上面蓋著些殘根和野草。在幾個月以前，田上是一片綠色，但現在的荒涼卻和龍目峇里終年可以收穫的情形顯然相反，因為那兩個島所有同樣的地面上，節季雖則相同，卻有一種精密的灌溉制度，就成了這永久春天的效果。

我到這裡的第二天就正式去會總督，我友丹麥商人陪我同去，他說得一口好英語。總督很是和藹，對我的遊歷區域和採集標本供給種種的便利。我們用法語談話；一切荷蘭的官員都說得很好的法語。

我因為住在鎮內很是不便，並且用費很大，就在一星期末了搬到麥斯曼先生的小竹舍去住。這竹舍離鎮二哩光景，築在一小片咖啡栽植地及田莊上，和麥先生自己的村屋大約相隔一哩。

裡面共有兩間房子，架在地上約有七呎來高，底下一層有一部分是開朗的（於剝製鳥皮最為合用），又有一部分用作一個穀倉。外邊還有一間廚房同幾間外屋，相近又有幾座茅舍是麥先生的傭工們所住的。

我在新房子裡住了幾天以後，知道自己若不更往內地去，不能製成什麼採集品。四周幾哩的荒田只留著些殘根，和英格蘭的晚秋時候相似，而且鳥雀同昆蟲的缺乏也彷彿相同。土人的村莊散佈於各處，各村的四圍都是果樹，從遠處看去倒像是一簇簇的森林。這些村莊就是我唯一的採集地，無奈動物的種類極其有限，過了不久就被我搜索完了。可是我必須先得果阿（Goa）拉惹的許可，方可往那較佳的各區去，因為拉惹的領土伸張到離城二哩的地方。故我親向總督衙門請求一封公函，以便轉達拉惹，請其保護而且准許在他管理區域內得以隨時隨地的遊歷。這一層當蒙照辦，並蒙派出專差送信，和我同去。

我友麥斯曼先生借我一匹馬，陪我往見拉惹，他和拉惹原是好友。我們走到的時候，拉惹剛好坐在戶外看那工人豎造一座新屋。他身上只穿普通的短褲和裙子，上身完全赤著。他拿兩把椅子出來給我們坐，至於那些頭目和土人卻都坐在地上。送信的專差蹲伏於拉惹面前，取出黃綢封裹的那封公函來。一個侍衛官把公函接去拆開以後，交回拉惹手中，拉惹看了一遍，拿給麥先生看，麥先生對於望加錫的語言和文字都很純熟，他把我的宗旨向拉惹完全解釋出來。拉惹立刻許我隨意往果阿各地旅行，但他希望我每到一處想留住幾時，都預先去通知他，以便由他派出一人來照料我，免得有什麼損害。隨後拿酒來給我們喝，再有粗劣的咖啡和糖果拿了出來，因為事實上我在種植咖啡的各地，從來不曾有過美味的咖啡。

這時候雖則正當旱季，並且整天吹著好風，卻和衛生全不相宜。我的童子阿理上岸不到一天，就害了瘧疾，這一層使我大為不便，因為我現在住在這裡，除了正餐以外，得不到別的東西。我醫好阿理，好容易另僱一人煮飯，但我剛剛搬到村屋住下以後，這個人又害起瘧疾來；他因為有一個妻子住在城內，就回家去了。他一走開以後，我自己立刻又害了很重的間日瘧。我服下多量的金雞納霜，在一星期內把瘧疾醫好；但我剛剛能夠舉步，阿理又害起大病來。他害的是按日瘧，每逢早上倒還很好，故能替我煮好一天夠吃的食品。我給他醫治了一個星期，一面另僱一個會煮飯射鳥的童子，他倒肯往內地去。他的名子是貝德綸（Baderoon），不曾娶妻，並且過慣漂泊的生活，曾往北澳大利亞去取過幾次「海參」（bêche de mer），故我希望留住他。我又僱得一個十二歲或十四歲的小流氓，他能說幾句馬來話，替我背著鳥鎗或昆蟲網，頗有用處。這時候，阿理已經成了剝製鳥皮的好手，故我身邊的傭工已很齊全了。

我往內地旅行許多次，去找尋採集鳥雀昆蟲的好地點。稍往內地不多幾哩，有幾個村莊散佈在一帶有樹林的地面上，從前原是一片原生林，但到現在大部分都由果樹和大棕櫚——桄榔子——來補充。這種棕櫚可以用來做酒做糖，又有粗糙的黑纖維可以用來做繩索。竹是生活上的必需品，種植得很多。我在這些地方找到大宗的鳥類，其中有優美的乳酪色的鴿（學名：Carpophagaluctuosa），和少見的藍頭的翻飛鴿（學名：Coracias temmincki）。這後一種的叫聲最不諧和，通常成雙作對的在樹林中間飛來飛去，在休息時全身縮成一團，頭尾時時抖了幾下：這都是牠所屬蓊口類那一大群的顯異。單就這種習慣而論，凡是魚狗，蜂虎，翻飛鴿，「咬鵑」，和南美洲的「鬚嘴杜鵑」（puff-birds），在那些只看了牠們的自然狀態，並沒有仔細去看牠們的形態和構造的人，也許要把牠們混合在一處咧。在這些栽植地上，有幾千隻烏鴉，比我們的白嘴鴉（rooks）小一些，時時啞啞的叫著；又有古怪的「林燕」（wood-swallow，屬名：Artami），在樹梢上吱吱的響著，各種習性都和燕子十分相似，但形態同構造卻大不相同；還有琴尾的「得龍哥」（lyre-tailed drongo-shrike），生著一身發光的黑羽和一對乳白色的眼睛，時時用各種不諧和的音調來欺騙博物學家。

在樹蔭濃密的各處，蝴蝶很是不少；內中最普通的為Euplæa和Danais這兩屬的種類，牠們常到園林和灌木叢裡來，飛力薄弱，容易被捉。有一種暗藍色兼黑色的美蝶，在叢林中靠近地面振翅而飛，不時站在花上，最為顯異；又有一種，黑地上加以一條濃橙色的帶，也很顯異：這兩種都屬粉蝶科，和我們普通的白蝶雖在外觀上大不相同，卻是同科的蝶類。這兩種粉蝶對於歐洲的博物學家確是十分新奇①的。再者我時常要多走幾哩往那獨一無二的一小片真正的森林去，我那兩個童子肩著鳥鎗和昆蟲網陪伴我。我們往往一早動身，把早餐帶到路上有蔭有水的地方去吃。那望加錫童子在未吃以前，先拿一點飯同肉或魚盛在葉上，擺在一塊石頭或一株殘幹上致祭本地的神道；因為望加錫人在名義上雖是回教從，卻有許多異教的迷信，對於回教的規矩也不很遵守。豬肉固然是他們所最忌的，但是有酒給他們喝，他們卻不會推辭，並且他們所喝大宗的「薩給厄」（sagueir）——即棕櫚酒——大約和普通的啤酒或蘋果酒很可以相敵。

---

①前一種已取名為Eronia tritæa，後一種為Tachyris ithome。

這種棕櫚酒倘若做得好，確是一種很有力量的興奮劑，我們時常在那叫做商場的小草棚裡去喝幾口，這些草棚在這一帶略有行旅的地方都有搭著。

一天，麥斯曼先生對我說及一片較大的森林，他有時常往那裡射鹿，而路途委實很遠，並且沒有鳥類。我卻決意要去走一遭。次日早上五時，我們帶同早餐和別的食品動身而去，主張宿在那樹林旁邊的某一座屋內。可怪的是：我們使勁的走了兩小時，就到了那一座房屋。我們借定這座房屋過夜，向前走去，阿理和貝德綸各人肩著一支鎗，巴索（Baso）帶著我們的食品和昆蟲箱，我自己只拿一個昆蟲網和採集瓶，決意盡力去採集昆蟲。我一走進森林以後，立刻找到若干美麗的綠色金斑的小蛄蟹，和Pachyrhynchus那一屬很是相近，那一屬差不多是菲律賓群島的特產，在波羅洲爪哇或麻六甲各地都沒看見。路上很是陰涼，並且顯然受過許多牛馬的踐踏；我在這裡不多幾時，就捉得一向不曾遇到的若干蝴蝶。再過一會，聽見那兩個童子放鎗，我走去一看，早已打下兩隻最優美的鳲鳩來。這種鳲鳩叫做「美喙鳩」（Phœnicophaus callirhynchus），因為牠巨喙上有燦爛的黃，紅，黑三色，分配得約略相等。牠的長尾為金屬紫色，全身為咖啡淡棕色。牠是蘇拉威西特產的鳥類，所棲息的地方只以本島為限。

我們慢慢的向前走了兩小時，遇著一條小河。這小河很是不淺，馬匹也須泅水而過，我們只好回頭；我們肚子已餓，看看這停滯的河水又很混濁，我們就向幾百碼遠的那一座屋走去。我們走到一片栽植地上，看見一座高架的小草舍，以為在這裡面吃早餐倒是很好，我就走了進去，看見一個年輕的婦人抱著一個嬰孩。她給我一壺水，面上帶著十分驚訝的神色。我坐在門階上，叫貝德綸把食品拿來。他遞上食品的時候，一眼看見那個嬰孩，掉頭就跑，彷彿是遇到一條蟒蛇似的。我方才想到這座草舍就是婦女產下小孩以後離開家人獨居幾時的所在，正如婆羅洲的達雅人及其他許多蠻民一般，所以走進這種草舍真是大錯的事情；因此，我們走了開去，向那近旁的住家借它裡面吃早餐：這當然是見許的。我吃東西的時候，有三個男人，二個婦人和四個小孩自始至終眼不轉睛的看著我。

我們冒熱回家的時候，我在路上又幸運捕得三隻優美的「馬來巨蝶」（Ornithoptera）——最大最全而且最美的蝶類。我從網內取出第一隻時，看牠很是完好，簡直高興得發抖起來。牠的底色是一種濃豔發光的古銅黑色，後翅上撒著精緻的白點，並有一行最鮮豔的緞黃色的大斑點鑲著邊緣。身上點綴著白色，黃色，和紅橙色的暗淡斑點，而頭部和胸部卻是濃黑色。向下的一面，後翅為緞白色，邊緣的斑點半黑半黃。我當初認牠做新種，非常高興；不料牠原是「馬來巨蝶」（學名：Ornithoptera remus）的變種，那一種在那可貴的全組中最是稀罕奇特。此外我又捉得別的若干新奇的美蝶。我們回到寓所的時候，我特別留心自己所採的昆蟲，先把昆蟲箱掛在一根找不出螞蟻的竹上，再開始去剝製幾隻鳥皮。我一面做工，一面時常去看那寶貴的昆蟲箱是否有什麼東西來侵犯，後來稍微過了多時再去看它，竟有一行紅色的小螞蟻沿繩而下，鑽入箱裡，使我吃驚不小。我取下一看，牠們早已附在昆蟲身上忙著做工，只消再過半小時，就可把我全天的採集品糟蹋完了。我只得取出昆蟲，逐一淨除了螞蟻，又把箱子也淨除一回，再去找尋一個安全的地方。唯一有效的方法只有向屋借來一盤一碗；盤中盛水，水內放碗，碗上放著昆蟲箱，方才使我安心過了一夜。這幾吋的水或油足以阻止可怕的害物的侵越了。

我回到麥馬占（Mama jam）——就是我所住竹舍的名稱——時，復患輕微的間日瘧，使我幾天不能出門。等到身體復原以後，立刻再往果阿去，由麥斯曼先生相陪，因為我想在森林旁邊蓋造一座小屋，須求拉惹相助。拉惹剛好在王宮近旁的一個草棚裡鬥雞，我們走到以後，他立刻丟開鬥雞來接待我們，和我們一同走上傾斜的鋪板，這些鋪板就是走上宮裡的門階。那王宮蓋造得很好，又高又大，有了竹地板和玻璃窗。裡面大部分似乎只是一個大廳，被托柱分隔開來。王后蹲坐在粗木頭的安樂椅上，靠近一窗，嚼著蒟醬葉同檳榔，一邊放著一個痰盂，面前擺著蒟醬匣以應她的需要。拉惹坐在她對面一把式樣相同的椅子上，旁邊蹲著一個童子手捧一個相像的痰盂和蒟醬匣。兩把椅子拿出來給我們坐。若干年輕的婦女站在四周，有的是拉惹的女兒，有的是丫頭；有幾個靠在架子前面做裙，其餘多數的卻都閒著。

我若仿照一般旅行家的成例，不妨在此描寫這些女子如何姣好可愛，穿得如何精緻，滿身的金銀飾物如何輝煌。那紫紗的短衣映出隆起的胸膛也不妨形容得十分出色，更有「妙目」，「黑髮」，「纖足」，都可寫得十分熱鬧。爭奈我的本意在於描寫親眼看見的地方和居民的真相，卻不容我自己滿口誇美。這一班公主固然長得十分美麗，可惜身體和衣服都缺少新鮮潔淨的外觀，以致一切別的優點都被掩蓋住了。這一幅齷齪暗淡的情狀，在歐人眼中看來，既沒王家氣象，且很可憎。就中稍可稱述的一件事只有拉惹鎮靜尊嚴的態度，以及屬下對他的尊敬。在他面前不許有人直立，他坐在椅上時，大家（歐人自然是除外的）都要蹲坐地上。他們座位的高低就是品位高低的記號。關於這種規例是毫無遷就的。龍目的拉惹有一次買得一輛英國的馬車，因為車上馬夫的座位太高，不能合用，竟擱在馬車房裡當作陳列品。我晉見的目的既然說了以後，拉惹立刻說他自己可以下令村民騰出一座房子給我使用，總比新造一座要便利得多，因為另造一所，就要花了不少的時候了。惡劣的咖啡和糖果也和前次一般的拿給我們吃。

過了二天以後，我去會見拉惹，求他派一嚮導來指點我自己可住的房子。他立刻喚一男人，吩咐了他，再過幾分鐘我們一同動身。這嚮導不會說馬來話，我們默默的走了一點鐘，轉入一座好房子裡來，請我坐下。這是本區頭目的住宅，我們在此休息半點鐘光景，再動身走了一點鐘，就來到安置我的村莊。我們先往村正家裡去，我的嚮導和村正談了一些時候。我因為身體疲倦的緣故，求他們指出那座給我預備好了的房子，而所得的答語卻只有「且等一等」這一句話，他們兩人還是照舊談話。因此，我對他們說，我不能再等，因為我想看了那座房子，就可往森林裡面射擊。這一層似乎很使他們為難，後來我再三問他們，方才有一二個站在旁邊的人——他們懂得一點馬來語——給我解釋道，這種房子並沒有預備好，並且也無處去找房子。我因為不願意再去叨擾拉惹，自己一想，不如略微威嚇他們一下子；因此，我對他們說，他們如果違抗拉惹的命令，不去立刻替我找好一座房子，我只得回去報告拉惹；如果替我找好，我倒肯付房租。這樣一說以後，很是見效，有一個頭目就請我同他去找房子。他陪我去看了一二所最壞的房子，我立即加以反對說，「我決計要好好兒的一所，還要靠近森林。」經過這樣反對以後，他再陪我去看一所，倒很合用，我吩咐他叫那住戶在次日搬空了房子，因為一到後日我就要來住了。

到了指定的那一日，我並沒有預備要去，只差著我兩個望加錫童子拿了箬帚去打掃那座房子。到了黃昏時分，他們回來告訴我說，他們走到那邊以後，房子裡面還住著人，一件東西也沒有搬出去。但一聽到他們已來打掃的話，住戶就動手搬移，嘴裡嘰哩咕嚕大不服氣，倒使我很不安心，不曉得那班人對我闖入村中究竟抱的什麼念頭？次日早晨，我們把行李載在馱貨馬上，動身前去，行李滾跌幾次以後，在午時光景達到目的地。

一切物件安排妥當，我們匆匆吃了一餐以後，我決意要和村民去攀交攀交。因此，我召集那住戶和他的相識人到來開一次「比察拉」，即敘談。他們大家坐好以後，我逐一敬了煙草，再教貝德綸做個翻譯員，開始對他們解釋我到這裡來的緣故；說是多勞他們搬移，很是過意不去，只因拉惹不曾依照我的請求，許我另造一座新屋，故下這樣的命令，我一面取出五枚銀盧比（rupees）放在屋主手中當作一個月的租錢。我又切實對他們說，我來到這裡對他們有一種利益，因為我要買他們的雞蛋家禽和水果，而且他們的孩兒倘若拿了介殼和昆蟲給我——我把這兩項的標本給他們看了一回——又可得到大宗的銅元。這樣一層一層用長篇的敘談對他們解釋出來以後，他們都現出快慰的面色；並且當天下午，就有十多個孩兒各拿一個小蝸牛給我，似乎來試驗我的原話一般，我一一都用銅元買來，他們走開的時候，一面覺得可怪，一面十分高興。

我在此探尋幾天以後，對這一帶地方就很熟悉了。這地方和上次遊歷過的森林裡面的大路相隔很遠，在住屋四周有幾處很古的墾闢地和草舍。我找到若干的美蝶，甲蟲卻極其缺乏，連腐敗的木材和剛剛砍倒的樹木（通常都是很會招引昆蟲的），也不見有什麼甲蟲。我認定這一層是由於鄰近並無大片森林可使昆蟲久居。我雖然想向內地前進一步，卻已太遲，因為再過一個月光景，濕季就要開始；故我決意留住這裡，盡力搜羅。不幸過了幾天，我自己害起病來，瘧疾雖不很重，而身體疲弱，始終懶去做事。心中雖想立刻醫治了它，可又無效；每天只能在園場四周及井旁散步一點鐘，偶然或可找到幾隻好昆蟲；其餘的時間都坐在屋裡，接受兩個小助手所採來的甲蟲和介殼。我這次的疾病大概由水中得來，因為我們的飲水都從淺井汲出，淺井旁邊常有混濁的泥潦聽憑水牛在那裡打滾。我住屋的近旁又有一個牛欄，每夜關著三條水牛，欄裡是一個汙泥窟，發出一陣陣臭氣從竹地板的縫隙鑽入屋裡來。我的馬來童子阿理也害了同樣的疾病；他是我主要的剝製工人，這樣一來，我的採集品當然進行得很遲緩了。

村民的業務及生活狀況，與其他馬來民族大同小異。婦女整天所做的事情就是舂米，取柴，汲水，淨棉，紡紗，染色，和織布。她們把那土棉紡成棉紗以後，放在一個最簡單的架子裡面織成棉布，工作非常遲緩。要織成普通所用的花紋，每一綹染色的紗線必須一縷一縷的用手拾起，再用手梭渡了過去，所以每天大約只織得一碼半闊的一吋布。男人栽種一些蒟醬葉（有辣質的胡椒葉和著檳榔一同咀嚼）和蔬菜；每年用牛去耕了小片的地面種稻，種下以後，直到秋收為止，無須再去照料它。有時候，他們雖要修葺屋宇，製造草蓆，竹籃或其他家具，而大半的時間都是閒著。

村中沒有一人能說幾個字以上的馬來話，並且不曾有人看到一個歐洲人。這一點發生了一種最可厭的結果，就是村中無論人與獸都很怕我。我每走到一處，群狗對我狂叫，孩兒們驚啼，婦女們逃避，男人睜眼相看，彷彿我是一個可怕的吃人妖怪一般。就連大路或小徑上的馱貨馬看見了我，也要避過一邊逃入叢林裡去；至於那些面目可憎的水牛，我更不能接近——不是怕我自己受危，是怕別人受累。因為水牛看見了我，先則伸直項頸，睜眼看我，等到我走近了，牠們就要掙出絡頭或繩索，紛紛狂奔而逃，彷彿背後有了妖怪追逐一般，再不去顧路上有什麼東西。我每次遇著沿路馱貨的水牛，或趕回家來的水牛，只得躲入叢林，靜候牠們走了過去，以免闖出禍事，增加村民對我的嫌惡。每天午時左右，水牛都要趕回村中，拴在村屋周圍的陰處，如果我要走動走動，須得從僻路上悄悄地躡足而往，因為我若走在牛群中間，簡直不知道對於兒童和房屋要闖出什麼大禍來呢。有時候，我若突然走到井旁，剛有婦女們在那裡汲水，或有孩兒們洗澡，那麼，其結果總是一哄而散。這種現象天天發生出來，對於我這種不願受人嫌惡，而且一向不曾被人看作妖怪的一個人，是很沒趣的。

到了十一月中旬，我的病體還不見好，並且昆蟲鳥雀和介殼都很缺乏，我就決意回麥馬占來，在大雨季開始以前把採集品都裝了包。那西風已經開始吹著，還有許多現象都表示本年的雨季要比平常的提早了些；如果雨季一到，濕氣既多，採集品就不能乾燥了。我友麥斯曼再把馱貨馬借給我使用，我因為採集品馱在馬背不大放心，又去找了幾個男人替我搬運，我們帶了一切物件安然回家。我在村中住了五個星期，都蹲坐在地板上吃飯，現在回到家來，躺在沙發椅上，坐著輕便的竹椅靠著桌邊吃飯：這種稱心滿意真是無人想像得到的呵。這等地方若在身體康健時原是小事，但在身體因疾病而軟弱的時候卻未便置之不顧了。

我的住屋麥馬占也和這一帶地方的竹屋一般，是傾斜的一座，一切直柱已被濕季裡猛烈的西風吹得很斜，我時時怕它有坍倒的一天。這是一件值得注意的事：蘇拉威西土人竟不曾發現對角柱支持建築物的功用。所以我常覺得懷疑，在這一帶地方，凡是兩年以上的露風的房屋不知有沒有不傾斜的。這些房屋單用直柱橫梁拿藤索縛在一起，無怪禁不起大風之一吹了。它們坍毀的程序先從微微的攲側，直到可危的傾斜，使居住的人可以注意到而離開此屋。

本地有力學天才的人只發現兩種補救方法。第一種是：房屋開始攲斜以後，在露風的一邊豎起一根椿柱，把房屋用藤索或篾索吊在柱上。第二種是預防的方法；但他們既能發現這種方法，為何不曾發現那真正的方法，倒是可怪。這種方法是：造屋雖用舊法，而主要的直柱並不全用挺直的木料，卻有二三根選用最彎曲的木料。我時常留意到屋內這種曲柱，總以為是由於缺少筆直的好木料的緣故；後來有一天，我遇著幾個男人抬著一根木柱彎曲得和狗的後腿一般，就向我的本地童子問及這種曲木的用處。他答道：「用作造屋的柱。」我就說道：「這地方木料很多，為何他們不去找一根筆直的呢？」他就答道：「喔，他們原是喜歡這種彎曲的，因為彎曲的不會倒下。」這顯然認那彎曲的木料有了一種奧妙的作用。我們如果把它考慮一下，並且畫出一個圖樣，倒可表出他們所承認的作用也許是實在的。因為平常的正方形很容易變成偏菱形或斜方形，如果有了一二根曲柱互相對向的豎立起來，自然可以生出對角柱的作用，只是粗笨一些罷了。

我離開麥馬占以前，村民剛已撒下大宗玉蜀黍的種子，過了二三天即能發芽，在節季良好時，不到二個月即可成熟。到我回來的時候，由於先期下了一星期的雨，地面上積水氾濫，以致剛剛結實的玉蜀黍都變成黃色而枯萎了。將來全村大約毫無收成，幸而這玉蜀黍只是一種補助品，並不是必需品。這一期的雨就是開始耕田的表示，因為介在本村與城市中間有大片平坦的地面，他們把這地面耕好以後，才可撒播秧種。他們用那粗笨的木犁耕田，木犁上裝有一條極短而且很簡單的柄，一把好看的犁刀，刀尖用楔形的硬棕樹縛上做成的。一條或二條水牛緩緩的拖犁而走。秧種撒播了一大圈，再用一個粗木耙鋪平田面。

到了十二月初，照例的濕季已來，西風與陣雨有時連續了好幾天；四周幾哩的田野都浸在水下，鴨同水牛高興得了不得。往望加錫去的沿路上，天天有人在水泥中耕田；那農人一手拿住犁柄，一手持著一條長竹領導水牛，那犁刀翻掘水泥而前很是容易。這水牛最是頑皮，農人要牠向前耕去，必須給他加緊的趕逐，用各種音調接連的叫出：「喔！──啊！──吱！──嗚！」──這種叫聲整天沒有一刻停止。到了晚上，我們又有另外一種音樂會可以欣賞。我住屋四周的燥地早已變成一片濕澤，棲著好多的蛙，叫出一種最離奇的噪音，從黃昏直到天明。牠們的叫聲也有幾分和音樂一般，那沈重震盪的音調，有時候和管弦樂團裡的低音提琴非常相似。我在麻六甲和婆羅洲並不曾聽到這種叫聲，這一層表示蛙這種動物也和一般蘇拉威西的動物一樣，有本島特別的種類。

我的好友並房東麥斯曼先生是望加錫產的荷蘭人的好模樣。他大約三十五歲，有大批的家人，住在靠近市鎮的一座大廈，建築在一簇果樹的中心，圍以一圈曲折離奇的房子，或為事務室，或為畜欄和草舍，這些草舍住有許多僕人，奴隸，和食客。通常他在太陽上升以前起床，喝過一杯咖啡以後，照料僕人，狗，馬，直到七時，才往涼爽的洋臺吃那豐厚的飯肉早餐。於是穿上一套白布的衣服，乘坐四輪輕車往鎮裡去，他在鎮裡設有營業部，僱著二三個中國店員照料他的事務。他是一個經營咖啡同鴉片的商人；有一片咖啡田莊來在逢替尼，又有一隻小「普牢船」往新幾內亞附近諸島做生意，換入螺鈿同玳瑁。下午一時左右，他回家吃些咖啡同糕餅，或油煎的車前，換上顏色布的襯衫同褲子，赤著雙腳，帶了一本書去睡一回中覺。四時左右喝過一杯茶以後，他繞著住宅散步，往往踱到麥馬占來看我，一面照料他的田莊。

這田莊包有一片咖啡栽植地，一個果園，十二頭牛，二十匹馬，以及帝汶群奴與望加錫眾僕所聚居的一個小村。內中有一家照管那十二頭牛，供應麥先生全家的牛乳，每天早上也給我一大杯——我的大奢侈品之一。有幾家照管那二十匹馬，每天下午牽馬回家，餵以草料。還有別的幾家須替主人養在望加錫的馬匹割取草料——這倒不是容易的事情，因為在旱季內，各處地面很是焦枯，若在雨季，四周幾哩又成澤國。他們究往何處割取，使我莫解，而他們自知草料不能缺少，總會割取了來。有一個跛足的婦人看守著一群鴨。她每天率領牠們往外邊去走二次，放在澤地去覓食，過了一二點鐘，趕逐牠們回家，關在一個黑暗的小棚裡，使牠們消化食物，牠們在那裡相間的發出一種悲苦的噪聲。每夜派有一人守更，以防護馬匹為主，因為相隔二哩的果阿人是有名的竊賊，而馬匹最容易被偷，又最值錢。雖有許多住在望加錫城內的人以為我獨自住在這樣孤僻的地方，又有這樣不好的鄰人，真是冒著大險，但我自己因為有人守更，每夜睡得非常安穩。

我住屋的四周有一重散漫的籬笆，叢生著玫瑰，素馨（jessamines），和別的許多花卉，每天早晨有一婦人採了一籃花卉供應麥先生的一家人。我常取了二束花卉供在自己的早餐桌上，凡我住在這裡的時候，並無一天間斷，大概全年也不會有一天間斷。每逢星期日，麥先生差不多總要同他長子——十五歲的童子——去射獵一回，我也往往陪伴著他；因為這幾位荷蘭人雖是新教徒，並不嚴守英格蘭及英屬各殖民地所奉行星期日的教規。這裡的總督每逢星期日晚上舉行一次公開的招待，以紙牌為規定的娛樂。

我於十二月十三日上了「普牢船」往阿魯群島（Aru Islands）去，這一次航程將在全書較後一部分敘述。

我和望加錫相別七個月，再又回來，往遊望加錫以北的另外一區，就是下一章所敘述的題目。

# 第二章
# 望加錫㈡　一八五七年七月到十一月

我在七月十一日再到望加錫，仍住麥馬占舊宅，費去一個月的工夫，把我的阿魯採集品分類，整理，並裝包。這些採集品既已起運到新加坡去，鎗枝又已修理完好，並且英格蘭寄來的一支鎗，和一宗針，砒素，以及別的採集用品也已收到，我就急急要再去做事。但到何處去度這半年的時間，倒須考慮一下。我在七個月前離開望加錫時，這一帶地方是一片浸水的濕澤，土人正在耕這濕澤撒播穀種。中間奠經接連的下了五個月的雨，但到現在稻都已收割，乾枯多塵的殘根留在田上，剛好和我前次初到時一般。

經過多方探問以後，我決意往遊馬洛斯（Máros）那一區，在望加錫以北大約三十哩，我友的兄弟雅各・麥斯曼先生（Mr. Jacob Mesman）住在那裡，他已表示好意，肯替我找出住屋，並給我各種助力。因此，我向駐使領得一張護照，僱好一隻小舟，在某日傍晚動身往馬洛斯去。阿理害著很厲害的瘧疾，我只得讓他留在醫院內，由我友德國人某醫生照料，一面設法新僱兩個全不懂事的傭人。我們在晚上沿岸航行，於破曉時進入馬洛斯河，直至下午三時到村。我立刻往訪助理駐使，請其指派十名搬送行李的男人，並一匹馬。他許我當晚預備起來，以便次日一早即可動身。我於茶後告辭而回，宿在船內。有幾名男人當晚如約前來，其餘統在次日早晨才來。分配行李費去一些時候，因為他們多要搶去輕物丟下重箱而走，後來一一喚回，方才把我的行李一起平均分配好了。直到八時左右，一切安排妥當以後，我們方才動身往麥先生的田莊去。

我們所過的地方，先是平曠乾涸的稻田，往前幾哩才有陡峻的丘阜出現，背後就是半島中心一帶的高山。我們的路徑正對這些高山，向前走了六哩或八哩以後，丘阜在我們左右的平原裡升高起來，平原上處處有石灰岩的岩塊或岩柱，又有幾處陡起如群島般的圓錐形的孤峰。當我們走過一塊做成某山阜側肩的高地時，我們眼前就現出一幅美麗的風景。下面有一小谷，四周差不多都是高山，突兀連綿，或圓頂，或尖頭，形狀離奇不一。小谷中心有一大座竹屋，四周有十幾座小竹舍。

雅各・麥斯曼先生在通風的會客廳內殷勤的接待我，這會客廳和住宅分離，完全用竹建造，用草蓋頂。吃過早餐以後，他領我到距離百碼左右，他的工頭住宅去，他騰出半座給我使用，等到我將來擇定地點另建住屋再行搬移。我住下以後，即時知道這地方過於露風揚塵，對於紙張和昆蟲的工作，大為不便，並且一到下午，天氣非常鬱熱，過不多天使我害了厲害的瘧疾，我只得決意搬移。因此，我在相隔一哩光景，一個林丘之麓，擇定地點，麥先生在幾天之內就給我造好一座小巧的房屋，內有大小適中的洋臺，小小的臥室，外邊又有一間小廚房。造好以後，我立刻搬了進去，覺得非常合意。

我新屋四周的森林統是大樹，並無灌莽，很可通行。林中散佈著大宗的棕櫚樹（桄榔子），

供給做椰子酒做椰子糖的材料；又有許多野波羅蜜樹（釋迦果屬〔Artocarpus〕），生產大宗有絲絡的大果，為一種絕佳的蔬菜。地上厚蓋枯葉，有如十一月間英格蘭的樹林內部一般。岩間的溪流統已乾涸，連一滴水或一點濕地都找不到。在我屋下大約五十碼，有一條溪澗的一個深孔位於阜麓，內藏佳水，我每天走去用桶汲水，傾在身上洗澡。

我的東家麥先生完全過著一種鄉村生活，每天靠一支鎗和一群獵狗來供應他的肴饌。大野豬很是豐富，通常每一星期他可獵得一二隻，此外偶然有鹿，還有大宗的原雞，犀鳥，以及大食果鴿。他養著許多水牛，取得大宗的牛乳，做出自用的乳油；種著大宗的稻和咖啡，養著許多雞，鴨，得了大宗的蛋。還有棕櫚樹供應他全年的「薩給厄」，用以代替啤酒；又可取來做糖，成為絕妙的糖果。各種熱帶的蔬菜和水果都很豐富，他所用的雪茄煙也拿自種的煙葉做成。每天早上他好意的給我一竹管的牛乳，濃厚得和乳酪一般，必須用水沖薄，才能溶成流質。這種牛乳同著茶或咖啡很是融合，不過稍稍有些特別的氣味，但吃了幾次以後就不覺得可厭了。那甜美的「薩給厄」我既可盡量的喝，而麥先生每逢宰下一隻野豬總要送我一塊豬肉，再加上雞，雞蛋，同我們自己射下來的鳥雀以及兩星期一次的牛肉，我們的食品真是不愁缺乏了。

各處平坦的地面概已墾成稻田，許多丘阜的下層斜坡都種著煙草同蔬菜。這些斜坡大都滿佈大石塊，很不好走，有許多丘阜又很峻峭，簡直無從攀登。以上這種情形再加上大旱，對於我的工作很有妨礙。鳥類很少，我得不到許多新奇的鳥類。昆蟲頗為豐富，而內中多少不等。普通很多很有趣的甲蟲都很缺乏，有幾科簡直沒有出現，其他各科只有纖小的幾種做著代表。而蠅與蜂卻很繁殖，我每天都捉到新奇有趣的種類。我第一要搜尋的東西就是稀有的蘇拉威西美蝶，其中新奇的種類我倒看見不少，只是十分活潑畏怯，很不容易捕捉。森林裡面的乾河床就是牠們聚集的地點，或在潮濕處，或在泥潦上，或且在乾燥的岩石上，這些岩石嶙峋的森林裡面棲有若干種世界上最美麗的蝴蝶。有三種「馬來巨蝶」，翅的橫闊有七八吋，黑地上撒著緞黃色的斑點，在密林內閃閃爍爍的迴翔往復。濕地的周圍聚集著美麗的有藍色線的鳳蝶屬——Papilio miletus 和 Papilio telephus 及金綠色的 Papilio macedon，稀罕而纖小的，燕尾的 Papilio rhesus——這一切鳳蝶雖很活潑，我都捉有精美的標本。

我住在這裡最是有趣。我在早上六時坐著喝咖啡時，稀罕的鳥類往往出現於眼前的樹上，我拖著拖鞋急忙跑上前去，也許竟捕得自己搜求了幾星期的好鳥。碩大的蘇拉威西犀鳥（學名：Buceros cassidix）時常鼓翼而來，棲在我面前的一株高樹上；黑色的狒狒猴——Cynopithecus nigrescens——時常探頭張望，露出驚怪的神氣；夜間有大陣的野豬繞屋漫遊，吞噬各種遺屑，我們只得把小廚房裡一切可食或易破的東西另外藏好。在日出或日落時，我在住屋四周的墮樹上搜尋了幾分鐘，往往比全天可以尋得更多的甲蟲；而留在各村或遠離森林的時候，也許在無意中遇到採集地。在那糖棕櫚流出液汁的地方，蒼蠅聚集得不計其數，我偶然在此費了半點鐘，也許竟得了一宗最優美最顯異的採集品。

再者我沿著到處都是水孔，岩石，和墮樹的乾河床，慢步行走的時候，頭上遮蔭著巍峨的植物，真是何等有趣呀！我走得不久就知道這些水孔，岩石，和殘株極其可貴，躡足屏氣的走上前去，看它有什麼珍寶。我也許在一處找到一小群稀罕的蝴蝶——Tachyris zarinda——牠們一下子飛揚起來，顯出鮮豔的橙色和硃砂色的美翅，中間夾雜著幾隻有藍色線的鳳蝶屬。而在樹枝跨覆岩溝的地方，往往可以找到一隻正在休息的「馬來巨蝶」，我可以容易地把牠捉來。在幾處霉爛的樹幹上，那小巧古怪的斑螯科——Therates flavilabris——總可以捉到幾隻。在樹林更密的各處，又可捉得金屬藍色的小蝶（屬名：Amblypodia），以及 Hispidæ 和金花蟲這兩科的幾種稀罕美麗的甲蟲。

我發覺那霉爛的波羅蜜果很可以引誘許多種甲蟲以後，常取這種果實剖開一部分放在屋旁森林裡面使它霉爛。我在早上到這些爛果上採集一回，往往可得二十種左右的甲蟲，內中最多的是隱翅蟲，出尾蟲，Onthophagi，和小巧的蚑科。而製造「薩給厄」的工人又往往拿來一種精緻的「金龜子」（rosechafer，原註學名：Sternoplus schaumii）；這種甲蟲常吃棕櫚樹所流出來的甜汁。但新奇的鳥類，我在多天以後卻只遇著少數的幾種：一是優美的地棲畫眉（「蘇拉威西鶇」Pitta celebensis），一是美麗的藍紫色鳥冠的家鴿（「蘇拉威西鴿」Ptilonopus celebensis），都和我新近在阿魯群島所獲的種類十分相似，但非同種。

大約在九月的下半月，有大雨下降，滋潤了焦枯的地面，表示那濕天氣已不在遠。我因此決意去遊覽馬洛斯河的瀑布，那些瀑布統在本河從高山發源的地方，是旅行家常往遊覽的美景。我向麥先生借了一匹馬，向鄰村尋了一位嚮導；我們隨帶一個傭人，於早上六時動身，在環山平坦的荒田上——山峰聳峙於我們的左邊——走了兩小時，到得河邊，與馬洛斯及各瀑布兩方的距離剛好相等，從此前往瀑布有一條很好的大路，我們再走一小時就走到了。我們前進一步，四圍的山阜也就緊縮一步；後來走到一所破敗的草棚——原為遊客的留宿而建造——四下一看就是一個平底的山谷，大約有四分之一哩闊，四周聳起石灰岩的懸崖或凸壁。沿途的地面概已墾殖，直到這裡才有叢林和喬木。

我的小宗行李既已運來藏在草棚裡面以後，我立刻獨自動身去看瀑布，只有半哩以下的距離。河道的橫闊大約有二十碼，河水從兩片挺拔的石灰岩懸壁中間一個裂縫湧出，鋪流於四十呎光景高的一團圓形的雪花岩上面，被一條微微隆起的岩棚分作兩道曲流，成了薄薄的一層泡沫，盤曲洄漩，起了無數相連的圓錐渦，飛降而下，沖入底下的深潭。在瀑布一側有一條崎嶇的狹徑通到上面的河流，再在懸崖底下沿著水邊，或有時竟在水內，那狹徑連接上去又有幾百碼，於是岩石稍稍凹入，只剩得一條樹木叢生的高岸來在一邊，那狹徑沿這高岸連接上去，又有半哩光景，方才達到第二處比較狹小的瀑布。這裡的河水似乎從一個岩洞湧出，上面所滾下的岩石填塞於河道，使它不能前進。只有一條小徑可以通到瀑布上去，那小徑從岩磴的背後繞上，這岩磴已有一部分脫落，只剩一個二三呎闊的岩面，卻露出一條黑暗的裂縫深深陷入本山的心腹，我因為這種岩石早已看過好幾處，所以不曾去探查。

在上層瀑布底下穿過河流以後，從小徑升上到一個峻峭的斜坡，大約有了五百呎，再穿過一處裂口，進入一個狹谷來，這狹谷關閉在四圍陡峻高聳的岩壁裡面。往前半哩以後，這狹谷忽然轉向右方而去，變成山上一個罅隙。再前進半哩，兩旁的岩壁漸漸縮合，後來只相隔得二呎，峻峭的小徑升到嶺尖，大概又可通入另外一個峽谷，我卻無暇去探查了。回到罅隙開頭的地方以後，主要的路徑轉上左方，進入一個岩溝，通到一處山頂，頭上有了一個天然的岩石拱門，大約有五十呎高。從此下降的峻峭路徑，穿過濃密的叢林，隱隱約約有些陡峻的懸崖和遠方的岩山，大概又可通到一個主要的谿谷。這一帶地方最能引起我們探查的觀念，我卻有了幾種理由不能再往前去。我沒有嚮導，沒有進入布吉領域的許可證，況且大雨隨時都可降下，河流氾濫起來，我也許不能回去。因此，我在遊覽的短時間內專門去求這地方的天然產物的知識。

各處狹小的裂罅產生幾種新奇優美的昆蟲，及一種新奇的鳥類——就是古怪的 Phlægenas tristigmata，一種黃胸黃冠而紫頸的大地棲鴿。山上所有崎嶇的路徑就是馬洛斯通往布吉境內的大路。在雨季時，路上簡直難以通行，因為河水填滿河床，從幾百呎高的峭壁中間沖瀉而下。當我往遊的時候，山路雖可通行，而峻峭已極，困苦異常，但每天來來往往的男婦小孩卻沒間斷，男人還要運著不值錢的棕櫚糖的重貨。我找得昆蟲最多的地方是在上下兩瀑布中間的沿路上，以及上瀑布的深潭的邊緣上。在這種地方，有幾十隻半透明的大蝴蝶——Idea tondana——款款而飛，而這種最魁偉最稀罕的華麗的鳳蝶——就是 Papilio androcles——也在這裡捉得，這種鳳蝶，我簡直是找得絕望了；不料我留在這裡四天，竟找得六隻好標本，真是可喜已極。這種美蝶飛翔的時候，飄著長旒一般的翅尾；牠棲在水濱的時候，把潔白的翅尾高高舉起，彷佛是怕有什麼危害一般。這種美蝶在這裡也不很多，我所看見的標本一起不能多過一打，並且我在捉得牠們以前，往往沿河追逐得很久。在午時相近陽光最熱的時候，上層瀑布底下的潭濱濕地，棲著整陣的美蝶，或橙，或黃，或白，或藍，或綠，色色俱全，真是美麗得很，一有驚動，千百隻飛揚空中，結成一片閃爍的彩霞，尤其好看。

像這地方所有的這些峽谷，裂罅，和懸崖，我在馬來群島的其他各地簡直沒有看見。峻峭的岩壁和嶙峋的岩磴包圍了一切的高山，封鎖了一切的深谷，並沒有一處可以看見一個斜坡的平面。其中有許多處，那懸崖挺拔而上，或且聳突而出，到處叢生著各種植物。羊齒，露兜樹科，灌木，蔓藤，及林木，一切雜糅一處，成了一種常綠的網狀物，只從各處孔隙中現出白色的石灰岩或黑暗的岩洞和裂罅。這些懸崖能夠生長這許多植物的緣故，實在是由於構造上的特別。懸崖的表面最是參差不齊，到處裂成洞穴和縫隙，洞口上又有突出的岩棚；凡懸崖突出的部分各有鐘乳石垂掛而下，遮蓋洞口，像是一種哥德式的窗花，為灌木，喬木，和蔓藤等等植物托根的所在，那些植物在溫暖的清氣與適中的濕氣中，生長得很是茂盛。而在懸崖現出滑面的各處，卻沒有什麼植物，只有幾處沾染著地衣或點綴著羊齒，那些羊齒生長在小岩棚上或小罅隙中。

讀者如果只在書本上或植物園中，對於熱帶的自然界曾有間接的認識，也許指望這種地方還有其他許多種自然界的美景。你們也許說我遺漏了燦爛的繁花，以為紅色，金色，或天青色的大簇的花卉，必定閃爍於這些蒼翠的懸崖上，跨覆於小瀑布上，並裝置於澗泉的邊緣上。但實際上究竟怎樣呢？我仔細看了各處的崖壁，看了瀑布四周，河流岸邊，以及深穴黑隙裡面的蔓藤和灌林，都看不見一點燦爛的色彩，看不見一株喬木，灌木，或蔓藤生著一朵顯異的花卉。我向各方看那碧綠的葉叢，和斑駁的岩石。葉叢的色澤和形態真是變化無窮，岩壑的雄壯和植物的繁茂也是美不勝收，但是普通認作熱帶上到處都有的那些燦爛濃豔的繁花，卻連影子也沒有看見。我上文所描寫的這種熱帶的真實景象既在當地記載下來，並且這種景象的實例，我在南美洲及東方熱帶各地曾屢次親眼看見，所以我不得不下這個結論，就是：上文所說的景象可以代表赤道上各地（就是最熱的熱帶）自然界的一般狀況。但是一般旅行家的描述為何很不相同呢？我們所知熱帶的那些好花究在何處呢？其實這些問題是很容易解答的。因為我們溫室裡面所種植的熱帶的有花植物，是從各種各樣的地域搜羅得來的，所以我們看了溫室的植物，容易得到一個最錯誤的觀念，以為這些植物一併繁殖於任何熱帶的地域。殊不知這些植物當中，有許多是很稀罕的，有許多是極端局部的，還有許多是生長在非洲和印度比較乾燥的地域的，在那種地域裡面，熱帶植物並沒有繁殖到平常的程度。在熱帶植物最發達的各地域，只有優美繁複的葉叢確是一種特色，至於花卉一層，有些只開了幾個星期，有些只有幾天。不論在什麼地點，如果住得稍稍長久，都可發現許多種壯麗的有花植物，但這些植物須待搜尋，且在一時或一地也尋不了許多。我們應該知道一般旅行家常把長期旅行中所有遇到的各種優美的植物都聚集在一處來描述，所以不知不覺的把各地的風景添上許多裝飾。他們簡直不曾把植物最為美茂的各地的風景，加以分別的研究和描寫，也不曾明白說出這些風景添上花卉以後究竟生出什麼影響。我對於上面這幾點一向很是精細；我加以分別考察的結果，已經認定花卉的燦爛色彩對於溫帶自然界的一般景象所發生的影響，比對於熱帶的景象要大得多。我在熱帶的植物界中間遊歷了十二年，竟看不見什麼花卉可以比得上我們的金雀花，石南屬，野風信子，山楂，紫蘭屬，及毛茛。

這一帶地方的地質構造很是有趣。石灰岩的高山，範圍雖廣，似乎全在表面，它的基礎就是雪花岩，這種雪花岩在有些地方構成若干圓丘，介在峻峭的高山中間。在河流的岩床內差不多到處可以找出雪花岩，而且上文所說的瀑布也由雪花岩的分級造成。石灰岩的懸崖從雪花岩的分級處突然挺拔而上；並且你沿著瀑布一側走上狹小的梯道時，總有二三次可以辨別這兩種岩石的分級，因為石灰岩乾燥而粗糙，受雨水的磨損成為尖銳的脊稜和蜂窠形的孔隙，而雪花岩卻濕潤而平坦，受土人赤足的踐踏變成十分光滑，彼此之間顯然有別。而當你走近山麓的時候，你看了那沖積平原的土壤當中所擁出來的小塊和小峰，尤其可以看出石灰岩受雨水溶解的性質。這些小塊小峰概作柱狀，上部比下部粗大，最粗大的部分剛剛露在本地濕季時洪水的水線上，在這水線以下，岩柱漸次縮小，小到地面為止。其中有許多岩柱，上部的聳突很是厲害，又有若干比較細小的岩柱彷彿只有一個小點著地。那些比較疏鬆的岩柱受了歷年冬季的雨水，已經穿出許多孔隙，並且有些岩柱成了網狀的多孔岩，四面玲瓏都可透光。從山麓直到海邊全是一片平坦的沖積平原，即在地下深處顯然也沒有泉水蓄積的可能，而望加錫的當局諸公卻已耗費大宗的錢財，開鑿深井，深到一千呎，希望它和倫敦巴黎的盆地上的噴水井一般，能夠供給他們所需的水。這種嘗試的失敗當然是不足怪的。

我回到自己的寓舍以後，仍舊天天去搜尋鳥雀和昆蟲。但是天氣異常炎熱乾燥，泥潭和岩孔都乾燥得滴水不留，一向聚集著的昆蟲也隨之失蹤。只有一群昆蟲不受這種大旱的影響，就是雙翅目，即蠅類，仍舊和從前一樣的繁夥，我只好集中注意力於這些昆蟲上面，過了一二個星期以後，這一目的採集品增加到二百種左右。新奇的鳥類也陸續有幾種捕獲，內中有二三種細小的鷹，隼，一種美麗而刷舌的「小長尾鸚」（paroquet）——*Trichoglossus ornatus*，和一種稀罕的黑白兩色的烏鴉——*Corvus advena*。

到了十月中旬，經過幾天陰暗以後，降下傾盆的大雨，往後每天下午差不多都有大雨，早期的濕季顯已開始了。我因此希望有一次昆蟲的好收成；若就某幾方面而論，我也總算不曾失望。甲蟲已比從前多得許多，我在河邊岩石上所堆積的枯葉裡面找到大宗的蚑，這一科在熱帶上本來很少。而蝴蝶竟一無看到。我身邊兩個傭人，又恰好在第三個傭人走了以後，害起瘧疾，痢疾，和腳腫病，在屋裡呻吟了幾天。等到他們稍稍好些以後，我自己又害起病來，而且食品所餘無幾，天氣異常潮濕，我只得預備行裝回到望加錫去，因為再遲幾天，起了猛烈的西風，在露天的小舟上渡海而去，即使沒有危險，也要很不舒服了。

自從下雨以後，無數的馬陸，和指頭一般粗大，長到八吋或十吋，在路徑上，樹木上，寓舍的周圍，到處爬來爬去——有一天早上，我起床時竟在床中找到一隻馬陸！牠們通常的色彩是暗鉛色或磚紅色，對人類雖沒傷害，而形狀很是可厭。蛇也開始出現。有一種很繁殖的蛇種，我殺了兩條，蛇身為鮮綠色，蛇頭很大，盤旋在樹葉上或灌木上，我們走近以後，才能看出有蛇。我在枯葉上捕昆蟲時，又有一種棕色的蛇鑽入昆蟲網來，我一時看不出是蛇，幾乎要伸手去取牠。一向焦枯的田野和草地到現在忽然都長出綠草來；一向乾涸的河床也忽然變成一條很深的急流；無數的草本植物和灌木到處抽枝發葉而開花，新奇的昆蟲很多發現，我若有了一座寬敞的，禁得起風吹雨打的好房屋，也許就在這裡度過濕季，因為在濕季內我覺得一定可以獲得許多特別的東西。爭奈我只有一座夏季的草舍，對於上面這一層是辦不到的。在大雨時，草舍裡面到處鑽入細雨濛濛的雨霧，要想保持標本的乾燥真是困難極了。

我在十一月初回到望加錫，先把採集品裝包，再坐荷蘭郵船動身往帝汶和德那第去。我把那一番的遊歷暫且擱在一邊，先在下章敘述兩年以後所遊歷的蘇拉威西極北部分，用以結束本島的報告。

# 第三章
# 美娜多　一八五九年六月到九月

我在帝汶庫旁（Timor-Coupang）住了幾時，才到蘇拉威西的東北極端來遊歷，路上經過班達，帝汶和德那第。我於一八五九年六月十日到達美娜多（Manado），承陶厄先生（Mr. Tower）殷勤接待，他是美娜多的一位英國老僑民，經營一般的商業。他給我介紹於杜汾波登先生（Mr. L. Duivenboden）——他父親和我在德那第做了朋友——這位先生對於博物學很有興趣；又給我介紹於內斯先生（Mr. Neys），這位先生是美娜多的土人，但一向在加爾各答（Calcutta）受教育，凡荷蘭語，英語，馬來語，都是他的本國語。這幾位先生待我很好，陪我往遊各地，極力幫我的忙。我在城內很舒服的度了一個星期，只因城外四郊有許多哩地面都把森林斬伐下去，栽植著咖啡及可可樹（cacao），要想找尋一個良好的採集地極其困難。

美娜多是東方一個美麗的小城。它的外觀彷彿是一個大花園，一排一排雅淨的別墅介以寬大的街道，通常都用直角互相交叉。良好的道路由城內分支而通入內地，路上優美的村舍，潔淨的園圃，與茂盛的栽植地互相連接，又有果樹的曠野散佈於各處。西南兩方為多山地帶，六千呎或七千呎高的火山峰矗立成群，做成雄偉美麗的背景。

明那哈薩（Minahasa）——這部分蘇拉威西的稱呼——的居民與島上其他各地的居民大不相同，且與馬來群島其他任何民族概不相同。他們的皮膚為淡棕色或淡黃色，往往潔白得和歐洲人差不多；身材頗短，而壯健勻稱；面貌楚楚可人，但年紀長大以後，顴骨突出，多少有點難看起來了；頭髮長直而黑，與馬來諸族完全相同。在有些內地的村莊，那血族上可算最純粹的男人婦女，生得非常標致，但靠近海岸一帶，血族上的純粹已為異族的混合所摧殘，故面貌近於四周各地蠻民的普通模樣。

在意識和道德兩方面他們也很特別。他們的性情非常鎮靜溫順，最肯服從他們所認為優等的民族，並且最能仿效開化民族的習慣。他們都是聰明的工匠，對於知識方面似乎很可造就。

在最近的過去，這些人還很野蠻，現在有許多美娜多人還記得從前的情形和十六七世紀著作家所描述的情形一般無二。有些村莊的居民並不同族，每村各有頭目，語言不能相通，各村之間差不多天天相鬥。他們把房屋架造在很高的樁柱上，以防敵人的攻擊。他們和婆羅洲的達雅人一般，也是獵首人，據說他們有時又是食人者。頭目死了以後，他的墳墓要用兩顆新鮮的人頭來裝飾；倘若不能獲得敵人的頭顱，就把奴隸殺下來補充。人類的頭顱骨用作頭目住屋的大飾物，樹皮條就是他們唯一的衣服。全片地面都是荒野，並無道路相通，只有幾塊小小的地皮種著稻，蔬菜，或果樹，雜在原生林中間。所有未開化人類對於自然界雄偉的現象，和豐饒的產物，天然要發生的心理，就是他們的宗教。火山，急流，和湖沼是他們神祇的住所；有幾種樹和鳥被他們認為最有影響於人類行動和運命的東西。他們舉行大規模的野祭以求悅於這些神祇或妖怪；相信牠們能使人類變為走獸，無論在生前或死後。

他們的生活剛是真正野蠻生活的寫真：各自孤立的小團體天天互鬥，備受種種的艱苦，雖有豐饒的土壤，而生存的權利還是朝不保暮，一代一代傳下去，總沒有物質改良的慾望，和道德進步的前程。

以上種種就是他們在一八二二年以前的情形，直到那年才有咖啡的栽植初次輸入，才有各種墾殖的實驗初次試行。這咖啡在超出海平面一千五百呎到四千呎的高地上，栽植得很有成效。各村的頭目因此都從事於咖啡的墾殖。種子及土技師都從爪哇輸入；從事墾殖的勞工都獲食物的供給；所有咖啡依照規定的價錢賣給政府的收買人員，各村頭目現已改封為「少佐」（Majors）可享產品百分之五的利益。過不多時，從美娜多港口造成大路通上高原，各村之間也開出小徑相通；教士們分居於人口比較稠密的各區，一面創辦學校；中國商人進入內地，拿衣服和別的奢侈品交換他們賣咖啡所得的錢。

同時這地域分成若干區，採用爪哇已有成效的「督察官」（Controlleurs）制度。「督察官」由歐洲人或歐洲血族的土人擔任，為全區墾殖事務的總監督，及各村頭目的顧問官，人民的保護人，並為人民與頭目及與歐人政府互相溝通的工具。每一個月他須往各村巡視一周，把各村狀況呈報於駐使。各村的互鬥現在已向官廳投訴解決，所以舊式不方便的堡壘式的房屋已沒用處，而且大半的房屋都受「督察官」的指導，同用一種雅淨的格式而重新建築了。我現在要去遊歷的就是這樣有趣的一區。

我擇定路徑以後，即在六月二十二日上午八時動身。陶厄先生駕一馬車送我三哩，內斯先生騎馬送我三哩到洛塔村（Lotta）。我們在村中遇著東達諾區（Tondáno）的督察官，他剛在一次按月巡視公畢回家的路上，而對我這次旅行，他曾允許做我的嚮導和伴侶。我們從洛塔前去，接連走了六哩升高的路，來到東達諾的高原，超出海面大約二千四百呎。我們經過三個村莊，村裡的雅潔美麗頗足驚異。由內地以牛車載運咖啡所經過的大路，每到一村的入口處，都從村後轉彎而過，以便保持村街的清潔。村街兩側種著玫瑰樹的潔淨籬笆，天天開著花兒。一村的中心有一條闊街，四周有一圈好草泥，街上掃得很乾淨，草兒剪得很整齊。房屋概用木料構造，架在大柱上大約有六呎高，大柱漆成藍色而牆壁粉成白色；每一座房屋各有一個洋臺，圍以雅淨的欄杆，通常在房屋四周都種著橘樹與有花灌木。四圍的風景蒼翠而優美。到處羅列著異常茂盛的咖啡栽植地，以及壯麗的棕櫚和木狀羊齒，林阜和火山峰。我早已聽說這地方很是美麗，現在親眼看見以後，卻比從前的期望還要勝過幾倍。

下午一時左右，我們來到東莫宏（Tomohón），為某一區的重鎮，住有一個現在稱作「少佐」的土頭目。我們走入頭目家裡以後，不禁又吃一驚。這一座房屋寬大通風，用本地堅硬的木材蓋造得十分穩固，十分精巧。裡面的擺佈採用歐式：枝形的燈架很是雅致，本地的桌椅很是精美。我們進去以後，立刻有「馬得拉葡萄酒」（madeira）及苦味物品送了上來。隨後又有兩個美童穿著白淨的衣服，頭上的黑髮刷得很光，每人端著一盆的水及托盤上一方潔淨的面巾遞給我們。我們所吃的午餐很是精美。各式烹調的雞肉，以及燻的，燉的，或煮的野豬肉，肉汁燉成的蝙蝠，番薯，米飯，蔬菜，一一盛在精美的瓷器內擺了上來，又有洗指盂，面巾，以及大宗的紅葡萄酒和啤酒，也隨同送上：我在蘇拉威西高山上這等土頭目的餐桌上竟看見這種盛饌，覺得很是古怪。我們的主人穿著一套玄色的衣服和一雙漆皮鞋，看去真是舒服，而且和

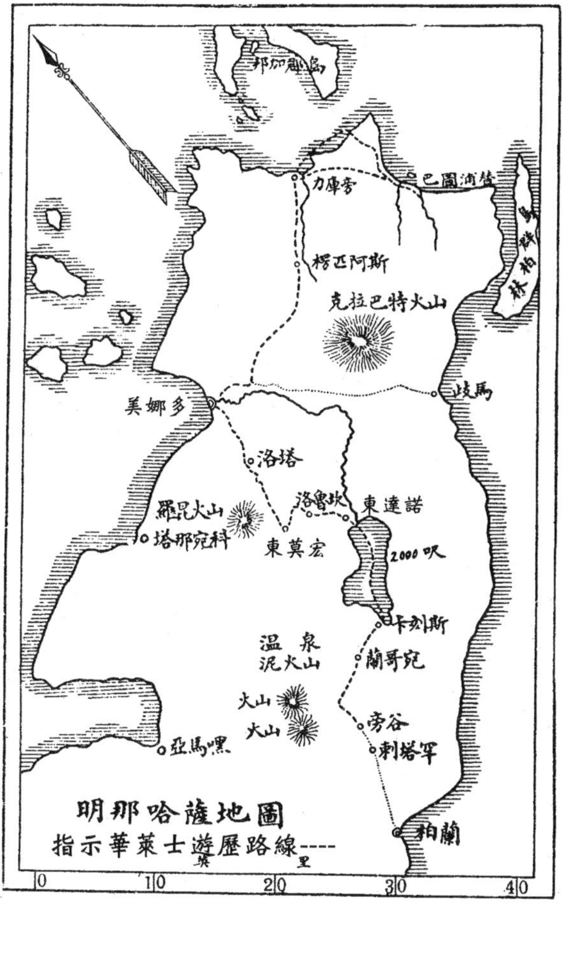
邦加島
力庫旁
巴圖浦楷
島群柏林
楞匹阿斯
克拉巴特火山
美娜多
岐馬
洛塔
洛魯坎
東達諾
羅昆火山
塔那宛科
東莫宏
2000 呎
卞刻斯
温 泉
泥火山
蘭哥宛
火山
火山
勞谷
剌塔罕
亞馬嘿
柏蘭
明那哈薩地圖
指示華萊士遊歷路線----
英 里
0 10 20 30 40

我們上等人也差不多。他坐在主位，雖然不大說話，而敬客很是周到。我們大家都說馬來語，因為這是本地的官話，實際上又是督察官所能說的唯一本國語——他是半白種的土人。據說，從前少佐的父親做頭目時，穿的只是一條樹皮，住的只是一座架在高柱上的茅舍，裡面滿掛著人頭。少佐對於我們固然有所期望，他所備的午餐固然格外加意，但是這一層也很有人對我說起，就是各頭目都以仿效歐風自鳴得意，接待賓客也都彬彬有禮。

吃了午餐喝了咖啡以後，督察官先往東達諾而去，我留在本村往四周散步，等候那牛車運來的行李，不料那一車行李竟在半夜以後方才運到。晚餐和午餐很是相似；夜間就寢時，給我一間精緻的小房，備有舒服的眠床，藍紅兩色的紗羅帳。次日早上日出時，洋臺裡的寒暑表停在六十九度上，據說這是本地普通最低的溫度，而這地方超出海面卻有二千五百呎。我在寬大的洋臺裡吃了豐美的早餐，有咖啡，雞蛋，新鮮的麵包和乳酪，而面前園裡栽滿的玫瑰，素馨，以及其他好花，尤其芬芳撲鼻；八時左右，我與十二個運送行李的男人乃離東莫宏而去。

我們走上一條高嶺，超出海面大約四千呎，再降下五百呎光景到得洛魯坎（Rurúkan）小村，為明那哈薩最高的地點，大約也是全蘇拉威西最高的地點。我早已決意在此住了幾時，想看看這種高地在動物學上有無變化。這小村只有十年左右的歷史，和我沿路所經的各村一樣潔淨，而風景尤美，它位置在一小片平地上，有一邊滿地的樹林驟然低陷下去，低到美麗的東達諾湖（lake of Tondáno）為止，遠方有若干火山。還有一邊是一個深谷，在深谷遠方有一帶山林優美的地方。

近村有許多咖啡栽植地。咖啡樹栽植成行，自根至梢只留七呎光景的高度。這一層能使側椏十分發達，有些剛好成為半球形，滿樹載著果實，每一株每年可產十磅到二十磅的淨咖啡。這些栽植地統由政府主持，村民受頭目指揮從事墾殖。耘草或收果的日期預先指定，到期鳴鑼召集全體的工人。各家工作的時間都有一種報告保存下來，等到年終，大家把出賣的生產按照比例均分。這種制度推行得很好，我相信它在目前對於他們實比那自由貿易要好得多。大片的稻田也很不少；有人報告我說，這個區區七十家的小村每年總有值得一百鎊的穀米出賣。

我所住的一座小屋位於本村的盡頭，幾乎懸在下降到河流的峻坡上，從洋臺上向外看去，很有一幅美景。每日早晨，寒暑表時常停在六十二度，直到晚上從不升高到八十度，因些我們穿那熱帶平原上所用的薄衣，時時覺得太涼，或且太冷，至於我每天要去洗澡的噴泉尤其是冰一般的冷了。我在這些優美的山林中間度日，雖覺十分快意，而對於採集方面卻有幾分失望。在動物方面，這溫和的高地與下面炎熱的平原簡直沒有什麼明顯的差別，其中確有差別的幾點大半對我又沒用處。絕對特別的東西似乎完全沒有。鳥獸比較的稀少，而種類一概相同。昆蟲似乎較有差別。那樹皮或枯木材上面所找出來的郭公蟲科的古怪甲蟲，比其他各地所看見的都要優美些。美麗的「長鬚甲蟲」（Longicorns）很是缺少；所有少數的蝴蝶統是熱帶種。就中有一種鳳蝶（學名：Papilio blumei），我只採得少數的標本，而形態的壯美真是我所罕見。這是一種金綠兩色的鳳蝶，有了淺藍色羹匙形的翅尾，在陽光照射時往往飛近村莊，而蝶身很有殘破。我住在洛魯坎時，自始至終都受陰暗潮濕的大累。

再就植物而論，這高地的特色也是很少。樹木上不過多蓋了些地衣苔蘚，各種羊齒和木狀羊齒也比我往常在低地上所看見的優美了些，茂盛了些：這兩層大約都可歸源於這地方長年流行的潮濕。一種粗俗的覆盆子的繁生，同那藍色黃色的菊科，略有幾分溫帶的模樣；小巧的羊齒及蘭科，同那岩石上短矮的秋海棠屬，略與樹木生長線以下的高坡植物（sub-alpine）相近。而森林卻極其茂盛，巍峨的棕櫚，露兜樹屬，以及木狀羊齒都很豐富，至於各種林木更是滿樹裝飾著蘭科，鳳梨科，天南星科，石松屬，和苔蘚。普通的無莖羊齒也很繁殖：有些抽出十呎或十二呎長的大葉，有些卻只有一吋高；有些生著全邊而塊狀的葉，有些卻搖曳著邊紋美妙的葉，使林間的幽徑添上無窮的變化和興趣。椰子棕櫚所結的果實也很多，據說油質卻很缺少。柑橘屬比下面的低地還要茂盛，所產美味的果實很多；而朱欒卻需熱帶太陽的全副熱力，即使在那低了一千呎的東達諾也不能充分發育。在丘阜的斜坡上，墾種的稻實在不少，雖則氣候罕逢，或且絕不升高到八十度，而稻的成熟卻是極佳，我們也許可說英格蘭在晴明的夏季也能種稻，只是種秧的溫度應該特別留意罷了。

高山上面遍佈著異常豐富的壤土。就連那些陡峻的斜坡也到處蓋有黏土同沙泥，通常又有厚厚的一層壤土。山上的森林所以能有一致的茂盛，那樹木生長線以下的高坡植物所以出現得遲緩，大概都是由於上面這一個緣故；那種高坡植物的出現固然靠著氣候的變化，卻也靠著禿岩的豐富。就麻六甲的金山而論，在著實更低的高度上就有「淚杉屬」和山躑躅屬，同那豐富的豬籠草屬，羊齒，陸生的蘭科，驟然把高林的位置奪了過去；那種情形顯然是由於不到三千呎的高度上有了大片禿岩出現的緣故。所以這一帶地方有這許多壤土，沙泥，和黏土掩蓋於峻坡，山頂，及谷壁，的確是一種古怪而重要的現象。這種現象也許有一部分是源於絡繹不絕的小地震，因有這些地震，故岩石容易崩壞；但一方面似乎又表示這一帶地方久已暴露於溫和的氣界作用，而且地面的上升異常遲緩，卻又繼續不斷。

我住在洛魯坎時，曾有一次頗猛烈的地震來滿足我的好奇心。在六月二十九日夜間八點十五分鐘，我正坐著看書，房屋忽然微微的震動起來，那震動的力量增高得很快。我安然坐了若干秒鐘去欣賞那種新奇的感覺；但是不到半分鐘以後，連我坐在椅子裡也坐不穩了，房屋顯然起了搖動，並且發出吱咯吱咯的聲響，彷彿就要坍倒一般。於是全村嚷著：「塔那哥央！塔那哥央！」（Tana goyang! tana goyang!）——就是地震！地震！個個人都逃出屋外，婦女和小孩尖聲叫喊，我自己也覺得走出外邊為妥。我一站起以後，自覺頭腦昏眩，腳步不穩，每走一步幾乎要跌一步。這地震繼續到一分鐘光景，我在那分鐘內覺得自己被它旋動著，幾乎要暈去了。我再走入屋內時，看見一盞燈和一瓶亞力酒（arrack）早已翻跌下來；那盞燈的滾筒已從托碟上跳了出去。這一次地震彷彿是上下垂直的猛震和顛動。經過這次地震以後，那些砌磚的煙囪和教堂的塔樓當然都已坍倒；但這地方的房屋既然很低，又用木料造得很牢，除了那歐洲城市都要被毀的大震以外，斷斷不致有多大的損壞。這裡的居民告訴我說；自上次大震以來，已有十年沒有大震，而上次大震比這次還要厲害，房屋坍了許多，居民也有若干被戕。

後來每隔十分鐘或半點鐘，都起一次微微的震動，有時震動得厲害一點，使得我們大家再逃出來。我們的情形夾雜著恐怖同可笑。我們隨時可以遇到大震，坍下頭上的房屋，或許——我所更怕的——遇到地坼，被送入本村貼近的深谷裡去；但是我們每次遇到小震，跑出來外邊，過一會又跑進去，我總覺得十分好笑。緊張和滑稽的現象在這裡真正只相差一步。就一方面說那最可怕的，最有破壞性的自然現象正在我們四周陸續進行——岩石啦，高山啦，地面啦，到處都在發抖抽筋，一有覆滅我們的危險發生，我們絕無能力可以救拔自己。再就別一方面說，一大批男婦小孩每有一次無謂的驚擾，總要演著跑進跑出的把戲，其實每一次震動的停止就是下一次猛震的預備。我們似乎確是「玩地震」（playing at earthquakes）一般，雖則大家互相警告不要認作兒戲，卻有許多人附和著我一同捧腹而笑。

後來夜氣很冷，我覺得昏昏欲睡，決意要上床去，吩咐我的幾個童子——他們睡在更近門口處——在房屋倘有不測時來喚醒我。不料我估錯自己鎮定的工夫，因為我並不能安睡。全夜的地震每隔半點鐘或一點鐘陸續出現，每一次地震都厲害得使我清醒過來，使我提心吊膽的預備逃避。所以我一看見曙光，真是十分高興。村中大半居民都不曾上床睡覺，有些簡直全夜避在戶外。一連兩天兩晚時時有地震出現，過後每天出現幾次，竟連續到一星期：這顯然是我們這部分地殼底下已起了很大的變動。我們在感受地震以後，抬頭去看看四周的丘阜，谿谷，以及高山，平原，看出那大堆的物質稍微有些上升和搖動，方才知道那種地下力量真是偉大。地震所生的感覺永永不會忘記。我們覺得自己為一種勢力所包圍，這種勢力比那狂風猛狼的力量簡直要偉大幾百倍；可是它的影響卻是一種威嚴的感覺，而不致有狂風猛浪的恐怖。我們所冒的危險具有一種難料而神祕的性質，故發生各種想像與希望的影響。不過這些評述只能應用於和平的地震；倘若說到激烈的地震，卻是最有破壞性和恐怖性的災變了。

在地震後過不多天，我就旅行到東達諾去。東達諾是一大村，大約有七千居民，位於東達諾湖的下端。我在督察官本斯內得先生（Mr. Bensneider）家裡吃飯，從前我到東莫宏來，就是他做嚮導的。他有一座優美的大廈，常在大廈內接待賓客；他的花園，雖則花卉的種類不很繁夥，卻是我在熱帶上初次看見的最好的花園。各村所用以裝飾庭園的那些玫瑰籬笆，都由他介紹而來；到處所流行的整齊潔淨也大半由他首倡。我向他請教一個新地點，因為我覺得洛魯坎雲霧太多，陰濕太甚，鳥雀與昆蟲都受阻礙。他提出一個離湖稍遠的村莊，村旁有一大片森林，以為我若前去，大約可以找到豐富的鳥雀。因為他在幾天以內就要動身往那裡去，我就決意陪他同去。

我於餐後求他指派一個嚮導，導我往遊湖水出口的河流上一處馳名的瀑布。那瀑布離開本村大約一哩半，位於本村下面一片略微高聳的地方，那地方縮成盆地，顯然是從前的湖岸。河流在此流入一個很狹很彎的峽谷，聲勢洶洶的沖瀉而前，過不多遠就瀉入一個大裂罅裡，這裂罅就是一個大谷的開端。瀑布上面的河道只有十呎光景闊，河道上面鋪有幾塊木板，底下的狂流雖有一半為茂盛的植物所遮藏，卻可看見它沖瀉而下，再向前幾呎就瀉入一個深淵裡來。這瀑布的風景和聲音很是雄壯動人。在我往遊時四年以前，有一個摩鹿加群島的總督曾在此間跳入瀑布中自殺。這自殺一層至少是大家公共的意見，因為他害了一場大病，受盡苦痛，故萌厭世的觀念。他自殺的第二天，屍體發現於下面的河流內。

不幸懸崖的邊緣統是叢林和莽草，以致瀑布的美景無從觀察。這裡的瀑布共有兩處，較低的一處起勢最高；大概繞了一個長圈，降入谿谷裡面，從底下向上看去，可以看見兩處的瀑布。假使最好的觀察點一一找出，再把路徑鑿通，那麼，這兩處瀑布也許是馬來群島當中最美麗的瀑布呢。懸崖的裂罅似乎很深，大約有五六百呎。不幸我自己沒有時間可以考察這個谿谷，因為我急急要用晴明的日子從事於補充以前所缺乏的採集品。

剛在我洛魯坎住屋對面就是一所校舍。校裡的教師是一土人，曾在東莫宏受教於一教士。每天上午大約上課三小時，一星期內又有兩天晚上的問答和講道。每逢星期日早晨又做一次禮拜。他用馬來語教授孩童們，我時常聽見他們背誦那乘法表，背到二十乘二十都很純熟。他們常用唱歌來結尾，而在這些僻遠的高山上，竟聽到我們的古讚美歌調用馬來字唱起來，真是有趣得很。唱歌這一層可說是教士們所灌輸於野蠻民族的一種真正的賜福，因為這些民族原有的歌謠差不多都是單調而悽愴的。

在問答教授的晚上，教師儼然做著一個大人物，一面講道，一面教授，一口氣教了三小時，彷彿是英國美以美派初期熱烈的說教者（ranter）。他自己雖然講得起勁，而聽眾仍是藐藐；據我看來，這班本地的教師學得便利的唇舌，摭拾宗教上的套語，滔滔不絕的發揮他們得意的講題，大約再沒有工夫去顧慮那受教的一班人了。不過教士們對於本島卻很有一些可以自誇的地方。他們確已幫同政府在極短的期間內，把野蠻的社會變成一種開化的社會。四十年前，這地方還是一片荒野，居民還是裸體的蠻人，用人頭來裝飾他們的陋舍。如今這地方卻變成一個花園，和它甜美的土名「明那哈薩」已很相稱了。道路縱橫，通達於各方；若干世界上最精美的咖啡栽植地環繞著這些村落，其中夾雜廣泛的稻田，所產的穀米足以供給全人口的糧食而有餘。

如今本地的居民可說是馬來群島全部最勤勉的，最和平的，並且最開化的民族。他們的衣，食，住，和教育最為優良，社會的狀況也已具有高等民族的端倪。我相信這短促的期間產生這樣顯著的結果，在其他各地再不能找到第二個實例——這些結果可說是完全由於荷蘭人在其東方領土內所創政府的制度而來。他們的制度很可以稱作「父道專制」（paternal despotism）的制度。我們英國人不喜歡專制——我們厭惡專制的名詞和事實，我們寧願看著人民的懵懂，懶惰，與為非作歹，除用道德的力量去感化以外，絕對不肯採用別的方法使他們改變為聰明，勤勉，與善良。我們拿著這種態度去對付同種的人民，對付觀念相似才性相同的人民，固然是正當的；因為榜樣和勸戒，以及輿論的制裁，教育的設施，就可以逐漸改良一切；既不會釀成各項殘酷的感情，也不會產生什麼奴性，偽善，和倚賴性——這都是專制政體不能避免的結果。但就別一方面說，如果有人在家庭或學校當中也主張這種絕對自由的原理，我們究竟說他對不對呢？我們不免要說他把這種一般的良好原理應用錯了，因為家庭和學校當中的被治者，在心智上顯然比不上治理他們的人，他們對於自身永久的幸福並無抉擇的能力。所以家庭或學校當中的兒童必須受某程度的約束與指導；這種約束指導如果用得其當，兒童自能樂於服從，因為兒童自知不及父兄，並且相信父兄做事全為他們設想。他們學會了許多事情，這些事情的作用都是他們不能了解的，並且他們對於這些事情，倘若不受某種道德上或社會上——如不是肉體上——的壓迫，也是決計不會去學的。例如秩序，勤勉，清潔，恭敬，及服從等等習慣，一一都用這種方法訓練而成。無論何人，若在兒童時代享受成年人所有行動上絕對的自由，決計不能造就為品學兼備的人物。故在良好教育之下，為求兒童自身與社會全體的福利起見，兒童都受治於一種和平的專制；而兒童對於行使這種專制的人所發生的信仰心，自可消除一切惡劣的慾念與感情，這種慾念及感情，只消專制得稍微過火一點，就會發生出來。

開化民族的統治者之對於未開化民族，與教師之對於學童，或父母之對於子女，不但相似，而且有許多方面完全相同。我們都知道開化民族的教育，實業，及一般習慣都比未開化民族優良些；並且未開化民族在認識這些優點以後，也會自認不如開化民族。他們讚美開化民族各種優良的造詣，對於開化民族所有種種習慣，只要和他們一向的惰性，慾念，或偏見不很抵觸，他們都會得意洋洋的來效法。但是他們早已有了成人固定的習慣與民族流傳的偏見，如果除了勸戒和榜樣以外，別無何種更強的刺激，大約只會抄襲幾種利益最少的文明風俗，而不會去做別的事情；正如執拗的子女或懶惰的校童，一向未受服從的教訓，不做自己不願做的事情一般，大約總不能受什麼教育，或有什麼禮貌。

假使我們自認治理野蠻民族並佔領其土地為有正當的理由，假使我們再進一步去考慮我們的職務，在於盡力改進這些蠻民，並提高其程度，以求適合於我們的水平線，那麼，我們萬萬不可對著「專制」和「束縛」的名詞生出過分的害怕，我們必須行使我們的權力去誘掖他們做工，雖則他們也許完全不喜歡做工，而我們卻知道做工是他們改進精神和物質必不可少的一個步驟。荷蘭人辦理這件事情，確已表現許多很好的政策。他們到處扶植土頭目的權力，因為這些土頭目是一向為蠻民所情願服從的。他們利用這些頭目的聰明才力及自利觀念，以求改革蠻民的各種態度和風俗，因為那些蠻民若由外國人直接督促，就要激起一種惡感，或且發生反動了。

但要推行這種制度，須看人民的品性為轉移；這種制度雖在某處極有成效，而在他處也許只能推行一小部分。就明那哈薩而論，這種民族原有的馴良和智慧就是進步很快的主因。這一層很可引用一樁事實來證明其重要，就是：在美娜多城相近有一種叫做班忒克（Banteks）的部族，在性質上更為倔強，一向拒絕荷蘭政府的種種勸誘，不肯採用任何有系統的墾殖方法。他們到現在還保持著一種粗魯的狀況，卻願受僱為臨時的挑夫和勞工；他們比較的強健活潑，對於這種工作很是相宜。

上面所說的這種制度不免要受嚴重的反對。它有某程度的專制性，並且妨礙自由貿易，自由勞動，與自由交通。不論那個土人若無通行證，不能離開本村；若無政府的許可證，不能受僱於任何商人或船長。咖啡必須以全數賣給政府，其賣價只有當地商人所出價值的半數，於是他揚言反對這種「專賣權」和「壓制」。殊不知這些咖啡栽植地本由政府投下大宗的資本和技術來創辦，人民所受的自由教育也由政府支出經費來設施，而這種專賣權就是政府用來代替賦稅的。那商人所要收買的貨物原是政府的生產；因為無政府這些人還是蠻夷哩。況且自由貿易所發生的第一種結果，就是以大宗的亞力酒輸入各地，而將咖啡換去；由是鬧酒和鬧窮，遍於各地；公眾的咖啡栽植地不能繼續維持；咖啡的品質和數量一天退步一天；後來商人都一致富了，而各地的人民卻回返到貧窮和野蠻的原路上去。凡是親去觀察過這些野蠻民族的人，都明知開化民族與野蠻民族自由貿易的結果一定如此。並且我們再就一般原理加以推測，也可預知將來總要發生惡果。世間有一件事情最宜應用「連續」或「發展」的定律來說明：那一件事情不是別的，就是「人類的進步」。人類的社會從野蠻進步到文明，必須經過若干階段。這些階段當中總有一個階段是某種形式的專制，例如封建制度或奴隸制度，或一種父道的專制政府；並且我們很有種種理由，可以相信人類斷斷不能越過這種過渡的時期，而從純粹的野蠻立刻進到自由的文明。那荷蘭人的制度就是想法子來補足這一條有欠缺的鏈環，來輔助蠻民按步的前進到高等的文明；而我們英國人卻想立刻強迫他們進到文明裡來。結果我們的制度總是失敗。

我們只去敗壞德性，撲滅種族，從不實際去灌輸文明。荷蘭人的制度能否有久遠的成功固是疑問，因為要把十個世紀的工程縮成一個世紀，也許是不可能的事，但無論如何，他們的制度既以「自然」為嚮導，總比我們的制度應該更能奏效，更有成功。①

這個問題所牽涉到的還有一點，我想教士們如果擔負起來，在物質和精神兩方面都可以有大結果。這一片地方既有美麗的風景與宜人的氣候，又有豐富的糧食與各種必需品，人口似乎應該歷年加多，但事實上並不如此。我以為這一層只能歸咎於一個原因。這個原因就是嬰孩的死亡，因為母親們在栽植地上做工，對於嬰孩不免有所疏忽，而對於嬰孩的衛生更是不加注意。婦女們一向做工慣了，所以大家都去做工；她們不但不覺得什麼辛苦，並且還當作一種快樂和休養。她們出門做工的時候，或者帶同嬰孩而去，把嬰孩放在有陰的地上，時時走去照料一回；或者就把嬰孩留在家中，交給別的年紀稍大的孩兒們去照料。在這兩種情形之下，照料嬰孩當然不能周到，弄到結果就是嬰孩的死亡率很大，由是人口的增加率受其影響而低落，否則這地方既然家家富足，而又人人結婚，增加率當然要很高了。這一件事情對於政府確有直接的關係，因為人口有了增加以後，咖啡的出產才能有永久大宗的增加。這一個問題須由教士們擔當起來，因為他們若能勸導已婚的婦女只在家中處理家務，即可提倡一種高等的文明，並可直接增高全

①季勒馬德博士曾在二十五年以後遊歷明那哈薩，所見地方上的情形和我所描述的也是多半相同——鬧酒與犯罪幾乎絕無所聞，人民都是安居樂業（看《馬奇薩的游弋》卷二，一八一頁）。

社會的健康和幸福。這地方的人民既然這樣馴良，並且這樣喜歡效法歐人的態度和風俗，所以教士們只消使他們曉得這種改革是一種道德和文明的問題，對於他們想趕上白種人是一個不可少的階級，即可發生極大的效力。

我在洛魯坎住了十四天以後，方才離別這個優美有趣的村莊，另外去尋鳥雀和昆蟲出產更多的地點和氣候。我在當天晚上與東達諾的督察官同宿，次日早晨九時即乘小舟向那湖口出發，大約有十哩的路程，本湖的低處圍著大片卑濕的沼澤，而稍稍往前以後，卻有一帶丘阜向下降到水邊，湖身的形狀很像一條大河，闊到二哩光景。在本湖上端有一個卡刻斯村（Kakas），我和村正在一所前面已經述過的那種好房子中吃了一餐，再在一片平原上往前四哩，到了蘭哥宛（Langowan）。這蘭哥宛就是督察官對我提議的地點，我既已決意在此暫住，就在一座專為旅客設備的大廈裡面，攤開行李，佈置一切。我僱得一個男人替我射擊，另外一個男人在次日陪我往森林去，我希望森林內可以找到一個好採集地。

我在早上吃過早餐動身，穿過咖啡栽植地走了四哩筆直沈悶的大路，方才到了森林，一到以後就有大雨連綿下降，直到夜間方才停止。每天要走這許多路去做事實在太遠，況且天氣又這樣不定。因此，我立刻決意要到前面去找一個和森林相近或在森林中間的地點。當天下午，我友本斯內得先生同著鄰近柏蘭區（Belang）的督察官剛好到來。我向督察官問明向前六哩有一個村莊叫做旁谷（Panghu），那一村成立未久，和一大片森林相近；他對我說，我若喜歡往那裡去，他可給我一座小屋使用。

次日早晨，我去遊覽溫泉同泥泉，都是本地馳名的風景。我們走過栽植地同深谷中間的幽徑，來到一口美麗的圓池，有四十呎光景的直徑，四圍是一圈石灰岩的邊緣，現出十分整齊的曲線，彷彿是人工的作品。滿池的清水幾近沸點，發出一陣陣的蒸汽，含有高度的硫磺氣味。池水有一處流出，成了一條溫泉的小河，流到一百碼遠還是熱得不能探手進去。從此稍稍往前，在一片參差的森林內，又有兩口溫泉池，池形不甚整齊，而池水卻似更熱，時在沸騰的狀態中。每隔幾分鐘還要噴上三四呎高的水柱，放出大股的蒸汽或瓦斯（gas）。

我們向前再走一哩光景，來到泥泉所在的地方，景象更是古怪。一片斜坡形的地面上有一個淺孔，孔內就是一口水泥的小沼，那水泥是一塊藍，一塊紅，一塊白，又有許多處沸騰起泡，聲勢極其洶洶。四周變硬的黏土上有許多小井和噴口，盛滿沸騰的濕泥。這些噴口似乎時時有製造出來，起先現出一個小孔，射出一股蒸汽和沸泥，沸泥變硬以後成了一個小圓錐體，中心留著一個噴口。這一帶地面很不安全，地下的淺處顯然就是流質，稍受壓力就要凹陷，有如薄冰一般。

我走近邊緣上一個噴口，伸手去試噴泥的熱度，剛好有一滴濕泥濺到我手指上，和沸水一般的燙人。相隔不遠又有一片平坦的禿岩，光滑燙人，有如爐底一般，顯然是由古代的泥泉池乾硬而成的。四周幾百碼的地面都是紅白兩色的黏土，可以用作白塗料，土中所含的熱度很高，連那幾吋深的發出高度硫磺汽的縫隙裡面都熱得難以探手進去。有人報告我說，幾年前有一個法國人遊歷這些泥泉，仗著大膽，走近水泥旁邊，因為地殼一鬆，竟陷入這可怖的大鑊內。

我看了這種地下熱力逼近大片地表的現象以後，受有深刻的印象，不禁發生一個觀念，就是：這種地方也許隨時可以發生不測的災變。其實這許多孔隙也許就是「安全汽門」，因為各處地殼阻力的不等，正可防止地下力量衝破大片的面積。從這地方向西七哩左右有一火山，大約在我此次遊歷三十年以前爆發，至今現出一幅雄壯的氣象，四周各處蓋著大堆的灰燼。環湖的平原由火山產品的混合及分解構造而成，最是肥沃，只消稍稍應用農場輪種法，大約就可保持連續的耕種。現在種在上面的稻連續了三四年以後，休閒三四年，仍舊可再種稻或玉蜀黍。這裡的好稻可產三十倍的穀，咖啡樹也可很繁盛的連生十年或十五年果實，用不著什麼肥料或耕耘。

我因霪雨留滯一天，再向旁谷出發，剛在每天上午十一時的雨開始以前到達。離開湖邊盆地的高處以後，大路沿著一個優美的林谷的斜坡而去。沿路的下降很是長久，故我估計本村超出海面至多只有一千五百呎，但早晨的溫度常為六十九度，和那至少要高六七百呎的東達諾相同。我來到這裡很是高興，因為四圍有一大片森林和荒野，又有現成的一所小舍，內有一個洋臺和一間後房。這小舍原備旅客的休息或過宿，而對我很是合用。但我不幸剛剛失了我的兩個獵手。一個害著瘧疾和痢疾留在東達諾，一個在蘭哥宛害起胸部發炎的病症，因為病勢頗重，我已送他回美娜多去。這裡的村民都在忙著田稻的收穫——天氣既然趕早下雨，他們應該趕早完工——我也不能僱用他們替我射擊。

我在旁谷住了三個星期，差不多天天下雨，不是全天，就是下半天；但在早晨常有幾小時的陽光，我就利用其時往各處大路，小徑，以及岩石，深谷，去搜尋昆蟲。昆蟲雖不很多，卻已充分表現這是一處很好的地點，只消時間上不是旱季的末尾而是開端就行了。村民天天拿「薩給厄棕櫚」上所捉得的昆蟲給我，內有若干優美的「金龜子屬」（Cetonias）同鍬蜋科。有兩個男孩善於使用吹管，拿小泥彈射下許多小鳥給我。內中有一新種的「啄花鳥」（flower-pecker，學名：Prionochilus aureolimbatus），以及若干非常可愛的蜜雀。但一般鳥類的採集幾乎完全停頓下來，因為我後來雖然僱一男人替我射鳥，卻不很善射，每天罕能射下一隻以上的鳥。他所射下最好的一隻就是北蘇拉威西所特產的碩大稀罕的食果鴿（學名：Carpophaga forsteni），原來是我自己早已從事搜尋的東西。

我對於斑蝥科（tiger-beetles）的採集很有成績，似乎這地方比馬來群島當中其他各地都要豐富些繁複些。我初次遇著牠們是在大路上一個開掘處，在那裡一片黏土的硬岸有一部分叢生苔蘚及小羊齒。我在那裡找出一種身軀纖小的翠綠色的種類，跳來跳去，從不振翅而飛；又有更稀少的一種紫黑色的無翅昆蟲，躲在隙縫裡毫不走動，大約是一種夜蟲。我覺得牠們可以成一新屬。我在森林裡面的大路近旁，又找到碩大美麗的一種斑蝥——Cicindela heros——這種斑蝥我在望加錫曾有少數捕獲；但我獲得最優美的卻在那林谷的急流上面。我在臨流的枯樹上，岸上，葉上，獲得三種很美麗的斑蝥，在大小上，形態上，和色彩上，都很各別，而灰色斑點的模樣卻幾乎相同。還有一種最古怪的斑蝥我也捉得一個標本，牠有很長的蟲鬚。但我在這裡所得最優美的發現品卻是一種「豔綠斑蝥」（Cicindela gloriosa），從水邊多苔的岩石上捕來。我捕得第一隻標本以後，慣要沿流散步，仔細去看多苔的岩磴和石塊。這種斑蝥很是怕人，時常引得我追來追去，而牠躲在濕苔上面，因有濃豔的釉綠色，使我辨認不清。有幾天我只能看見幾次，有幾天我可以捉得一隻，總計捉得兩隻的次數實在很少，並且多少總費一番工夫。這一種以及別的幾種，除了這個深谷以外，我始終沒有看見過一次。

我在這一帶地方的村民中間，看出若干種族的模樣，再加上他們語言的特點，使我得了一個猜測他們的由來的影子。他們語言上紛歧的現象，顯然表示他們的文明程度在最近的過去還是很低。這些村莊只消相隔三四哩就有各別的方言，而且每三四個村莊成為一組，各有一種特別的語言，與其餘各村完全不能相通；故在新近由教士們輸入馬來語以前，這些村莊絕不能有自由的交接。他們的各種語言含有許多特點：既有一種蘇拉威西馬來語的成分，一種巴布亞語的成分，又有息澳和桑結爾諸島語言上若干基本的特點——因此可以說是從菲律賓群島流傳而來。再者身體上的特點也有同樣的情形。有些文明程度較低的種族具有一半巴布亞種的面貌和頭髮，而有些村莊裡面卻又流行著純正的蘇拉威西人或布吉人的面貌。住在東達諾高原上的村民大概都和中國人差不多一樣潔白，生著一副很可愛的一半白種的面貌。息澳和桑結爾的居民同他們很是相似，我相信他們都從北玻里尼西亞（North Polynesia）的幾個島嶼遷徙而來。所有巴布亞種的模樣可以代表殘留的土人，至於布吉人的各種模樣顯然是馬來諸族的向北擴張。

我住在旁谷時，因為天氣不好，又沒獵手相助，不免糟蹋時間，故在三星期以後就回美娜多來。我回來以後，稍微有些瘧疾，一面把採集品乾燥裝包，一面另僱傭人，整整忙了十四天，才能預備動身。我向東走過克拉巴特火山（Volcano of Klabat）附近的崎嶇地帶，來到一個叫做楞匹阿斯（Lempias）的村莊。這個村莊和那火山的下層山坡上的大片森林很是接近。我的行李一村一村調換夫役運送而來；因為每一次調換總有一番耽擱，以致直到日落以後，我方才到達目的地——十八哩的距離。我已濕透全身，卻又等了一小時才有第一挑行李運到，幸虧我的衣服即在其內，至於其餘的行李直到半夜方才運來。

這裡棲息著一種奇特的動物，就是鹿豚（Babirusa），我向村民問及鹿豚的頭顱骨，果然獲得頗為完好的若干顆，同那稀罕古怪的「蘇拉威西野牛」（Sapiutan，學名：Anoa depressicornis）的很好的一顆。這種野牛，我在美娜多時曾見兩隻活的標本，很像一種小牛，尤其像南非洲的大羚羊（Eland），煞是可怪。牠的馬來名稱叫做「薩匹烏坦」，就是「林牛」的意思，只有低垂的喉袋及向後斜生的直角，和那純種的小牛有了差別。我在森林裡面找不到十分豐富的昆蟲；我的幾個獵手只射下極少數的鳥類，而他們所獲的少數鳥類卻很有趣。內中有稀罕的林棲魚狗（學名：Crittura cyanotis），「營塚鳥屬」的新奇小種，以及一隻碩大有趣的「埋卵鳥」（Maleo，學名：Megacephalon rubripes）——要得這種「埋卵鳥」，原是我遊歷這地方的一項主要目的。而搜尋十天竟尋不到別的鳥類，我就搬往這半島極端的力庫旁（Licoupang），原是這些鳥類，同鹿豚，「蘇拉威西野牛」出名的所在。我在這裡遇著哥爾得曼先生（Mr. Goldmann），他是摩鹿加群島總督的長子，在此監督若干官辦鹽場的創設。我在這個較好的地點獲得若干美蝶和好鳥，其中有一隻稀罕的地棲家鴿（學名：Phlegænas tristigmata），和我從前在南蘇拉威西馬洛斯瀑布（Maros waterfall）近旁所獲的一隻相同。

哥爾得曼先生聽見我專程要搜尋那幾種東西，就向我好意的提議組織打獵團往那「埋卵鳥」最多的一個地方，就是一處偏僻荒涼的海濱，離開力庫旁大約二十哩。力庫旁的氣候與山上大不相同，四個月來不曾下過一點雨；故我預備往海濱住一星期，希望得著多數的標本。我們前往的路程一半坐船，一半穿林，同行者有力庫旁的「少佐」——即頭目，帶著十二個土人和二十來隻狗。他們在路上捕得一隻幼稚的「蘇拉威西野牛」及五隻野豬。我保存著那野牛的頭顱。

這種野牛完全限於蘇拉威西的僻遠山林及附近的一二個島嶼以內。長成的野牛，其頭部是黑色，每一隻眼上有一條白斑，每一邊面頰上及咽喉上也各有白斑。在幼稚時，頭上的角很是光滑尖銳，長大以後，角的基部漸漸加厚，漸漸生皺。一般博物學家往往把這種古怪的動物認作一種小牛，但是就牠的角和毛及喉袋看來，似乎和羚羊最為相近。

我們到了海濱以後，築起一所茅舍，預備暫住幾天；我打算去射擊並剝製「埋卵鳥」，哥爾得曼先生同那「少佐」去獵取野豬，鹿豚，和蘇拉威西野牛。這海濱位於林柏（Limbé）和邦加兩島中間的大海灣上，有一哩多長的峻峭海岸，鋪著厚厚一層粗鬆的火山黑沙——更可說是石礫——不便行走。兩頭各有小河，小河以外各有一帶丘陵起伏的地面；而這一帶海岸背後的森林卻很平坦，其發育也很遲滯。大概這地方在古代曾有一條熔岩的河流從克拉巴特火山流入大海，填成陸地，分解以後就成為這些疏鬆的黑沙。這個見解有了一項佐證，就是兩邊小河以外的海岸統是白沙。

這種疏鬆鬱熱的黑沙就是「埋卵鳥」埋卵的所在。在八九兩月少雨或無雨的期間，牠們成雙作對的從內地飛到這裡或其他合宜的地點來；挖出三四呎深的洞，比高潮標剛剛高了一點；那雌鳥在此產下一顆大卵，蓋上一呎光景的黑沙，仍舊飛回森林去。過了十天或十二天以後，牠再飛到原處另產一卵；據一般的猜測，每一雌鳥在這一段期間要產六顆或八顆卵。那雄鳥幫同雌鳥挖洞，雙雙同來同去。牠們在海濱上行走時，看去很是美麗。那羽毛發光的黑色及微紅的白色，那戴盔的頭與高舉的尾——和普通的雞一般——很是顯異，再加上昂藏沈著的步態，尤其覺得顯現。除了雄鳥頭部後面的頭鎧與鼻孔上面的小瘤比較雌鳥大了一點，雄鳥的粉紅赭色也比較的深了一點以外，雌雄之間簡直沒有什麼差別；而且上面這一點差別也很微細，若不仔細去看，就不能分出雌雄來。牠們跑得很快，但在受驚或被擊時，牠們鼓翼而飛，又笨又響，飛到鄰樹就棲在一條低椏上；牠們在晚上大概也是這樣棲宿著。每一個埋卵的洞總有許多雌鳥同在裡面產卵，因為裡面時常有十多顆卵找出來；這些卵顆顆很大，雌鳥的身體每一次當然只能容藏一顆發育完全的卵。我所射下的雌鳥，在腹內除了一顆大卵以外，再沒有一顆比豌豆大些，並且一起也只有八九顆，大概一隻雌鳥在一期內至多只能產這個數目的卵。

四周五十哩地面的土人每年都到這裡來取這鳥卵，以供他們的大珍饈，而這種鳥卵在新鮮時的確是很可口的。這鳥卵比雞卵質料更富，香味更美，每一顆可以盛滿一個普通的茶杯，再加上些麵包或米飯，就成了很好的一餐。卵殼為蒼白的磚紅色，偶然也有純白色的。卵形細長，一頭稍尖，長為四吋到四吋半，闊為二又四分之一吋或二吋半。

雌鳥埋卵於沙中以後，就不再去照料。雛鳥破殼而出時，從沙中鑽出地面，立刻跑到森林去；且據德那第的杜汾波登先生（Mr. Duivenboden）所說，雛鳥出殼以後即能飛翔。他曾在雙桅小舟上攜有若干鳥卵，這些鳥卵在夜間孵化起來，到了早晨，雛鳥即在艙裡飛來飛去。那母鳥既從遠道而來——常有十哩或十五哩——產卵於相宜的位置，而產下以後卻不再去照料，不免有些可怪。但就事實上說，母鳥的確不會並且不能看守鳥卵。因為每一個洞總有好多母鳥繼續在此產卵，各母鳥簡直不能辨認那一顆是牠自己的鳥卵；並且這種大鳥所需的食物（全是落地的果實），也只能在大片的地面上搜羅得來，如果在產卵期內，飛到這一帶海岸的好幾百雌鳥雄鳥都不得不留守於近地，就不免有許多要餓死了。

我們從鳥足的構造上，可以看出牠們脫離其類似種——「營塚鳥屬」與Talegalli——所有各種習性的一個原因。那些類似種爬羅土，石，棒條，樹葉，堆成大塚，把鳥卵埋在塚裡：和牠們埋卵的情形是不同的。牠們的腳沒有那些類似種那樣強大，腳爪也是短而直的，並不是長而彎的。而牠們的腳趾卻在趾根處有蹼相連，再加上頗長的脛，極便於搔挖粗沙（牠們搔挖時，粗沙一陣陣的揚起），而不便於爬羅零屑。

我想，我們從營塚鳥科全科的特別組織上，也可看出牠們一科和鳥類全綱普通所有的習性何以這樣不同的一個理由。每一顆鳥卵既然大到塞滿腹腔並且難以通過骨盤，所以鳥卵的成熟總需相當的時間——據土人說，大約是十三天。而每一母鳥在每一期內卻要產六顆或八顆卵——或且更多，所以最初一顆和最後一顆就要相隔二三個月。如果這些鳥卵都用普通的方法來孵化，那母鳥既要往各處去找食物，當然不能依次的孵了二三個月的卵，卻也不能等到最後的卵產下以後一起去孵，因為那些先產的卵不免受損於氣候，或被毀於這地方所繁殖的大蜥蜴，巨蛇，或其他動物。所以我們看了這種情形，似乎應該說，牠們的習性可以直接追源於牠們例外的組織，因為我們當然不好說，「造物」有意要使牠們喪失一般鳥類所具種種大可讚美的父母性本能，所以給牠們以這種異常的構造及特殊的食物。

把動物的各種習慣和本能認作固定的東西，以為動物的構造和組織都去特別適應那些習慣和本能，乃是一般博物學的著作家一向懸為常例的。其實這種假定是很武斷的，它的影響可以阻礙「本能與習慣」的性質和原因的探究，而把「本能與習慣」看作直接由於「造物」（first cause）而來，使得我們無從了解。對於物種的構造，及其現在或過去所處的環境，若能加以精密的考慮，大概都和上文的實例一般，可以發現各物種所有種種習慣和本能的由來。這些習慣和本能再和環境的變遷相合起來，反應到構造方面，靠著「種變」和「天擇」的作用，彼此之間就可保持調和的狀態。

和我同來的朋友們留住三天，得了許多野豬和兩隻「蘇拉威西野牛」。那野牛被獵狗咬有重傷，我只能保存兩顆頭顱。我們在第三天所試行的一次大獵，因為圍逐野獸的佈置不好，以致失敗，我們站在樹林裡所搭的高臺上等候了五小時，竟不曾放得一鎗。我自己同著兩個男人再留這裡三天，又得若干「埋卵鳥」的標本，一共保存很優美的二十六隻，其肉與卵則供作我們的盛餐。

少佐如約的派出一隻小舟來運我的行李回家，我自己同著兩個男孩，一個嚮導，穿林步行，大約有十四哩的路程。起初的七哩沒有路徑，我們時常要斬去亂藤或竹叢才可通行。我們轉了幾個彎去找便路的時候，我生怕走錯路途，口裡說了出來，因為那時候陽光直射地上，我連方向都看不清了。但是他們聽了以後，以為很是可笑，都笑著我；後來果然到半路上，迎面看到一所小舍，原是力庫旁人前來獵取野豬的住宿處。我那嚮導告訴我說，在這小舍和海岸中間，他從來不曾直穿森林來往過一次；有些旅行家認這一層為蠻民「本能」的一種，其實這只是熟悉一般情形的結果。他對於這一帶地方的形勢無所不知：他知道地面的斜坡，河流的方向，有竹或藤的地帶，以及別的許多位置同方向的記號；因此，他能直驅小舍而來，在這小舍的附近一帶，他是時常來打獵的。若在陌生的森林裡面，他不免也要和歐洲人一樣的迷途了。我深信這一層確是如此，並且所有記載印第安人穿行荒林前往某處的奇事也是如此。雖則他們從不曾由某處直穿森林往某處去，但是他們對於這兩處的附近一帶已很熟悉，凡這地方的水道，土壤，和植物，都已爛熟胸中，所以他們由一處往別處時，就有許多容易辨認的記號幫助他們直驅而前很有把握。

這一片森林的主要特色就是藤棕的豐富，這些藤棕從樹上懸掛下來，沿著地面蜿蜒錯綜，往往糾纏不清。它們這種離奇的形狀，初看去很覺可怪，實則顯然由於它們當初所攀緣的樹木枯萎倒地以後，它們沿著地面生長出去，遇著另外一株樹幹重復上升所致。所以每一團扭曲糾纏的活藤，就是從前一株大樹枯倒的所在，只是現在那一株樹的痕跡已經完全消滅罷了。這種藤棕似乎具有無限的生長能力，可以接二連三的攀緣樹木而上升，達到驚人的長度。從海濱上看來，這些藤棕實在使得這片森林添上不少的景致；因為它們把那單調的樹梢用一簇簇的藤葉點綴起來，這些藤葉的尖梢高聳而上，剛和避雷針相似。

森林裡面還有一種最有趣的東西，就是一種美麗的棕櫚，那八呎或十呎粗的光滑的圓柱莖挺拔而上，高到一百多呎；那纖長的葉柄上所支托的扇形葉，放射為一個個六呎或八呎大的圓圈，內中各葉片只在邊緣上有幾吋的分離，顯出美麗的鋸齒形，這些扇形葉覆在樹梢上和帽一般。這種棕櫚大約就是植物學家所說的「圓葉蒲葵」（Livistona rotundifolia），它的扇形葉真是我見所未見的最完全且最美麗的一種，用以製造水桶或臨時籃，以及蓋造屋頂之類，最為巧妙。

過了幾天，我騎馬回到美娜多，行李繞海運來；我剛把採集品裝好以後，就乘郵船往帝汶去。我在以下幾頁，專門報告蘇拉威西動物學上的主要特點，並與四周各地的關係。

# 第四章 蘇拉威西的自然界

蘇拉威西的位置剛在馬來群島的中心。北與菲律賓群島為鄰；西為婆羅洲；東為摩鹿加群島；南為帝汶群島；並且各方都有它自己的附屬物，以及小島，珊瑚礁，使它和各方的島嶼密接，無論我們在地圖上審查，或實地在沿岸考察，都不能斷定那一部分應該劃歸它自己的範圍，那一部分應該劃歸四周各地域的範圍。它的位置既是如此，四周各地所有流落的同移殖的物種輸入境內似乎格外容易，那麼，我們當然可以期望它的產物總有幾分可以代表馬來群島全部產物的豐富和紛歧，反過來說，就是不能期望它的產物具有多大的個性。

但是我們所發現的事實剛剛和我們的期望相反。我們把它的動物界考察一回，就可以知道它的物種的數目最為缺乏，它的產物的性質最為孤立，凡馬來群島的各大島竟沒有一個比得上它。它所跨覆的海面，連同附屬的小島計算在內，在長闊兩方面簡直不亞於婆羅洲，而它實際的陸地面積也差不多兩倍於爪哇；但它所有的哺乳類卻比爪哇少了一半，陸棲的鳥類也大約只有爪哇的三分之二。就它的位置看來，從各方輸入移殖的物種都比爪哇便利得多，而就它所有物種的比例看來，卻只有少數物種似乎從其他各島移殖而來，其餘大多數全是它自己的特產；

又有大宗的動物形態非常顯異，在世界上其他各地簡直找不到密切的類似種。現在我主張稍稍詳述蘇拉威西最著名的各群動物，及其對於其他各島的關係，並求大家注意其中所含許多有趣的特點。

我們對於蘇拉威西的鳥類比較其他各群動物更為明瞭。我們已經發現的蘇拉威西鳥類足足有二百零五種，雖有許多涉水的同泳水的鳥類當然還不曾包括在內，但對我們目前的宗旨最為重要的那一百四十四種陸棲鳥的目錄表，我們卻可斷定它是約略完全的了。我自己曾在蘇拉威西殷勤採集十個月光景的鳥類，我的助手阿倫先生又在薩拉群島（Sula Islands）採集兩個月。在我來此以前二十年，荷蘭的博物學家福斯登（Forsten）曾在北蘇拉威西勾留兩年，並且把他的鳥類採集品由望加錫運回荷蘭去。法國的探險船拉斯特魯拉貝（L'Astrolabe）也曾到過美娜多，獲得若干採集品。從我回國以後，荷蘭的博物學家洛增柏（Rosenberg）和本斯泰因（Bernstein），曾在北蘇拉威西和薩拉群島周遊各處，製成若干採集品；但他們所採集的合併起來，卻只有八種陸棲鳥附加到我的採集品上去；這一樁事實很可以表示那未經發現的種類已是很少。①

除了南邊的薩來厄（Salayer）和部通（Boutong），以及東邊的拍令（Peling）和邦給（Bungay）以外，薩拉群島的三島雖在位置上似乎應該劃歸摩鹿加群島，而在動物學上卻屬於蘇拉威西。

---

①近來邁爾博士（Dr. B. Meyer）以及其他博物學家曾在蘇拉威西島及四周小島層次搜羅，鳥類的總數已加到四百種相近，內中有二百八十八種是陸棲鳥。

薩拉三島所發現的陸棲鳥現在大約有四十八種，如果從中剔除馬來群島分佈很廣的五種，就可看出其餘各種所具蘇拉威西的特徵比摩鹿加的特徵要來得多。有三十一種和蘇拉威西的種類完全相同，又有四種是蘇拉威西形態的代表，而摩鹿加的種類卻只有十一種，其代表種類也只有兩種。

不過薩拉諸島雖屬於蘇拉威西，而因接近部魯（Bouru）及濟羅羅組南方諸島的緣故，已有若干純粹的摩鹿加形態移殖進來，這些形態在蘇拉威西本島統是絕無所聞；所有十三種摩鹿加的種類都是這種情形，使得蘇拉威西的產物添上一個外來的成分，但實際上並不是屬於它自己的。因此，我們研究蘇拉威西動物區系的時候，盡可單單考慮蘇拉威西本島的產物。

蘇拉威西島的陸棲鳥的數目共有一百二十八種，我們也可仿照前面的辦法，從中剔除那少數廣被於馬來群島全部（往往從印度蔓延到太平洋）的種類。那少數的種類共有二十，其餘的一百零八種，我們就可認作本島比較上特殊的種類了。我們把這些種類和四周各地的鳥類仔細比較起來，知道內中只有九種輸入西方諸島，十九種輸入東方諸島，卻足足有八十種完全限於蘇拉威西的動物區系——這種個性的程度，若就本島的位置看來，世界上其他各地簡直都比不上它。我們若再把這八十種認真考察一番，考察出牠們所有構造上的許多特點，考察出牠們有許多似乎竟和世界上其他遠隔的部分有了種種古怪的類緣，那麼，我們更要吃驚哩。這幾點既饒興趣，又關重要，我們若要研究一番，必須分別討論本島所有特殊的種類，從中提出各種最可注意的事項。

鷹類（Hawk tribe）有六種為蘇拉威西的特產；內中有三種和印度爪哇婆羅洲一帶所有的類

似種很有分別，看去倒像是進了蘇拉威西忽然生出變化一般。還有一種（學名：Accipiter trinotatus）是美麗的鷹，尾上有幾行精緻的大圓白點，很是顯異，且和鷹科一切已知的種類都大不相同。有三種鴞也是特殊的；又有一種倉鴞（學名：Strix rosenbergii）比牠的類似種「爪哇鴞」（Strix javanica）要強大得多，那「爪哇鴞」從印度一直蔓延到龍目。

蘇拉威西所發現的十種鸚鵡，有八種是特殊的。其中有兩種極其奇特，自成一屬（屬名：Prioniturus），其特色在於尾上生出兩根羹匙形的長羽，而成了網球拍的形狀。有二種類似種發現於鄰島民答那峨（Mindanao），有一種於菲律賓群島，而那尾形的特別卻為世界上其他任何鸚鵡所無。還有一種「小刷舌鸚」（學名：Trichoglossus flavoviridis），似乎在澳大利亞有了最相近的類似種。

棲息於本島的三種啄木鳥統是特殊的，和爪哇婆羅洲所發現的種類雖很有別，而卻相近。在三種特殊的鳲鳩當中有二種很是顯異。一種是「美喙鳩」（Phœnicophaus callirhynchus），為那一屬最大最美的種類，其顯異處在於鳥喙有了鮮黃，紅，黑三色。還有一種——Eudynamis melanorynchus——有了漆黑的鳥喙，和牠的類似種生出分別，因為同屬的別些種類的鳥喙常為綠色，黃色，或淡紅色。

蘇拉威西的佛法僧科一種鳥類（學名：Coracias temmincki）真是一個有趣的實例，因為牠和那同屬的其餘種類都是不相連續。牠那一屬——Coracias——的種類在歐洲，亞洲，非洲各大陸都有棲息，而在馬來半島，蘇門答臘，爪哇，或婆羅洲卻沒有出現。所以牠這一個種類似乎完全軼出範圍以外。還有一樁事實尤其可怪：就是牠和亞洲任何的種類全不相同，反和非洲的似乎格外相似。

其次在蜂虎這一科裡面也有一種同樣孤立的鳥類，就是 Meropogon forsteni，兼有非洲和印度的蜂虎的性質，牠唯一相近的類似種——Meropogon breweri——已被杜晒魯先生（M. Du Chaillu）在西非發現了。

蘇拉威西的兩種犀鳥，在四周附近各地所繁殖的各種犀鳥當中都找不到密切的類似種。唯一的一種畫眉——Geocichla erythronota——與帝汶一種特殊的種類最是密切相近。有兩種鶲科與不見於馬來諸島的印度種密切相近。與鵲相近的有兩屬（屬名：Streptocitta 及 Charitornis），完全限於蘇拉威西一島，並且牠們與鵲所有的類緣也很可疑，故希勒格教授又把牠們列入歐椋鳥之中。這兩屬的鳥類有美麗的長尾，黑白兩色的羽毛頭部的羽毛略有幾分堅硬及鱗形。

與歐椋鳥彷彿相近的還有兩種很孤立而很美麗的鳥類。一種是 Enodes erythrophrys，生著一身灰黃兩色的羽毛，眼上裝飾著橙紅色的闊帶。別一種是 Basilornis celebensis，為一種藍黑色的鳥類，胸部兩側各有一塊白色，頭上裝飾著一個美麗結實的鱗形的羽冠，在形式上和那南美洲著名的「岩上雞」的雞冠相似。這一種鳥類的唯一類似種發現於西蘭（Ceram），但冠上的羽毛向上伸成完全各別的形式。

還有一種更是古怪的鳥類就是 Scissirostrum pagei，雖在目前歸入歐椋鳥科，而鳥喙和鼻孔的形式與其他各種都不相同，就牠一般的構造上看來，似乎與非洲熱帶上的啄牛（屬名：Buphaga）最是密切相近，那著名的鳥類學家波那帕脫親王（Prince Bonaparte）最後一次曾把牠列在啄牛的次位。牠的全身差不多都是板石色，有了黃喙黃腳，而臀部和尾筒上部的羽毛都在末梢變成一簇簇豔紅色的堅硬發光的毫毛。這種美麗的小鳥剛好可以填補那 Calornis 屬的金屬綠色的歐椋鳥的位置，因為那些歐椋鳥在馬來群島的其他各島大半都有出現，而蘇拉威西卻是沒有。[②]這種小鳥結隊而行，啄食五穀同果實，常棲於枯樹上，在枯樹的洞裡築巢。牠們緊附在樹幹上，和那啄木鳥或旋木雀一樣容易。

蘇拉威西所發現的十八種鴿有十一種是特殊的。其中有二種——Ptilonopus gularis 及 Turacena menadensis——在帝汶有了最相近的類似種。又有二種——Carpophaga forsteni 及 Phlægenas tristigmata——與菲律賓的種類最是相似；再者，Carpophaga radiata 又是屬於新幾內亞的一組。最後在鶉雞類中，那古怪戴盔的「埋卵鳥」也是完全孤立的，雖則澳大利亞和新幾內亞的營塚鳥有了最相近的類似種，而彼此仍有分別。

以上所說的種種，都是蘇拉威西鳥類的分類說明的博物學名家所貢獻的意見，我們根據這些意見判斷起來，顯然可以看出蘇拉威西有許多種類在其四周各地絕無相近的類似種，這許多種類若非完全孤立，就和新幾內亞，澳大利亞，印度，或非洲那些遠隔的地域發生關係。除了蘇拉威西以外，世界上其他各地，在產物上和遠隔的地域發現類緣的，固然還有若干實例存在，但就我所知道的看來，我們實在找不到第二個地方能夠一起包含這許多實例，或由這些實例成為博物學上的一種特色。

---

②近來已有 Calornis neglecta 一種，先發現於薩拉群島，後由邁恩博士（Dr. Meyen）在蘇拉威西發現。

蘇拉威西的哺乳類很是缺少，計有十四種陸棲動物及七種蝙蝠。前者足足有十一種是特殊的，內中有兩種大概只在新近被人類傳播於其他諸島。其餘三種在馬來群島分佈極廣，就是：㈠古怪的狐猴，即眼鏡猴，在本島以西諸島直到麻六甲都有發現，在菲律賓群島也有發現；㈡普通的馬來麝貓，一種靈貓（學名：**Viverra tangalunga**），分佈的範圍尤廣；㈢一種鹿，和爪哇的 **Rusa hippelaphus** 似乎相同，大約是在古代為人類所輸入的。

所有比較特殊的種類列舉如下：

**Cynopithecus nigrescens**，一種古怪的狒狒猴，也許就是一種真正的狒狒，在蘇拉威西遍地皆是，而在其他各地，除了巴羌那一個小島以外，未有見到。牠輸入那個小島大約是出於偶然的。在菲律賓群島有一種類似種發現，除此以外，在馬來群島的其他各島都沒有什麼相似的動物。這種動物大約與獾一樣大小，全身漆黑，口鼻伸長，和狗一般，眉額突出，和狒狒相同，皮膚上有若干紅色的大硬結，尾短而多肉，不到一吋長，且不容易看出。牠們成群結隊的來往，以棲在樹上為主，卻也時常到地面上來吵擾果園。

「蘇拉威西野牛」，大家對於牠的歸類，或作家牛，或作野牛，或作羚羊，爭論很多。牠比別種野牛都要小些，就許多方面看來，似乎和非洲那種似牛的羚羊倒很相近。牠出現的地方只在山上，並且據說有鹿的地方就沒有牠的足跡。牠比小種的高地牛稍微小些；有筆直的長角向後斜覆於頸上，長角的基部現出環形。

野豬似乎也是本島特殊的一個種類；但這一科裡面尤其古怪的動物卻是鹿豚，馬來人叫牠做「巴比魯薩」（**Babirusa**），因為牠有那纖長的腿，與似角的彎牙。這種奇特的動物在一般的

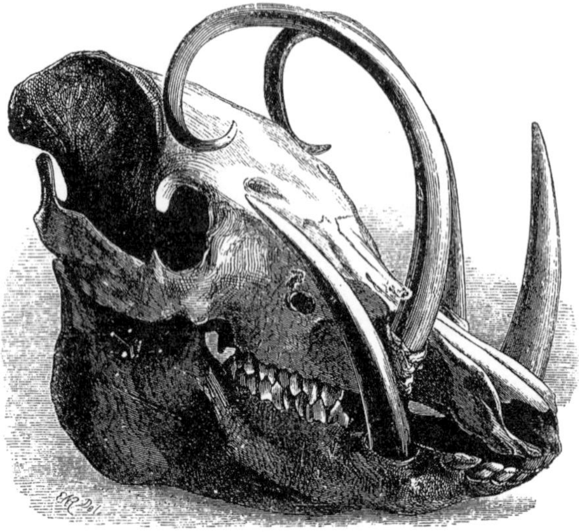

外觀上和豬相似，但不以鼻掘地，而以落果為生。下顎的犬牙很長很尖；上顎的犬牙不照普通的格式向下而生，反而從骨孔中穿過鼻上兩側的皮向上而生，彎到後方與眼相近，那老年的往往長到八吋或十吋。這一對似角的長牙究有何用，實在不容易了解。據老著作家的猜測，以為這種動物用這對彎牙把頭顱鉤在樹椏上休息。但就這對彎牙剛剛遮護眼睛前面的情形看來，卻以保護眼睛更為近似，因為這種動物在那糾纏的藤叢以及其他有刺的植物中間搜尋落果時，有了這對彎牙可以免得眼睛受刺。但這種解釋仍舊不能滿意，因為那雌野牛也要同樣的覓食，卻沒有這對彎牙。所以我的意見以為這對彎牙在從前大概很有作用，並且一面生長起來，一面就要磨損下去；但到現在，生活狀況既已變遷，從前的作用也就喪失，因此發展為一種怪物，正和海狸或兔的門牙一般，倘若不受相對的牙齒的磨損，就要繼續生長起來。那老年動物的彎牙極其粗大，並且彷彿都因爭鬥而折斷。

蘇拉威西又有一種和非洲的疣豬相似的動物，牠上顎的犬牙向外而生，且又向上彎曲，為普通格式與鹿豚格式中間的一種過渡格式。但就其他種種方面看來，這幾種動物中間似乎並無類緣，而鹿豚則完全孤立，與世界上其他各地的豬並無類似。鹿豚發現於蘇拉威西全島及薩拉群島，並部魯島，部魯就是鹿豚伸出蘇拉威西範圍以外的唯一地點，而且部魯的鳥類也和薩拉群島有些類緣——這大約表示牠們在古代比現在互相聯絡得更為密切。

其他蘇拉威西的陸棲哺乳類有五種松鼠，和爪哇婆羅洲的松鼠都有分別，標出熱帶上本屬動物極東的範圍；又有兩種東方鼩，和摩鹿加的鼩很不相同，標出本屬及有袋類全目極西的範圍。我們從此可以看出蘇拉威西的哺乳類也和鳥類一樣的特別，一樣的顯異，因為那最大最有趣的三種動物在四周各地都沒有相近的類似種，反而和非洲彷彿有了一種關係。

再就昆蟲而論，原來有許多群似乎特別要受局部的影響，其形態與色彩都隨著每次情境的變遷而變遷，或且隨著地點的變遷而變遷，雖在情境上似乎還是相同。所以我們預料那高等動物所表現的個性，在這些器官更不確定的動物——昆蟲——當中，總應該表現得越發顯著。但在另一方面，我們也應該考慮昆蟲的傳播和移殖比哺乳類或且鳥類要容易得多。牠們容易被那大風吹揚；牠們的卵子可以在樹葉上被大風吹揚，或被漂流的樹木漂到遠方；牠們的幼蟲與蛹時常躲在樹幹裡，或裹在耐水的繭裡，可以在海岸上漂流幾天或幾星期不致受傷。以上各種傳播的便利能使鄰近各地的產物起了類化作用，其法有二：第一，物種直接的交換；第二，其他諸島所有共通物種的新分子陸續攙入，使那情境的變遷不致產生形態和色彩的變遷。我們心中既有這些事實做了根據，就可看出蘇拉威西的昆蟲的個性竟比我們合理的期望還要大些。

在本島與其他諸島互相比較時，我所用以比較的材料，將以最著名的各群，或自己仔細研究過的各群為限，以期保證其正確無訛。先就鳳蝶科說，蘇拉威西計有二十四種，內中竟有十八種為其他諸島所無。我們若用這個和婆羅洲去比較，婆羅洲的二十九種當中只有兩種為他處所無：這種差別的程度真是顯著已極。再就粉蝶科說，那差別的程度就要比較的低些——這大約是由於這一群更有漫遊的習慣；但在差別上仍舊很是顯著。蘇拉威西所有的三十種當中，有十九種是特殊的，而爪哇（其已知的種類比蘇門答臘或婆羅洲更多）的三十七種當中，卻只有十三種是特殊的種類。斑蝶科雖有大翅，卻不善飛，牠們常到林園中來，著色雖是樸素，往往十分濃厚。我自己的本科採集品計有蘇拉威西的十六種，婆羅洲的十五種；而前者足有十四種是特產，後者卻只有兩種是特產。蛺蝶科是分佈很廣的一群，通常都有健全的翅膀及鮮豔的色彩，在熱帶上很是繁殖，在我們本國則為「貝母蝶」（Fritillaries），蛺蝶（Vanessas），及紫蝶（Purple-emperor）所代表。我在幾個月以前，曾把本群的東方種類製成一表，凡我自己所發現的新種一概包括在內，所得比較的結果如下：

| | 蛺蝶科的種類 | 各島特殊的種類 | 特殊種類的百分比 |
|---|---|---|---|
| 爪哇 | 七十 | 二十三 | 三十三 |
| 婆羅洲 | 五十二 | 十五 | 二十九 |
| 蘇拉威西 | 四十八 | 三十五 | 七十三 |

鞘翅類過於廣泛，至今還有許多群不曾研究清楚。所以我現在僅僅提出自己新近研究過的一群，就是「金龜子科」（Cetoniadæ 或 Rose-chafers）；這一群甲蟲由於非常美麗的緣故，已被搜羅很多。爪哇的已知種類計有三十七種，而蘇拉威西只有三十種；但前者只有十三種特殊的種類，就是全數百分之三十五，而後者卻有十九種，佔得全數百分之六十三。

以上各項比較所得的結果是：蘇拉威西雖只是一個大島，同著四周幾個小島合在一起，而我們卻須實際把它認作馬來群島的一個大部分，和那摩鹿加全組或菲律賓全組，和那巴布亞諸島或印度馬來諸島——爪哇，蘇門答臘，婆羅洲及馬來半島——應該佔有同等的位置，及同等的重要。現在我把昆蟲類及鳥類最著名的各科列成左表，用以指示蘇拉威西與其他各組島嶼的比較如下：

| | 鳳蝶科及粉蝶科特殊種類的百分比 | 鷹、鸚鵡及鴿特殊種類的百分比 |
|---|---|---|
| 印度馬來地域 | 五十六 | 五十四 |
| 菲律賓群島 | 六十六 | 七十三 |
| 蘇拉威西 | 六十九 | 六十 |
| 摩鹿加群島 | 五十二 | 六十二 |
| 的摩爾群島 | 四十二 | 四十七 |
| 巴布亞群島 | 六十四 | 七十四 |

這些著名的大科很可以代表蘇拉威西動物學上一般的性質，並可表明本島雖在馬來群島的正中，卻是其中最孤立的一部分。

但是蘇拉威西的昆蟲，還有若干現象比這個種類上的個性更要古怪，更要費解。在蝶類當中往往發現一種特別的輪廓，與世界上各地的蝶類顯然有別。這一層在鳳蝶屬（Papilios）和粉蝶科表現得最為顯著，其特色在於前翅的輪廓上：或特別彎曲，或在翅底相近處驟生拗折，或翅尖伸長而往往略有鉤形。蘇拉威西所有十四種鳳蝶屬，若和四周諸島最相近的類似種去比較一下，就有十三種多少都有了這種特色。粉蝶科當中有了這種特色的計有十種。蛺蝶科計有四五種。凡蘇拉威西所發現的蝶種差不多都比本島以西諸島的要大得多，比摩鹿加群島的至少有一樣大，或且更大。這種翅形的差別真是一種最顯著的特色，因為一個地域的全套物種與四周各地相當的各套物種竟有這樣一致的一種差別，真是一件新奇的事情；並且這種差別的程度又是很大，即使沒有仔細去看牠們的著色，也可立刻把蘇拉威西大半的鳳蝶屬和許多粉蝶科，同著其他諸島的種類區別出來。

這裡所畫每一對圖形的外面一個，都表示蘇拉威西蝴蝶前翅的真大小和真形狀，那裡面一個代表鄰近一島最密切的類似種。圖⑴、表示蘇拉威西某種鳳蝶（學名：Papilio gigon）與新加坡爪哇兩地某種鳳蝶（學名：Papilio demolion）的比較，一則邊緣很彎，一則邊緣直了許多。圖⑵、表示蘇拉威西別一種鳳蝶（學名：Papilio miletus）的翅底忽生拗折，與普通青鳳蝶（學名：Papilio sarpedon）彎曲很微的邊緣互相比較，這青鳳蝶從印度蔓延到新幾內亞和澳大利亞，幾乎一概同形。圖⑶、表示蘇拉威西所產 Tachyris zarinda 的伸長的前翅，與西部一切島嶼所產

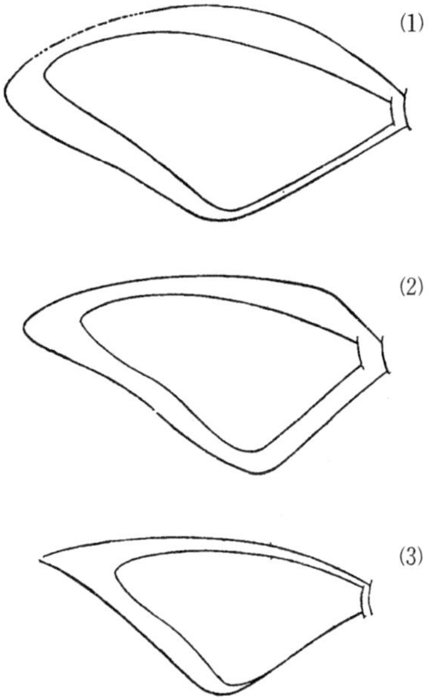


密切相近的蝶種——Tachyris nero——的短翅互相比較。以上各項翅形的差別總可算是顯著了，但是我們若再比較牠們全身的形態，還有更顯著的差別哩。

若拿鳥類來做比例，我們就該假定尖長的翅形可以增加飛翔的速率，因為這種翅形就是燕鷗，燕，隼，及疾飛鴿的一種特徵。再就反一面說，那短圓的翅形總是不善飛翔，飛時費力而不如意。因此，我們不妨假定那些有尖翅的蝴蝶格外能夠避免敵物的追擊。但在事實上既無異常繁殖的食蟲鳥，這一層似乎並無多大的需要；然而我們又不能承認這種古怪的特色毫無意義，所以這種特色大約總是過去情境所生的結果。在那過去的時候，本島的動物界大約比現在要豐富得多，現在所有各種孤立的鳥類和哺乳類都可說是從前殘餘的種類；

而那時候食蟲類的繁殖，大約就使得這些顯異的大翅蝴蝶不能不有一種出類拔萃的逃避方法。並且這個見解還有一種確證，就是一切身軀藐小的或者著色隱晦的各群蝴蝶都沒有這種尖長的前翅，而一切生有這種長翅而強壯善飛的各群，卻又沒有別的變化可以看見。所有生了長翅的各群蝴蝶各已獲得充分的保護，無須再要什麼避免敵物的能力了。不過翅緣上奇特的彎曲及拗折，對於飛翔方面究有何用，卻是一個悶葫蘆呢。

在蘇拉威西的動物學上，還有一種奇異的特色也值得我們注意。我且提出本島所缺乏的幾群動物來說：這幾群動物在本島兩旁的各地，在印度馬來諸島同摩鹿加群島都有出現，彷彿是由於某種不可知的原因，以致不能插足在這個居間島一般。就鳥類說，「蛙嘴科」（Podargidae）及伯勞科蔓延於全部馬來群島，並伸入澳大利亞，而在蘇拉威西竟連一個代表都找不出來。再者魚狗科的「魚狗屬」（Ceyx），畫眉科的 Criniger 屬，鶲科的 Rhipidura 屬，以及磧鶲科的 Erythrura 屬，都在摩鹿加群島同婆羅洲爪哇各地發現出來，而在蘇拉威西竟連這幾屬的一個影子都找不到。再就昆蟲說，「金龜子科」（Rose-chafers）的一大屬——Lomaptera——凡介在印度和新幾內亞中間的各地各島，除了蘇拉威西以外，都有出現。在許多群動物分佈範圍的中心，竟有一片有限的地面忽然缺乏那許多群動物，雖不是獨一無二的現象，但其顯著的程度，我相信世界上實在再沒有別的地方比得上它；並且這種現象，當然使這個顯著的大島添上許多奇怪的性質。

我在上文所述蘇拉威西自然界種種離奇的事實，一概指示著一種遠古的起源。那絕種動物的歷史教訓我們說，牠們的分佈在時間上和空間上是異常相似的。那種歷史上有一條定律，就是：凡一地方的產物，在互相連接的各時代，總是彼此相似，正如這地方與一切互相接近的各地方的產物往往彼此相似一般；反過來說，一地方的產物，在互相隔絕的各時代，總是彼此懸殊，正如這地方與互相隔絕的各地方的產物往往彼此懸殊一般。所以我們所下的結論當然是說：物種的變遷，尤其是屬及科的變遷，的確是時間上的事情。不過時間這個東西，也許在一個地方產生了物種的變遷，而在別個地方，那物種的各種形態也許比較的經久一些，或者這兩個地方的變遷的進行，速率雖則相等，而情形卻不相同。所以一地方產物上個性的大小，無論如何總可用作那地方與四周各地隔絕的時間的量尺，而有相當的確度。我們用這個標準判斷起來，蘇拉威西當然可說是馬來群島當中一個最古的部分。大約它的起源，不但遠在婆羅洲爪哇及蘇門答臘未曾與大洲分離以前，並且還要遠在以上諸島未曾上升成陸以前。必須有了這個遠古的起源，方才可以解釋牠目前所有大宗動物的形態，這些形態和印度或澳大利亞絕無關係，反而和非洲有了關係；並且我們從此又懸想到印度洋中從前也許有一個大洲存在，那個大洲也許就是聯絡這兩方的橋梁。還有一樁古怪的事實，就是由那狐猴一科古怪的四手類之分佈，早已有人想到這樣一個大洲是必有的了。這些動物的首府原在馬達加斯加境內，但在非洲，錫蘭，印度，並馬來群島以內遠至蘇拉威西為止，都有出現，而蘇拉威西就是牠們極東伸張的所在。希拉忒博士（Dr. Schlater）已經提出這個假設的大洲是聯絡這些遠隔的各地，以為它從前的存在，確為瑪斯卡林諸島（Mascarene islands）與馬爾地夫一組珊瑚島（Maldive coral group）所表示出來，並且替它取名為「狐猴洲」（Lemuria）。我們雖則不必認定從前存在的大洲正是這個模樣，但是我們研究動物分佈的學者，必須從蘇拉威西的奇特孤立的動物界看出一個大洲確曾存在的許多證據，而且這些動物的祖先以及其他許多居間形態的祖先，都從那裡來的。③

我在上面綜述蘇拉威西自然界各項最顯著的特色時，往往涉及細節瑣事，恐怕對於一般讀者不能發生興趣；這是我很不得已的地方，因為我不如此，我的解釋就要失了許多力量和價值。我所以能夠證明蘇拉威西所具各項異常的特色，就是用著這些細節做根據的。它的位置雖在馬來群島的正中，並且四周又有許多島嶼緊緊包圍著它，但是它的產物竟具高度的個性，與四周諸島繁複豐饒的產物大不相同。島上物種的實數雖很貧乏，而特殊的形態卻是異常豐富，內中有許多是奇特的或是美麗的，並且有些又絕對是世界上獨一無二的東西。有若干群昆蟲，若和四周諸島的昆蟲比較起來，可以看出牠們的輪廓統有相似的變化，暗示著某種共同的原因，這種原因，在其他各地似乎從來不曾發生那種作用。所以蘇拉威西對於我們研究動物分佈的人確是一個最有趣並且最顯著的實例。我們從此可以看出地球上目前動物分佈的狀況，就是地表所受一切比較新近的變動的結果；我們仔仔細細研究了動物分佈的各種現象，有時候很可以把那些過去的變動確切的演繹出來。我們對於帝汶群島的那些變動，因為情形上比較簡單的緣故，把它們確切的演繹出來是有幾分把握的。但在蘇拉威西的複雜情形之下，我們卻只能表示那些變動的一般性質，因為我們現在所看見的結果，並不是單一的或新近的變動的結果，實在是東半球目前陸地分佈狀況所由發生的全部比較新近的變動的結果。

③我近來的結論是：要解釋這些事實，無須有所謂狐猴洲這種聯絡的陸地（看我的《島嶼生物》三九五頁及四二七頁）。